"十三五"国家重点出版物出版规划项目

现代机械工程系列精品教材

制 冷 压 缩 机

第 3 版

吴业正　李红旗　张　华　主编

吴业正　李红旗　张　华　闻苏平

晏　刚　缪道平　孙嗣莹　邬志敏　编著

何国庚　主审

机 械 工 业 出 版 社

本书全面阐述了往复式制冷压缩机、回转式制冷压缩机和离心式制冷压缩机的工作原理、热力过程分析与计算、动力过程分析与受力计算、总体结构等。对各种制冷压缩机的振动与噪声进行了分析并提供了降低振动与噪声的措施。在部分章节对制冷压缩机的内置电动机、安全保护、润滑系统与润滑油等做了介绍。书中有专门的章节介绍"容积式制冷压缩机的容量调节"，阐述制冷压缩机在部分负荷运行时，各种制冷量的调节方法。对采用环境友好工质的制冷压缩机技术也做了介绍。每章均提供了思考题与习题，便于读者掌握重点，加深认识和理解。

　　本书可供高等院校制冷专业的本科生使用，也可供从事制冷技术工作的科研和工程技术人员自学和参考。

　　本书配有电子课件，向授课教师免费提供，需要者可登录机工教育服务网（www.cmpedu.com）下载。

图书在版编目（CIP）数据

制冷压缩机/吴业正，李红旗，张华主编. —3 版. —北京：机械工业出版社，2017. 8（2025. 1 重印）

"十三五"国家重点出版物出版规划项目　现代机械工程系列精品教材

ISBN 978-7-111-57365-4

Ⅰ. ①制…　Ⅱ. ①吴…　②李…　③张…　Ⅲ. ①制冷压缩机-高等学校-教材　Ⅳ. ①TB652

中国版本图书馆 CIP 数据核字（2017）第 165323 号

机械工业出版社（北京市百万庄大街 22 号　邮政编码 100037）

策划编辑：蔡开颖　责任编辑：蔡开颖　段晓雅　程足芬　商红云

责任校对：张　薇　封面设计：张　静

责任印制：刘　媛

涿州市般润文化传播有限公司印刷

2025 年 1 月第 3 版第 8 次印刷

184mm×260mm · 17. 25 印张 · 424 千字

标准书号：ISBN 978-7-111-57365-4

定价：45. 00 元

电话服务　　　　　　　　　　网络服务

客服电话：010-88361066　　机 工 官 网：www.cmpbook.com

　　　　　010-88379833　　机 工 官 博：weibo.com/cmp1952

　　　　　010-68326294　　金 书 网：www.golden-book.com

封底无防伪标均为盗版　　机工教育服务网：www.cmpedu.com

第 3 版 前 言

制冷压缩机是蒸气压缩式制冷空调系统的关键部件，对于制冷空调行业产品的节能、HCFCs 制冷剂的替代以及制冷产品在应用领域的拓展有着至关重要的作用。众所周知，我国已成为世界上的制冷空调产品制造大国，随着行业的发展，对制冷压缩机也提出了越来越高的要求，制冷压缩机的设计、制造和应用技术有了日新月异的发展，新的机型、新的产品不断涌现。

为了适应制冷压缩机行业的发展及其对专门人才的迫切需求，本书 2001 年 3 月首次出版。长期以来，本书已在众多高等院校制冷空调专业的教学活动中得到了广泛选用，并成为业界相关技术人员的参考书籍。

本书在 2010 年进行了修订，根据制冷压缩机行业的发展与技术状况，总结了多年的使用情况，于 2011 年出版了第 2 版。

本次修订维持第 2 版的框架结构，主要做了如下改进：在各章增加了思考题与习题，便于读者掌握重点、加深认识和理解；根据新的形势需要和技术进步，增加了部分内容，如磁悬浮离心式制冷压缩机、天然制冷剂压缩机等；增加或更新了部分插图；对部分压缩机增加了结构和运动原理的视频（扫描二维码观看），以便读者更好地理解。

本书由西安交通大学吴业正教授、北京工业大学李红旗教授、上海理工大学张华教授主持修订。参加各章编写的有：吴业正、上海理工大缪道平（第 1 章），吴业正（第 2 章），西安交通大学晏刚、北京工业大学孙嗣莹（第 3 章），李红旗、孙嗣莹（第 4 章），上海理工大学张华、邬志敏（第 5 章），李红旗（第 6 章），西安交通大学闻苏平（第 7 章）。华中科技大学何国庚教授作为主审对本书的修订和出版做出了重要的贡献。此外，西安交通大学曹峰教授对本书的修订提供了宝贵的建议，珠海琳达压缩机有限公司、上海汉钟精机股份有限公司和艾默生环境优化技术（苏州）有限公司为本书提供了配套视频，特致谢意！

由于编著人员水平所限，书中不足之处敬请读者指正。

作 者

第 2 版前言

本书第 1 版为普通高等教育"九五"国家级重点教材，于 2001 年出版，已历经十个春秋。十年来，制冷压缩机技术飞速发展，目标是设计和制造出更加节能环保的制冷压缩机。现在，降低制冷压缩机能耗的变转速技术已广泛用于各种类型的制冷压缩机；借助于变容量技术开发的数码涡旋制冷压缩机在我国已实用化；为保护大气臭氧层、降低制冷剂的温室效应而开发的二氧化碳制冷压缩机，已用在制冷空调领域。

为了适应修订后的教学大纲，并反映制冷压缩机的现状，根据多年的教学实践和学生的反映，作者重新编排了全书并对其内容进行了更新，在确保坚实的基础理论和知识的同时，加入当代科技发展的一些内容。制冷压缩机（第 2 版）将原有的全书八章调整为七章。删去了第 1 版的第 2 章和第 7 章，增加了"容积式压缩机的容量调节"这一章，使学生在学习时更加系统和深入，能将所学知识应用于实践。

根据国标 GB 3102.4—1993，书中将表示热流量的制冷量符号改写成 Φ 而不是第 1 版的 Q，请读者注意。

本书由西安交通大学吴业正、北京工业大学李红旗和上海理工大学张华主持修订。参加书稿撰写的老师有：缪道平（上海理工大学，第 1 章）、吴业正（第 1、2 章）、孙嗣莹（北京工业大学，第 3、4 章）、晏刚（西安交通大学，第 3 章）、李红旗（第 4、6 章）、张华（第 5 章）、邬志敏（上海理工大学，第 5 章）、闻苏平（西安交通大学，第 7 章）。

华中科技大学郑贤德教授和何国庚教授担任本书主审，他们对本书内容的取舍提出了宝贵的意见；在撰写过程中得到西安交通大学吴青平老师、北京工业大学研究生王迪、西安交通大学研究生陈世军和王欢乐的支持和帮助，作者在此向他们表示感谢。

书中不足之处，敬请读者指正。

作　者

于西安

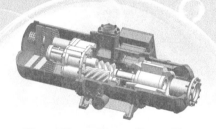

第 1 版前言

在众多类别的制冷机中，蒸气压缩式制冷机占有主要的地位。制冷压缩机是蒸气压缩式制冷机的心脏，承担压缩和输送制冷剂的重任。因为制冷压缩机需要在宽广的制冷量和蒸发温度范围内工作，单靠一种机型已不能满足要求，因而出现了多种类型的制冷压缩机，并随着科学技术的进步，新的机型还在不断产生。

为了适应制冷压缩机产业的发展，相应的专业人才培养备受重视。这些专业人才既要对各类制冷压缩机有全面的了解，又要具有良好的适应制冷压缩机技术发展的能力。过去在高等院校中开设的有关课程和使用的教材，曾对人才的培养起到积极的作用，但因受专业分工过细的影响，内容偏窄，因而急需一些新教材，以适应当今的教学改革和科技发展之需。本书就是在这一背景下撰写的，并被确定为"九五"国家级重点教材。

书中涉及往复式、回转式和离心式三大类制冷压缩机，详细地介绍了它们的工作原理、总体结构、主要零部件、辅助设施等。取材时，除了基本的理论和知识外，还包括了一些新概念、新技术和新机型。因氯氟烃类制冷剂被淘汰而导致的制冷压缩机技术的发展，也在书中做了必要的介绍。在撰写全书时，注意理论与实践之结合，并配以适当的图、表，使读者更易掌握和使用。

本书由上海理工大学缪道平教授和西安交通大学吴业正教授任主编。参加各章的编写者和全书主审为：第一、二章缪道平，第三章吴业正，第四、五、七章孙嗣莹教授（北京工业大学），第六章郐志敏教授（上海理工大学），第八章常鸿寿教授（西安交通大学）。华中理工大学郑贤德教授任本书的主审，他在主审时提出了许多宝贵的修改意见。

此外，西安交通大学林梅教授对本书的编写做出了积极的贡献，特予致谢。

由于本书的写作是一种新的尝试（国内、外尚无同类著作），加上编著人员水平有限，书中不足之处，恳望读者指正。

作 者

目 录

第 1 章

绪　　论

1.1　概述

　　制冷压缩机是蒸气压缩式制冷系统的关键部件之一。典型的蒸气压缩式制冷系统如图1-1所示。系统由制冷压缩机 1、冷凝器 2、节流装置 3 和蒸发器 4 组成。制冷压缩机吸入来自蒸发器的低压制冷剂蒸气，在气缸内将其压缩成高压气体，再排入冷凝器，冷凝成高压液体。

　　图1-2所示为蒸气压缩式制冷机循环的 $p\text{-}h$ 图（压力-比焓图）。图中 p_0 为蒸发压力，p_k 为冷凝压力。4—1 为蒸发过程，1—2 为压缩过程，2—3 为冷凝过程，3—4 为等焓节流过程。从 $p\text{-}h$ 图可知，制冷压缩机吸入压力为 p_0 的制冷剂，并在压缩过程中提高其压力，至压力 p_k 后排出，从而保证制冷循环。为此，要求压缩机既有高的可靠性，又有良好的经济性。

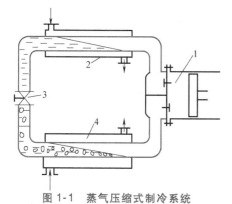

图 1-1　蒸气压缩式制冷系统

1—制冷压缩机　2—冷凝器　3—节流装置　4—蒸发器

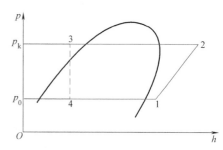

图 1-2　蒸气压缩式制冷机循环的 $p\text{-}h$ 图

1.2　制冷压缩机的分类

　　制冷压缩机的分类方法很多，主要有以下几种：

1.2.1 按提高气体压力的原理分类

按提高气体压力的原理不同，制冷压缩机分为容积型制冷压缩机和速度型制冷压缩机。

1. 容积型制冷压缩机

在容积可变的封闭容积中直接压缩制冷剂蒸气，使其体积缩小，从而达到提高压力的目的。这种压缩机称为容积型制冷压缩机。

容积型制冷压缩机主要有往复式（又称为活塞式）、螺杆式、涡旋式、滚动转子式、滑片式和旋叶式等形式。

（1）往复式制冷压缩机 图1-3所示是一台用于冰箱的制冷压缩机，由气缸1、活塞2、气缸盖7和气阀6等组成封闭容积。图中的容积即为封闭容积。曲轴在电动机驱动下旋转，活塞在内止点和外止点之间做往复运动，完成吸气、压缩、排气和余隙内气体膨胀等过程。

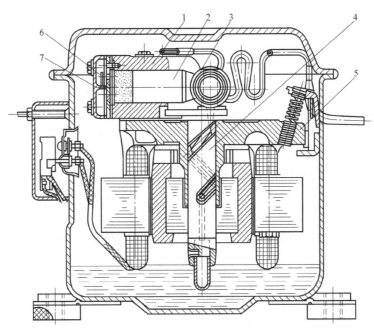

图1-3 一台用于冰箱的制冷压缩机

1—气缸 2—活塞 3—滑管 4—曲轴 5—轴承座 6—气阀 7—气缸盖

（2）螺杆式制冷压缩机 它是用一个或两个带螺旋槽的转子在气缸内旋转使制冷剂压缩的压缩机。带双转子的螺杆式制冷压缩机如图1-4所示。图1-5所示为双转子螺杆式制冷压缩机的封闭容积。为了清楚地显示此容积，图1-5中未画出气缸。从吸气孔口吸入的制冷剂蒸气在阳转子、阴转子和气缸构成的封闭容积中压缩，压力升高，最后排出排气孔口。

（3）涡旋式制冷压缩机 它是由一个固定的静盘2（渐开线涡旋盘）和一个呈偏心回旋平动的动盘1（渐开线运动涡旋盘）组成可压缩封闭容积的压缩机，如图1-6所示。图1-7所示为涡旋式制冷压缩机的封闭容积。气体被制冷压缩机吸入后，在动盘、静盘构成的封闭容积中压缩，压力升高，最后从排气口7（图1-6）排出。

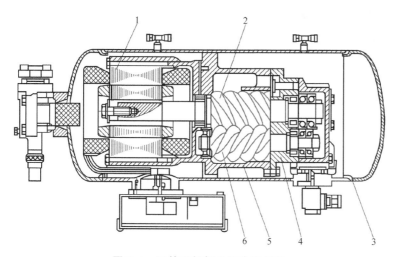

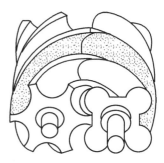

图 1-4　双转子螺杆式制冷压缩机

1—电动机　2—阳转子　3—机壳　4—排气端盖　5—机体　6—阴转子

图 1-5　双转子螺杆式制冷
压缩机的封闭容积

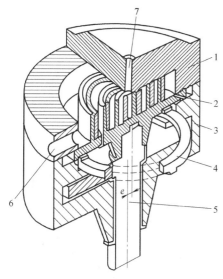

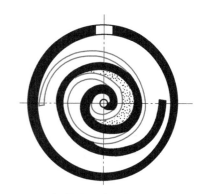

图 1-6　涡旋式制冷压缩机的部分剖视图

1—动盘　2—静盘　3—机体　4—防自转环
5—偏心轴　6—进气口　7—排气口

图 1-7　涡旋式制冷压缩机的封闭容积

（4）滚动转子式制冷压缩机　它是由固定的圆形气缸 1、转子 2、排气阀 4、始终紧贴在转子外表面的滑片 5 以及两侧端盖组成封闭容积的压缩机，如图 1-8 所示，图上还标出了封闭容积。因转子偏心安置，曲轴旋转时封闭容积不断缩小，气体压力升高，压力达到排气压力后从排气孔 3 排出。

（5）滑片式制冷压缩机　它是由机体 1、转子 2、滑片 3 及两侧端盖构成了封闭容积，如图 1-9 所示。转子旋转时，滑片从槽中甩出，端部紧贴在气缸内壁面上，形成若干个容积可变的月牙形容积。吸气、排气时，该容积与吸气口、排气口相连，容积不封闭。压缩过程中，该容积封闭，通过容积的缩小实现气体的压缩。

（6）旋叶式制冷压缩机　它是由椭圆形气缸 1、转子 2、叶片 4 和两侧端盖构成封闭容积，此时转子与气缸为同心配置，叶片在转子上倾斜安装，如图1-10所示。因椭圆形气缸与转子有两条接触线，故压缩机是双作用式的。转子与气缸的同心配置使转子旋转时完全平衡，因而转速高。

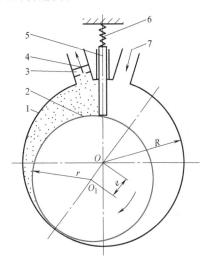

图1-8　滚动转子式制冷压缩机

1—气缸　2—转子　3—排气孔　4—排气阀

5—滑片　6—弹簧　7—吸气孔

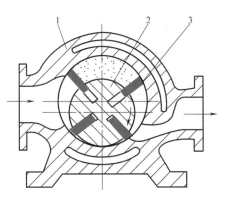

图1-9　滑片式制冷压缩机

1—机体　2—转子　3—滑片

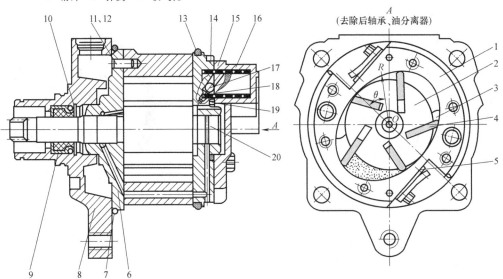

图1-10　旋叶式制冷压缩机

1—气缸　2—转子　3—吸气口　4—叶片　5—排气阀　6—前轴承　7—O形圈

8、14—前端盖　9—轴封　10—挡圈　11—扁销　12—圆柱销　13—大密封圈

15—油分离器　16—滤网　17—单向阀钢球　18—单向阀弹簧　19—小密封圈　20—转子轴

2. 速度型制冷压缩机

速度型制冷压缩机提高制冷剂气体压力的途径是先提高气体动能（同时压力也有些提高），再将动能转变为位能，提高压力。

速度型制冷压缩机有离心式和轴流式两种。因轴流式制冷压缩机的压缩比小，不适用于制冷系统，故速度型制冷压缩机一般指离心式制冷压缩机。图 1-11 所示为单级离心式制冷压缩机的结构示意图。

图 1-11 中，被吸入的制冷剂气体在叶轮 1 中流动，叶轮传递给气体的功增加气体速度，也适当地提高气体静压。从叶轮流出的高速气体通过扩压器 2 时，速度降低，压力进一步提高，如图 1-12 所示。图 1-12 中，ABC 为气体压力变化线，DEF 为气体速度变化线。

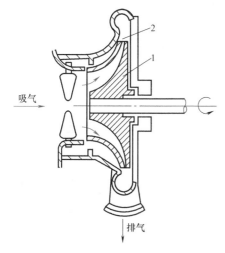

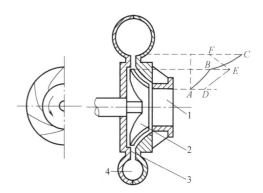

图 1-11　单级离心式制冷
压缩机的结构
1—叶轮　2—扩压器

图 1-12　离心式制冷压缩机中
气体压力和速度的变化
1—吸气口　2—叶轮　3—扩压器　4—蜗室

1.2.2　按使用的制冷剂种类分类

按制冷剂种类的不同，制冷压缩机可分为有机制冷剂压缩机和无机制冷剂压缩机两大类。前者包含的制冷剂有氟利昂制冷剂和碳氢化合物，如 R22、R404A、R134a、R407C、R410A、R600a（异丁烷）、R290（丙烷）等；后者包含的制冷剂如 R717（氨）、R744（二氧化碳）等。R600a、R290、R717 和 R744 均存在于自然界，属于环境友好型制冷剂，因而更受到人们的重视。不同制冷剂对压缩机材料和结构的要求不同。氨对铜有腐蚀性，因此氨压缩机中不允许使用铜质零件（磷青铜除外）；氟利昂制冷剂渗透性强，对有机物质有溶胀作用，必须在设计和制造氟利昂制冷机时充分考虑；二氧化碳压缩机用于跨临界的制冷循环，因此排气压力高达 11MPa，是传统制冷压缩机的 5~10 倍，故对压缩机的可靠性和密封性等提出了高要求；由于碳氢化合物易燃、易爆，因而对碳氢化合物制冷压缩机的安全性提出了严格要求。

1.2.3　按密封方式分类

按密封方式的不同，制冷压缩机可分为开启式、半封闭式和全封闭式三类。

1. 开启式制冷压缩机

开启式制冷压缩机是一种靠原动机驱动其伸出机壳外的轴或其他运转零件的压缩机。它的特点是容易拆卸、维修。由于原动机与制冷剂和润滑油不接触，原动机不必具备耐制冷剂和耐油的要求，因而可用于氨制冷系统。

开启式制冷压缩机密封性能较差，制冷剂易通过支承曲轴的轴承向外泄漏，因此必须有轴封装置。图 1-13 所示为中型开启式氨制冷压缩机，曲轴左端有轴封 1，右端为油泵 10。用曲轴带动油泵，向各润滑部位供油。

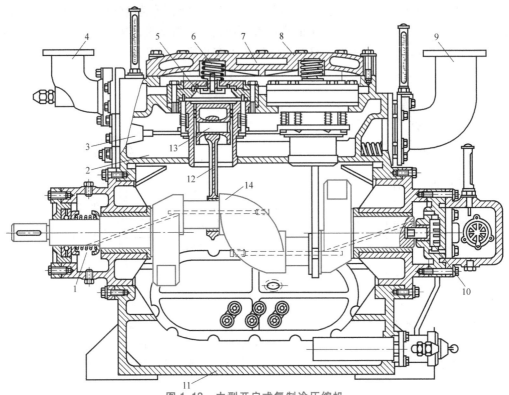

图 1-13　中型开启式氨制冷压缩机

1—轴封　2—进气腔　3—油压推杆机构　4—排气管　5—气缸套及进排气阀组合件　6—缓冲弹簧　7—水套
8—气缸盖　9—进气管　10—油泵　11—曲轴箱　12—连杆　13—活塞　14—曲轴

2. 半封闭式制冷压缩机

半封闭式制冷压缩机是一种外壳可在现场拆卸修理内部机件的无轴封的制冷压缩机。电动机和压缩机连成一体装在机体内，共用一根主轴，如图 1-14 所示。图示压缩机的主轴为曲拐式曲轴 5，它横卧在一对滑动主轴承上。主轴左端悬臂支承着电动机转子。因电动机为内置电动机，故主轴不必穿过压缩机外壳，不需要轴封。

3. 全封闭式制冷压缩机

全封闭式制冷压缩机是一种压缩机和电动机装在一个由熔焊

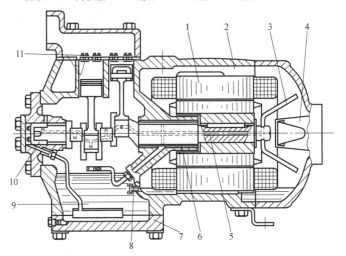

图 1-14　半封闭式制冷压缩机

1—电动机　2—通道　3—压力平衡管　4—滤网　5—曲拐式曲轴
6—轴承　7—底盖　8—单向阀　9—油池　10—油泵　11—气阀

或钎焊焊死的外壳内的制冷压缩机。焊接的外壳保证制冷剂不会外泄，但也因此使机壳不易打开、修理。图 1-15 所示为全封闭式制冷压缩机，其电动机和压缩机用弹簧支承。吸气管 10、排气管 5 和加液管 4 露出壳体，供连接制冷系统、加液和其他工艺之需。

1.2.4 按使用的蒸发温度范围分类

使用的蒸发温度范围与制冷压缩机的种类、规格和使用的制冷剂有关。例如，国家标准 GB/T 10079—2001 规定了活塞式单级制冷压缩机的使用范围，见表 1-1 和表 1-2。该标准适用于有机制冷剂（R22、R404A、R134a、R407C、R410A 等）、无机制冷剂（R717），以及气缸直径不大于 250mm 的单级活塞式全封闭、半封闭、开启式制冷压缩机。但该标准不适用于以下产品中的压缩机：

1）家用冷藏箱和家用冻结箱。

2）运输用及特殊用途制冷空调设备。

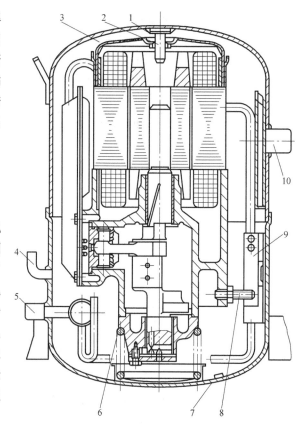

图 1-15　全封闭式制冷压缩机

1—上弹簧　2—上支销　3—支架　4—加液管　5—排气管
6—下弹簧　7—磁铁　8—抗扭销　9—抗扭架及板簧　10—吸气管

表 1-1　有机制冷剂压缩机使用范围

类型	吸入压力饱和温度/℃	排出压力饱和温度/℃		压缩比
		高冷凝压力	低冷凝压力	
高温	−15~12.5	25~60	25~50	≤6
中温	−25~0	25~55	25~50	≤16
低温	−40~−12.5	25~50	25~45	≤18

表 1-2　无机制冷剂压缩机使用范围

类型	吸入压力饱和温度/℃	排出压力饱和温度/℃	压缩比
中低温	−30~5	25~45	≤8

1.3　制冷压缩机的名义工况

制冷压缩机的性能参数，如制冷量、输入功率、性能系数，均与工况有关。为了比较、选用和设计，有必要规定统一的工况。

通常，在名义工况下进行比较。不同类别制冷压缩机有不同的名义工况值。下面列出了活塞式单级制冷压缩机、螺杆式制冷压缩机、全封闭涡旋式制冷压缩机的名义工况。

（1）活塞式单级制冷压缩机（GB/T 10079—2001）　有机制冷剂压缩机名义工况见表1-3，无机制冷剂压缩机名义工况见表1-4。

表1-3　有机制冷剂压缩机名义工况　（单位：℃）

类型	吸入压力饱和温度	排出压力饱和温度	吸入温度	环境温度
高温	7.2	54.4[①]	18.3	35
	7.2	48.9[②]	18.3	35
中温	-6.7	48.9	18.3	35
低温	-31.7	40.6	18.3	35

注：表中工况制冷剂液体的过冷度为0℃。

① 为高冷凝压力工况。

② 为低冷凝压力工况。

表1-4　无机制冷剂压缩机名义工况　（单位：℃）

类型	吸入压力饱和温度	排出压力饱和温度	吸入温度	制冷剂液体温度	环境温度
中低温	-15	30	-10	25	32

表1-3、表1-4适用的制冷剂和压缩机类别与表1-1和表1-2相同。

（2）螺杆式制冷压缩机　螺杆式制冷压缩机及机组名义工况见表1-5。

表1-5　螺杆式制冷压缩机（GB/T 19410—2008）及机组名义工况　（单位：℃）

类型	吸气饱和（蒸发）温度	排气饱和（冷凝）温度	吸气温度[②]	吸气过热度[②]	过冷度
高温（高冷凝压力）	5	50	20		0
高温（低冷凝压力）		40			
中温（高冷凝压力）	-10	45		10或5[①]	
中温（低冷凝压力）		40			
低温	-35				

① 用于R717。

② 吸气温度适用于高温名义工况，吸气过热度适用于中温、低温名义工况。

表1-5适用的制冷剂为R717、R22、R134a、R404A、R407C、R410A和R507A。采用其他制冷剂（如R290、R1270等）的压缩机及压缩机组可参照执行。

（3）全封闭涡旋式制冷压缩机　全封闭涡旋式制冷压缩机名义工况见表1-6。

表1-6　全封闭涡旋式制冷压缩机（GB/T 18429—2001）名义工况　（单位：℃）

类型	吸气饱和（蒸发）温度	排气饱和（冷凝）温度	吸气温度	液体温度	环境温度
高温	7.2	54.4	18.3	46.1	35
中温	-6.7	48.9	4.4	48.9	35
低温	-31.7	40.6	4.4	40.6	35

全封闭涡旋式制冷压缩机使用范围如下：

1）高温型。蒸发温度-23.3~12.5℃，冷凝温度27~60℃，压缩比≤6.0。

2）中温型。蒸发温度-23.3~0℃，冷凝温度27~60℃。

3）低温型。蒸发温度-40~-12.5℃，冷凝温度27~60℃。

（4）容积式CO_2制冷压缩机　容积式CO_2制冷压缩机名义工况见表1-7。

表1-7　容积式CO_2制冷压缩机（GB/T 29030—2012）名义工况

压缩循环		低温侧		高温侧——亚临界		高温侧——跨临界	
应用（蒸发温度类型）	循环类型	吸气温度	蒸发温度	冷凝温度	冷凝器出口过冷度①	排气压力	膨胀前温度
		℃	℃	℃	℃	MPa	℃
高蒸发温度	跨临界	20	10	—	—	10	20
中蒸发温度	亚临界1	5	-5	15	0	—	—
	亚临界2	0	-10			—	—
	跨临界1	5	-5			9	35②
	跨临界2	0	-10				
	跨临界3③	9	-1			10	
低蒸发温度	亚临界1	5	-35	-5/5	0	—	—
	亚临界2	-25				—	—
	亚临界3	10	-50	-20		—	—
	亚临界4					—	—
	跨临界1	5	-35	—	—	9	35②
	跨临界2	-25					
	跨临界3④	32	-25				

① 该数据用于计算压缩机（组）的名义制冷量，实际试验时，为确保试验的准确性，该参数的数据可以选取3~5℃。

② 该数据用于计算压缩机（组）的名义制冷量，实际试验时，为确保试验的准确性，该参数的数据可以远离CO_2制冷剂的临界点，如可以选取20℃。

③ 该工况为汽车空调压缩机运行名义工况，转速1800r/min。

④ 该工况为电冰箱用全封闭型电动机-压缩机运行名义工况。

1.4　制冷压缩机发展概况

制冷技术的发展与制冷压缩机的发展密切相关。制冷压缩机的技术水平在一定程度上代表制冷技术的发展水平。制冷压缩机是蒸气压缩式制冷机的重要组成，制冷系统能源效率的提高很大程度上依赖压缩机的效率。1834年在伦敦工作的美国发明家波尔金斯造出了第一台以乙醚为工质的蒸气压缩式制冷机，并正式申请了英国第6662号专利。这是后来所有蒸气压缩式制冷机的雏形。但乙醚易燃、易爆。1875年卡列和林德用氨作为制冷剂，从此蒸气压缩式制冷机占了统治地位。1930年，氟利昂制冷剂的使用给蒸气压缩式制冷机带来了新的变革，从20世纪70年代开始，随着环境友好型制冷剂的开发和应用，制冷压缩机的研发也取得了很大的进展。

在适应制冷剂不断变化的同时，制冷压缩机的种类也不断增加。由最初的往复式乙醚制冷压缩机发展到一系列的制冷量不同的容积式制冷压缩机，以及离心式制冷压缩机。这一方面是由于所需制冷量范围不断扩大，小到 100W（往复式制冷压缩机），大到单机制冷量 27000kW（离心式制冷压缩机）；另一方面是由于制造工艺的进步，使加工难度大的制冷压缩机得以生产。例如螺杆式制冷压缩机，因其转子型线的复杂，故从设计到制造难度都很大，直到 1961 年研制成功了喷油螺杆式制冷压缩机后，才在制冷领域中得到迅速的发展。迄今已开始取代一些较大的往复式制冷压缩机（小至 50kW，甚至更小些），同时也取代了一些中等制冷量的离心式压缩机（大至 1500kW）。图 1-16 所示为目前各类压缩机的大致应用场合及其制冷量大小。

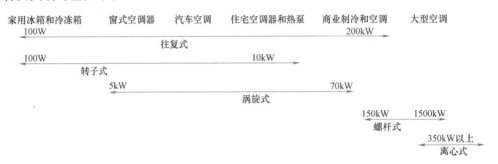

图 1-16　目前各类压缩机的大致应用场合及其制冷量大小

影响制冷压缩机发展的因素很多，主要有以下两个方面：

1. CFCs 和 HCFCs 的替代对制冷压缩机的影响

图 1-17 所示为原来常用的 CFC-11、CFC-12、HCFC-22 和 R502 及其替代制冷剂（箭头横线下）的应用领域。

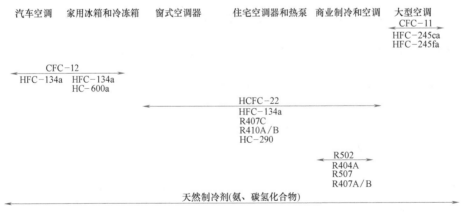

图 1-17　CFC-11、CFC-12、HCFC-22 和 R502 及其替代制冷剂的应用领域

除了图 1-17 所示的氟利昂制冷剂和碳氢化合物制冷剂外，CO_2 制冷剂也受到了人们的重视。CO_2 有很多优点：GWP 值低，传热性能和流动性好，单位体积的制冷能力比 R22 大 5 倍，与材料相容性好，无需回收制冷剂的"再循环"，价格低。它的主要问题是在制冷系统内压力很高，节流损失大。

为使 CO_2 应用于制冷、空调，1994 年劳伦兹提出了 CO_2 跨临界循环和实现循环高效的措施。目前 CO_2 制冷压缩机已应用在汽车空调、热泵等领域。

新的制冷剂的开发和应用对压缩机的设计和选型会产生一定的影响，主要是由于这些制冷剂与原有制冷剂的热物性（饱和蒸气压）以及对冷冻机油的相溶性不同。新型制冷剂对压缩机的影响大致可以分为三种情况。第一种情况是对压缩机没有影响，可直接充灌（有时需改变润滑油）。例如，非共沸混合制冷剂 R407C 对 R22 的替代，由于两者热物性接近，相同温度下 R407C 的饱和压力略高于 R22，原应用 R22 的系统用 R407C 后压缩机可不做任何改动。第二种情况是对压缩机有一定影响，关键部件需要重新设计。例如，共沸混合制冷剂 R410A 对 R22 的替代。R410A 的蒸发压力是 R22 的 1.5 倍，因此，压缩机的主要受力部件要重新设计。第三种情况是影响很大，压缩机需要重新设计。例如，极具潜力的制冷剂 CO_2，据目前已开发的样机数据，吸气压力达 3.5~4.0MPa，排气压力达 8.0~11.0MPa，是传统工质工作压力的 5~10 倍，设计时减小活塞直径并增加气缸数，使曲轴负荷和输气量处在合适的范围内。此外，CO_2 制冷循环是跨临界循环，节流压差较大，蕴含有较高的能量，可采用膨胀机回收一部分节流能量。为此开发了膨胀机-压缩机一体式结构。

与冷冻机油相溶性方面，除了天然环保工质外，新开发的制冷剂（碳氢化合物除外）与制冷系统原来应用的矿物油相溶性差，必须更换酯类或者酸类冷冻机油。这些制冷剂还应与所用的材料相溶。

2. 新技术、新材料的开发和应用

随着计算机、新材料和其他相关工业技术领域的渗透和促进，压缩机技术正在向高效、可靠、低振动、低噪声、结构简单、低成本方向飞速发展：

（1）计算机技术的应用　压缩机工业方方面面都广泛使用的电子计算机，已成为不可或缺的手段，这包括计算机数据采集和整理、计算机辅助设计/制造（CAD/CAM）和工艺的优化等。例如：结构零件设计的有限元法和有限差分法以及用计算机控制的数控机床技术的发展，使具有复杂型线的螺杆压缩机加工成为可能。其带来的总体效果体现在压缩机的小型化（但却拥有较大的制冷量）和高效率，噪声和振动得到降低，可靠性得到提高和寿命得到延长。而在取得这些成就的过程中所消耗的开发、设计和生产制造时间都比过去短，且费用也低。

（2）微电子技术在制冷压缩机输气量调节中的应用　目前采用这种技术的制冷压缩机主要有两种：一种是变转速制冷压缩机；另一种是数码涡旋制冷压缩机。这两种制冷压缩机在控制室温时，可使室温波动小、舒适度高，并能减少电能消耗，提高制冷压缩机的可靠性。

变转速制冷压缩机可分直流和交流变转速两类。交流变转速采用变频技术，通过改变交流电的频率改变电动机转速。直流变转速制冷压缩机，通过改变输送给电动机的直流电压改变电动机转速，其转子采用稀土永磁材料制成，电动机效率高，噪声低。

数码涡旋制冷压缩机利用微电子技术控制制冷压缩机在很短的时间内"加载"和"卸载"，实现输气量的平滑调节，如图 1-18 所示。

（3）新材料的应用　新材料是指那些新出现或已在发展中的，具有传统材料所不具备的优异性能和特殊功能的材料。新材料作为高新技术的基础和先导，应用范围极其广泛，进一步催生了压缩机相关生产制造技术的变革。例如，活塞式制冷压缩机气缸与活塞环配合是活塞式制冷压缩机上一对重要的配对副。在活塞式制冷压缩机工作过程中，活塞环与气缸壁

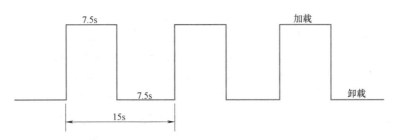

图 1-18 数码涡旋制冷压缩机的"加载"和"卸载"（输气量调节率为 50%）

之间的磨损是最常见的故障，过度磨损会导致缸内压力下降而达不到工作压力、机油油膜变薄、活塞环与气缸之间形成边界润滑或干摩擦。研究表明，在原有气缸内表面刷镀 Ni-P 可以有效减小摩擦。此外，电镀镍基碳化硅陶瓷镀层也能有效减小活塞环与气缸壁的摩擦。再如，往复式制冷压缩机的活塞环是密封件中受力最大、工作条件最恶劣的密封件。高压差高温工况下问题突出，磨损快，易断裂。PEEK（聚醚醚酮）具有无油、耐蚀、耐冲击、密封性好、节能、低噪声、安全的优越性，为往复式制冷压缩机的密封技术开创出一条新途径。

总之，新材料的应用，带来制冷压缩机产品性能、寿命的提高和成本的降低。

我国的制冷压缩机生产起步于 20 世纪 50 年代。20 世纪 70 年代，开展了中小型活塞式制冷压缩机系列的研制，有 20 余种产品投入生产。螺杆式制冷压缩机从 1974 年开始研制，到 1978 年主要产品已达到较高水平，2000 年生产了 3500 台。离心式制冷压缩机的研制始于 1966 年，1969 年即生产出 6 级压缩、制冷量为 3500kW、用于乙烯装置的离心压缩机，此后在产品性能上不断提高。我国的涡旋式制冷压缩机，大部分在合资企业和国外在中国的独资企业中生产。从总体上看，我国现已能设计、生产各种类型的制冷压缩机。但与发达国家相比，仍有差距，需不断努力，把我国的制冷压缩机产业推上新的水平。

思考题与习题

1-1　制冷压缩机主要有哪几种分类？

1-2　容积型和速度型制冷压缩机提高气体的原理有何不同？

1-3　简述开启式、半封闭和全封闭式制冷压缩机各自的优缺点。

1-4　为什么制冷压缩机的国家标准要规定统一的工况？

1-5　通过阅读文献，写出有关制冷压缩机采用新技术、新工质、新材料的简要报告（不超过 700 字）。

参 考 文 献

［1］　吴业正，李红旗，张华. 制冷压缩机 ［M］. 2 版. 北京：机械工业出版社，2001.

［2］　邢子文. 螺杆压缩机——理论、设计及应用 ［M］. 北京：机械工业出版社，2000.

［3］　韩宝琦，李树林. 制冷空调原理及应用 ［M］. 北京：机械工业出版社，1995.

［4］　Lorentzen G. The Use of Natural Refrigerants：A Complete Solution to the CFC/HCFC Predicament ［J］.Int J Refrig，1995，18（3）：190-197.

［5］　Lorentzen G. Revival of Carbon Dioxide as A Refrigerant ［J］. Int J Refrig，1994，17（5）：292-301.

［6］　张祉佑. 制冷空调设备使用维修手册 ［M］. 北京：机械工业出版社，1998.

［7］　张祉佑. 制冷原理与制冷设备 ［M］. 北京：机械工业出版社，1995.

［8］ 顾兆林，郁永章，冯诗愚. 涡旋压缩机及其它涡旋机械［M］. 西安：陕西科学技术出版社，1998.

［9］ 全国冷冻设备标准化技术委员会. GB/T 10079—2001 活塞式单级制冷压缩机［S］. 北京：中国标准出版社，2001.

［10］ 全国冷冻设备标准化技术委员会. GB/T 19410—2008 螺杆式制冷压缩机［S］. 北京：中国标准出版社，2003.

［11］ 全国冷冻设备标准化技术委员会. GB/T 18429—2001 全封闭涡旋式制冷压缩机［S］. 北京：中国标准出版社，2001.

［12］ 吴业正. 制冷与低温技术原理［M］. 北京：高等教育出版社，2004.

［13］ 潘秋生. 中国制冷史［M］. 北京：中国科学技术出版社，2008.

［14］ 马国远，李红旗. 旋转压缩机［M］. 北京：机械工业出版社，2001.

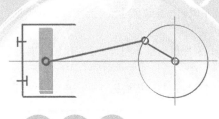

第 2 章

往复式制冷压缩机

2.1 基本结构和工作原理

2.1.1 基本结构

往复式压缩机广泛应用于中、小型制冷装置，其结构如图2-1所示。图中画出了压缩机的主要零部件及其组成：压缩机的机体由气缸体2和曲轴箱3组成，气缸体中装有活塞5，曲轴箱中装有曲轴1，通过连杆4将曲轴和活塞连接起来，在气缸顶部装有吸气阀9和排气阀8，通过吸气腔10和排气腔7分别与吸气管11和排气管6相连。当曲轴被原动机带动旋转时，通过连杆的传动，活塞在气缸内做上、下往复运动，并在吸、排气阀的配合下，完成对制冷剂的吸入、压缩和输送。

图 2-1 单缸压缩机示意图

1—曲轴 2—气缸体 3—曲轴箱 4—连杆 5—活塞
6—排气管 7—排气腔 8—排气阀 9—吸气阀
10—吸气腔 11—吸气管 12—气缸盖

2.1.2 工作原理

往复式制冷压缩机的工作循环分为四个过程，如图2-2所示。

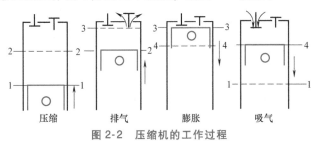

| 压缩 | 排气 | 膨胀 | 吸气 |

图 2-2 压缩机的工作过程

1. 压缩过程

通过压缩过程，将制冷剂的压力提高。当活塞处于最下端位置1—1（称为内止点或下止点）时，气缸内充满了从蒸发器吸入的低压蒸气，吸气过程结束；活塞在曲轴-连杆机构的带动下开始向上移动，此时吸气阀关闭，气缸工作容积逐渐减小，处于缸内的制冷剂受压缩，温度和压力逐渐升高。活塞移动到2—2位置时，气缸内的蒸气压力升高到略高于排气腔中的制冷剂压力时，排气阀开启，开始排气。制冷剂在气缸内从吸气时的低压升高到排气压力的过程称为压缩过程。

2. 排气过程

通过排气过程，制冷剂进入冷凝器。活塞继续向上运动，气缸2内制冷剂的压力不再升高，制冷剂不断地通过排气管流出，直到活塞运动到最高位置3—3（称为外止点或上止点）时排气过程结束。制冷剂从气缸向排气管输出的过程称为排气过程。

3. 膨胀过程

通过膨胀过程，将制冷剂的压力降低。活塞运动到上止点时，由于压缩机的结构及制造工艺等原因，气缸中仍有一些空间，该空间的容积称为余隙容积。排气过程结束时，在余隙容积中的气体为高压气体。活塞开始向下移动时，排气阀关闭。吸气腔内的低压气体不能立即进入气缸，此时余隙容积内的高压气体因容积增加而压力下降，直至气缸内气体的压力降至稍低于吸气腔内气体的压力，即将开始吸气过程时为止。此时活塞处于位置4—4。活塞从3—3移动到4—4的过程称为膨胀过程。

4. 吸气过程

通过吸气过程，从蒸发器吸入制冷剂。活塞从位置4—4向下运动时，吸气阀开启，低压气体被吸入气缸中，直到活塞到达下止点1—1的位置。该过程称为吸气过程。

完成吸气过程后，活塞又从下止点向上止点运动，重新开始压缩过程，如此周而复始，循环不已。压缩机经过压缩、排气、膨胀和吸气四个过程，将蒸发器内的低压蒸气吸入，使其压力升高后排入冷凝器，完成制冷剂的吸入、压缩和输送。

2.2 热力性能

在表征压缩机的各项性能指标中将着重讨论与制冷机的制冷量和能耗有关的压缩机输气能力和功耗。这是因为压缩机设计要求以较小的气缸容积供应所需的输气量及相应的制冷量，而压缩机的尺寸与气缸工作容积的利用程度有密切的联系；此外，压缩机是一种消耗能量的机器，不断降低其能耗对节约能源、减少费用，有十分重要的意义。

2.2.1 单级往复式制冷压缩机的理论循环

在工程热力学中已经讨论过单级往复式压缩机的理论循环，它排除了在实际循环中不可避免的容积损失、质量损失和其他各类不可逆损失。从理论循环的研究中可以找到一些循环基本热力参数间的关系、提高循环指标的基本途径以及确定循环的极限指标，用来评价压缩机实际循环的完善程度。

衡量压缩机最主要性能的两个指标是其输气量和功耗，总是要求以最小的功率输入获取更多的输气量。对制冷压缩机而言，在给定工况下的输气量大小与其制冷量大小直接相关。

1. 往复式压缩机的理论输气量

图 2-3 所示为单级往复式压缩机理论循环，其中过程 $d—a$ 和 $b—c$ 均为可逆绝热的流动过程，因而 d 点和 a 点上的气体状态相同，b 点和 c 点的气体状态相同。过程 $a—b$ 是可逆绝热的压缩过程，即等熵压缩过程；过程 $c—d$ 是压力降过程，因为此时压缩机的余隙容积为零，故 $c-d$ 是一条垂直线。

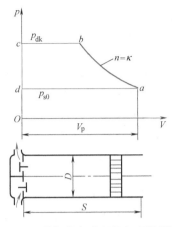

图 2-3 单级往复式压缩机理论循环

按图 2-3，每一循环从一个直径为 D、活塞行程为 S 的气缸中排出的气体容积，按压缩机进口处吸气状态（p_{s0}、T_{s0}）计算，等于活塞移动一个行程所扫过的气缸工作容积 V_p，单位为 m^3，即

$$V_p = \frac{\pi}{4}D^2S \tag{2-1}$$

式中 D——气缸直径，单位为 m；

S——活塞行程，单位为 m。

压缩机的输气量有容积输气量和质量输气量之分。理论容积输气量 q_{Vt}（或称理论排量）单位为 m^3/h，是指压缩机按理论循环工作时，在单位时间内所能供给（按进口处吸气状态换算）的气体容积，即

$$q_{Vt} = 60inV_p = 47.12inSD^2 \tag{2-2}$$

式中 i——压缩机的气缸数；

n——压缩机的转速，单位为 r/min。

压缩机按理论循环工作时，单位时间由吸气端送到排气端的气体质量称为理论质量输气量。于是，压缩机的理论质量输气量 q_{mt}（单位为 kg/h）为

$$q_{mt} = \frac{q_{Vt}}{v_{s0}} \tag{2-3}$$

式中 v_{s0}——进气口处吸气状态下气体的比体积，单位为 m^3/kg。

2. 压缩机的等熵比功

压缩机完成理论循环时，吸入 1kg 气体所消耗的功 w_{ts}，称为等熵比功，它由吸、排气过程的流动功和压缩过程的压缩功综合而成。令活塞对气体所做的功为正值，则吸入气体的体积为 V 时，输入压缩机的 W_t 为

$$W_t = \int_a^b Vdp \tag{2-4}$$

对于等熵比功

$$w_{ts} = h_{dk} - h_{s0} \tag{2-5}$$

式中 w_{ts}——等熵比功，单位为 J/kg；

h_{dk}——制冷剂在吸气状态下的比焓，单位为 J/kg；

h_{s0}——制冷剂在排气状态下的比焓，单位为 J/kg。

2.2.2 往复式压缩机的实际循环

压缩机气缸内进行的实际过程是相当复杂的，通常用示功器记录不同活塞位置或曲轴转

角时气缸内部气体压力的变化，所得的结果就是 $p\text{-}V$ 示功图或 $p\text{-}\theta$ 图，如图 2-4 所示。有了 $p\text{-}V$ 示功图或 $p\text{-}\theta$ 图，便可运用热力学理论和积累的经验，对整个工作循环及各个工作过程作出分析、判断。

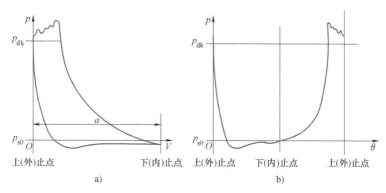

图 2-4 压缩机的 $p\text{-}V$ 图和 $p\text{-}\theta$ 图

a) $p\text{-}V$ 图 b) $p\text{-}\theta$ 图

把具有相同吸、排气压力，吸气温度和气缸工作容积的压缩机实际循环 $p\text{-}V$ 示功图 1—2—3—4—1 与理论循环指示图 a—b—c—d—a（图 2-5a）以及相应的 $T\text{-}s$ 图（图 2-5b）对照比较，可发现有以下几方面的区别：

1）余隙容积 V_c 中的气体在膨胀过程中与所接触的壁面发生热交换，其强烈程度和热流方向随时间而变。所以，过程的多变过程指数是一个随时间而变化的数值，而理论循环因无余隙容积，故过程 c—d 是一条直线。当余隙容积内的气体膨胀到压力 p_{s0} 时，处于图 2-5a 的点是 5（状态为 p_{s0}，T_5），而不是理论循环的点 d（状态为 p_{s0}，T_{s0}）。

2）由于吸气阀的弹簧力，使余隙容积中的气体一直膨胀至点 4，气体才被吸入气缸。气体进入气缸后，一方面因流动阻力而降低压力，另一方面与所接触的壁面以及余隙容积中的气体进行热交换，使吸气终止时缸内气体压力变为 $p_1 = p_{s0} - \Delta p_{s1}$，温度变为 T_1（图 2-5a 的点 1），$T_1 > T_{s0}$，而理论循环的吸入过程为 $d\text{-}a$，吸入过程中气体的状态不变，压力为 p_{s0}，温度为 T_{s0}。

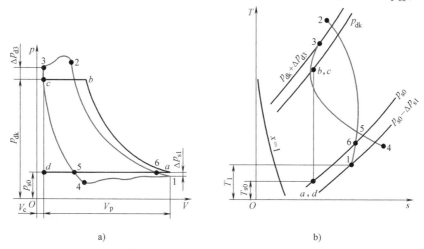

图 2-5 单级往复式压缩实际循环和理论循环的比较

a) $p\text{-}V$ 图 b) $T\text{-}s$ 图

3）在压缩过程中，缸内气体与所接触壁面进行热交换：压缩过程的前期，因气体温度低于壁面温度，故壁面向气体放热；压缩过程后期，气体温度高于壁面温度，气体向壁面放热。气体压缩至压力 p_{dk} 时，受气阀弹簧力的影响，排气阀并不开启，直至点 2 时才打开排气阀，进行排气。由于这些因素的存在，压缩过程已不是理论循环的等熵压缩过程 a—b，而是实际循环的 1—2。

4）在排气过程中，气体需克服流动阻力，因而排气终止时，$p_3 > p_{dk}$，或写成 $p_3 = p_{dk} + \Delta p_{d3}$，而理论循环的排气过程为 b—c，排气过程中气体的状态不变，压力为 p_{dk}，温度为 T_{dk}。

5）气缸内部的不严密性和可能发生的吸、排气阀延迟关闭都会引起气体的泄漏损失。

6）就进入压缩机的制冷剂成分和状态而言，在理论循环中假设制冷剂为纯粹的干蒸气，但在实际运转时，往往有一定数量的润滑油随同制冷剂在制冷系统中循环；此外，有时被吸入的制冷剂为湿蒸气，这均影响压缩机的输气能力和功耗。

2.2.3 压缩机的实际输气量

比较实际循环和理论循环可以看出，实际循环输气量小于理论循环输气量。实际循环输气量与理论循环输气量的比值称为容积效率，用 η_V 表示，即

$$\eta_V = \frac{V_{实际}}{V_{理论}} \tag{2-6}$$

1. 影响单级压缩机容积效率的因素

容积效率 η_V 与容积系数 λ_V、压力系数 λ_p、温度系数 λ_T 和泄漏系数 λ_1 有关。这四个系数的定义如下：

（1）容积系数 λ_V　容积系数反映余隙容积对容积效率的影响。当余隙内的气体（状态点 3）膨胀到压力 p_{s0}（状态点 5）时，可吸入的气体体积 V' 比理论吸入体积 V_p 减少 $\Delta V'$，如图 2-6a 所示。定义 λ_V 为

$$\lambda_V = \frac{V'}{V_p} = \frac{V_p - \Delta V'}{V_p} = 1 - \frac{\Delta V'}{V_p} \tag{2-7}$$

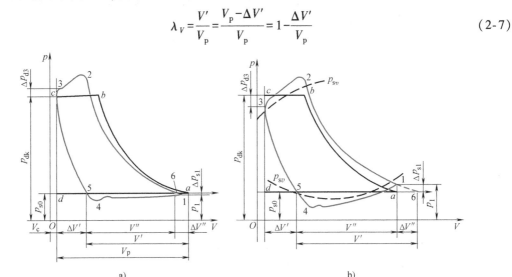

a)　　　　　　　　　　　　　　b)

图 2-6　压缩机的理论和实际吸、排气过程

a）吸、排气管内压力不变　b）吸、排气管内压力波动

（2）压力系数 λ_p　压力系数反映吸气终了时气缸压力降 Δp_{s1} 对容积效率的影响。一般情况下，吸入气体由于流动阻力的缘故，p_1 低于 p_{s0}（图 2-6a），导致吸气容积损失 $\Delta V''$。只有吸气管内发生较强烈的压力脉动时，才有可能出现 p_1 大于 p_{s0} 的情况，那时 $\Delta V''$ 是负值（图 2-6b 上的点 6，它是压缩过程线 1-2 的延长线与 p_{s0} 等压线的交点），吸气容积增大。

定义压力系数 λ_p 为

$$\lambda_p = \frac{V''}{V'} = 1 - \frac{\Delta V''}{V'} \tag{2-8}$$

（3）温度系数 λ_T　温度系数用于衡量气体在吸气过程中的温升对容积效率的影响程度。实际吸入气体的容积 ΔV 虽然已经把压力折算到吸气压力 p_{s0} 的状态，但是如前所述，这部分气体的温度从吸入压缩机，进入气缸，直到开始压缩这一过程中，已由 T_{s0} 上升至 T_1（$T_1 \neq T_b \neq T_{s0}$），若完全按吸气状态的温度计算，则其折算容积 V_x 要小于 V''。定义温度系数 λ_T 为

$$\lambda_T = \frac{V_x}{V''} \tag{2-9}$$

（4）泄漏系数 λ_1　泄漏系数反映气体泄漏对容积效率的影响。泄漏的存在使得最后从气缸输出的气体容积 V_y（换算到吸气状态的 p_{s0}、T_{s0}）要小于 V_x。定义泄漏系数 λ_1 为

$$\lambda_1 = \frac{V_y}{V_x} \tag{2-10}$$

按容积效率 η_V 的定义，得出容积效率与上述四个系数的关系为

$$\eta_V = \frac{60 n V_y}{60 n V_p} = \frac{V'}{V_p} \frac{V''}{V'} \frac{V_x}{V''} \frac{V_y}{V_x} = \lambda_V \lambda_p \lambda_T \lambda_1 \tag{2-11}$$

2. 单级压缩机容积效率影响因素的分析

下面将对这四个系数作进一步讨论，从中分析影响压缩机输气量的各种因素并探索使其提高的措施。

（1）容积系数 λ_V　余隙容积中的气体从点 3 开始膨胀，到达点 5 时其压力降低至吸气压力 p_{s0}（图 2-6a）。设过程的多变膨胀指数 m 为定值，则

$$\frac{\Delta V' + V_c}{V_c} = \left(\frac{p_{dk} + \Delta p_{d3}}{p_{s0}} \right)^{\frac{1}{m}}$$

$$\Delta V' = V_c \left[\left(\frac{p_{dk} + \Delta p_{d3}}{p_{s0}} \right)^{\frac{1}{m}} - 1 \right] \tag{2-12}$$

把式（2-12）代入式（2-7），则 λ_V 的表达式为

$$\lambda_V = 1 - c \left[\left(\frac{p_{dk} + \Delta p_{d3}}{p_{s0}} \right)^{\frac{1}{m}} - 1 \right] \tag{2-13}$$

$$c = V_c / V_p$$

式中　c——相对余隙容积。

从式（2-13）可见排气压力损失 Δp_{d3} 会使 λ_V 减少。但是，略去此值所带来的误差很小，因此 λ_V 的表达式可简化为

$$\lambda_V = 1 - c(\varepsilon^{\frac{1}{m}} - 1) \tag{2-14}$$

$$\varepsilon = \frac{p_{dk}}{p_{s0}}$$

式中 ε——压缩比。

式（2-14）表明，λ_V 主要与压缩比 ε、相对余隙容积 c 和多变膨胀指数 m 有关。

保持 c 和 m 不变，ε 越大，λ_V 因膨胀容积 $\Delta V'$ 的增大而越来越小（图2-7）。p_{dk} 不变时，ε 随 p_{s0} 的减小而增大。当 ε 达到一定的数值 p_{dk}/p''_{s0} 时，$\Delta V' = V_p$，$\lambda_V = 0$，压缩机停止向外输气。因此单级往复式压缩机的最大压缩比，无论从输气效率还是从能耗和排气温度来看，都应当受限制，一般不超过10。对于低温制冷系统，应采用多级压缩来实现其高压缩比。压缩比 ε 由制冷机的工况决定，因而 λ_V 随工况的变化在较广阔的范围内变化。

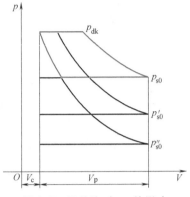

图2-7　压缩比对 λ_V 的影响

相对余隙容积 c 越小，在相同的 ε 和 m 值条件下 λ_V 越大。相对余隙容积主要由活塞处于外止点时，活塞顶面和阀板底面间的容积、第一道活塞环以上的环形空间以及气阀通道（与气缸一直相通的通道）的容积三部分组成。缩小 c 会受到结构、工艺和气阀通流能力的限制。

单级低温压缩机的压缩比高，为了防止 λ_V 的过分下降，要求它的 c 值比高温压缩机的 c 值小。在同一系列中，往往采取改变阀孔尺寸和垫片厚度的方法来适应不同用途的需要。

c 值的确定还和压缩机的结构参数 S/D（行程/缸径）有关。S/D 大的压缩机易获得较小的 c 值。

现代中小型制冷压缩机的 c 值在 1.5%~6% 之间，低温压缩机取小的 c 值。

多变膨胀指数 m 的数值取决于制冷剂的种类和膨胀过程中气体与接触壁面的热交换情况。从图2-5b 的 3—4 过程可以看出，m 值随着热交换的方向和强度而不断变化。起初气体因其温度高于壁面温度而向缸壁放热，m 大于等熵过程指数 κ，随着气体膨胀，其温度迅速降低，m 也跟着变小，当膨胀后气体的温度低于壁面温度时，热流方向相反，于是 m 开始小于 κ，并随着膨胀温度的继续下降而减小。

但是应用式（2-13）或式（2-14）计算 λ_V 时，m 假定为常数。为了取得符合实际的计算结果，m 应根据录取的示功图，取等于经过点3和点5（图2-6a）的多变过程，即如图2-8所示中虚线的等端点膨胀过程的多变膨胀指数值，即

$$\frac{p_3}{p_5} = \frac{p_{dk} + \Delta p_{d3}}{p_{s0}} = \left(\frac{V_c + \Delta V'}{V_c} \right)^m$$

$$m = \frac{\lg\left(\varepsilon + \dfrac{\Delta p_{d3}}{p_{s0}} \right)}{\lg\left(1 + \dfrac{\Delta V'}{V_c} \right)} \tag{2-15}$$

对于压缩过程 1—2，其多变过程指数 n 也有类似的变化情况。当求取压缩终了的状态参数时，若设 n 为定值，同样也应取从图2-8上虚线所示过程线 1—2 计算所得的等端点过程指数值。

按等端点多变过程指数画出的示功图，其面积略小于实际示功图，如图2-8上虚线所示。因此在计算实际循环指示功时，有必要按照另一种简化方法——等功法求取压缩或膨胀过程的不变的等功过程指数。为此从过程的始点1或3作指数为定值的过程曲线1—2′和3—4′，如图2-8点画线所示，使所得示功图的面积保持不变，此定值过程指数称为等功多变过程指数。

同一种制冷剂的m和n在同一循环中是不相等的，m要比n小。这是因为制冷剂的膨胀过程是在活塞处于上止点附近气体容积变化（从V_c到$V_c+\Delta V'$）不大的范围内完成的，而这个容积周围壁面是气缸中最热的部分；同时，在这个容积范围内完成膨胀过程时，制冷剂具有大得多的单位传热面积（与压缩过程比）。基于这两点，制冷剂在膨胀温度迅速降低至壁面温度以下后便较强烈地从壁面吸取热量，使其终了温度T_4高于压缩开始时的温度T_1（图2-5b）。

在新设计氨压缩机的热力计算中，$m=1.10\sim1.15$，$n=1.20\sim1.30$；对于氟利昂压缩机，$m=0.95\sim1.05$，$n=1.05\sim1.18$。

增强对气缸壁面的冷却，多变膨胀线的斜率变陡，m增大，对提高λ_V有利。当出现排气阀延迟关闭，高压侧气体从排气腔向气缸倒流时，示功图上的膨胀线成为如图2-9上3—5′的形状，等端点指数变得十分小，容积效率也因此而下降。

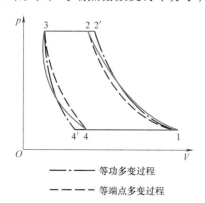

图2-8 等端点和等功多变过程

—·—·— 等功多变过程

----- 等端点多变过程

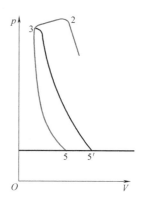

图2-9 排气阀延迟关闭对膨胀过程的影响

用式（2-13）计算λ_V时，其排气压力损失Δp_{d3}一般可取为：对于氨压缩机，$\Delta p_{d3}=(0.05\sim0.07)p_{dk}$；对于氟利昂压缩机，$\Delta p_{d3}=(0.10\sim0.15)p_{dk}$。

（2）压力系数λ_p　设吸气阀在活塞到达内止点时完全关闭，气缸压力p_1小于吸气压力p_{s0}（图2-6a）。$\Delta V''$是由点1压缩至压力p_{s0}时（点6）引起的容积损失，可由多变压缩过程方程式求取，由于p_1与p_{s0}之比与1接近，令其压缩过程指数等于1的计算误差很小，因此可得

$$p_1(V_c+V_p)=p_{s0}(V_c+V_p-\Delta V'')$$

$$\Delta V''=(V_c+V_p)\left(\frac{p_{s0}-p_1}{p_{s0}}\right)=(V_c+V_p)\Delta p_{s1}/p_{s0}$$

以此式代入式（2-8），则

$$\lambda_p=1-\frac{1+c}{\lambda_V}\frac{\Delta p_{s1}}{p_{s0}} \tag{2-16}$$

在 λ_p 的近似计算中，为简便起见，甚至可令 $c = 0$，则其近似公式便成为

$$\lambda_p = 1 - \frac{\Delta p_{s1}}{p_{s0}} \qquad (2\text{-}17)$$

上式表明，λ_p 主要受吸气终了相对压力损失 $\Delta p_{s1}/p_{s0}$ 的影响，相对余隙容积 c 的影响是次要的。随着 $\Delta p_{s1}/p_{s0}$ 和 c 的增大，λ_p 下降。

在吸气过程中，吸气压力损失 Δp_s（$= p_{s0} - p$）是变化的（p 为气缸中制冷剂的瞬时压力）。当吸气接近结束时，由于活塞速度降低，流经吸气管和吸气阀的气体流速变小，Δp_{s1} 随之减小。吸气阀在 Δp_{s1} 等于或略小于吸气阀的弹簧力时开始关闭。弹簧力过强，吸气阀提前关闭，使 Δp_{s1} 增加，降低了 λ_p；反之，弹簧力过弱会产生吸气阀延迟关闭的有害现象。

使吸气阀及时关闭的弹簧力与这时要克服的气阀两侧的压力差有直接关系，而后者与吸气流道中制冷剂的密度成正比，与流速的平方成比例。这就是说，Δp_{s1} 也与这些因素有关。制冷剂的密度越大、流动的速度越高，其 $\Delta p_{s1}/p_{s0}$ 值就上升，引起 λ_p 的下降。对于低温制冷机，因其蒸发压力 p_{s0} 很低，故弹簧力的选取对 λ_p 的影响较大，此时应适当降低其吸气阀弹簧力。

通常，对于氨压缩机，$\Delta p_{s1} = (0.03 \sim 0.05) p_{s0}$；对于氟利昂压缩机，$\Delta p_{s1} = (0.06 \sim 0.08) p_{s0}$。

必须指出，当吸气管道中出现较大的压力波动时，λ_p 的数值会受到影响，影响的程度取决于吸气终了时压力波的相位和振幅。如果吸气阀前的压力处于压力波的波峰，则气缸中的吸气终了压力 p_1 接近甚至高于吸气压力 p_{s0}（图 2-6b），出现 $\lambda_p \geqslant 1$ 的情况。反之，若处于压力波的波谷，λ_p 具有更低值。

（3）温度系数 λ_T 制冷剂从进入压缩机起（在全封闭压缩机中，从进入机壳起），至气缸中压缩开始前，一方面不断受到所接触的各种壁面的加热，另一方面与具有较高温度 T_4 的余隙容积中的气体相混合，此外又加入了由于流动不可逆损失转化成的热量，其状态由（p_{s0}、T_{s0}）变为（p_1、T_1），如图 2-5b 所示。继而制冷剂又从状态 1 压缩至压力等于 p_{s0}、温度等于 T_6 的状态 6（图 2-6a）。

在等压条件下，制冷剂蒸气的密度与温度成反比。T_6 高于 T_{s0}，则吸入终了时制冷剂的密度小于在压缩机进口状态下的密度，这就降低了压缩机的质量输气量。若忽略 T_5 与 T_6 的差异，在等压条件下，将按状态 6 计算的实际气体吸入气体容积 V'' 换算为吸气状态下的容积 V_x，得到

$$V_x = V'' T_{s0} / T_6$$

和计算 λ_p 时一样，近似地取过程 1-6 的多变压缩过程指数为 1，则 $T_1 = T_6$。用此关系和上式，从式（2-9）可得

$$\lambda_T = V_x / V'' = T_{s0} / T_1 \qquad (2\text{-}18)$$

λ_T 不同于 λ_V 和 λ_p，它的数值不能从示功图上直接求出。利用试验所得的 η_V、λ_V 和 λ_p 值，根据式（2-11）可以求得温度系数和泄漏系数的乘积 $\lambda_1 \lambda_T$。对于顺流立式压缩机，有经验公式

$$\lambda_T \lambda_1 = T_0 / T_k \qquad (2\text{-}19)$$

式中 T_0——蒸发温度，单位为 K；

T_k——冷凝温度，单位为 K。

全封闭式制冷压缩机的吸气加热有两个特点：①吸入蒸气在吸气流道（从机壳进口到进入气缸之前）中的受热温升对 λ_T 具有决定性影响，而在气缸中的加热是次要的，开启式压缩机恰恰相反，在气缸中的加热是主要的，在吸气流道中的加热是次要的；②小型全封闭式压缩机中，λ_T 对容积效率 η_V 的影响是很重要的，有时是决定性的，而在开启式压缩机中，λ_T 却属次要。

综合各种试验数据，得到全封闭式高、中温压缩机吸气终了时温度 T_1 的计算式为

$$T_1 = a_1 T_k + b_1 \theta$$

式中　θ——吸气过热度，单位为 K。

将上式代入式（2-18）中，并考虑到吸气过热度 θ 是制冷剂吸入压缩机时的温度 T_{s0} 与蒸发温度 T_0 之差，得到

$$\lambda_T = \frac{T_{s0}}{T_1} = \frac{T_0 + \theta}{a_1 T_k + b_1 \theta} \tag{2-20}$$

式中　a_1、b_1——两个系数。

a_1 是反映 T_1 受冷凝温度 T_k 影响程度的系数，它随压缩机尺寸的减小而增大，$1 \leqslant a_1 \leqslant 1.15$。对于家用制冷压缩机，$a_1 \approx 1.15$；对于商用制冷压缩机，$a_1 \approx 1.1$。

b_1 反映压缩机向周围空气散热对 T_1 的影响。当压缩机的尺寸较大，向外界散热强度较弱（机壳自然对流冷却）时，系数 b_1 有较大的数值。图 2-10 所示为 b_1 的大致变化范围，它在 0.25（家用制冷压缩机）~ 0.8（名义制冷量达 12kW 的压缩机）之间。

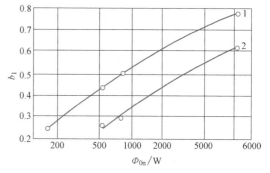

图 2-10　b_1 的大致变化范围
1—机壳外空气做自由运动　2—机壳外空气做强迫运动

试验证明，测量结果与式（2-20）的计算值之间平均偏差为 4%，最大不超过 8%。制冷剂吸气终了温度接近于气缸壁面温度。

对于制冷剂不经过电动机的半封闭式制冷压缩机，其温度系数明显地高于小型全封闭式制冷压缩机。中温类型的这种制冷压缩机，它的温度系数用下式计算，即

$$\lambda_T = a_0 + a_1 t_0 + a_2 t_k + a_3 t_0^2 + a_4 t_0 t_k + a_5 t_k^2 \tag{2-21}$$

式中　t_0、t_k——蒸发温度和冷凝温度，单位为℃。

其中，$a_0 = 1.16449$，$a_1 = 0.00009$，$a_2 = -0.00735$，$a_3 = -0.00016$，$a_4 = 0.00002$，$a_5 = 0.00006$。

λ_T 的大小和 λ_V、λ_p 一样，与压缩机的运行工况有关。从式（2-20）看出，T_k 的上升或 T_0 的下降，即压缩比 ε 的增加会使 λ_T 减小，这是因为压缩机和吸入蒸气的温度差增大，加强了蒸气吸热程度的缘故。图 2-11 所示为开启式氨压缩机和全封闭式压缩机的 λ_T 随 ε、t_k 和 t_0 的变化情况。图 2-11a 用于氨，图 2-11b 用于氟利昂。

此外，λ_T 还与压缩机的转速、冷却强度、热交换面积的大小、内置电动机的效率、制冷剂的种类等因素有不同程度的联系。

（4）泄漏系数 λ_1　在单级制冷压缩机中，影响输气量的泄漏发生在活塞、活塞环和气缸壁面间以及吸排气阀密封面的不严密处。此外，气阀延迟关闭也会造成蒸气倒流的泄漏损失。

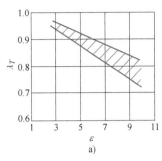
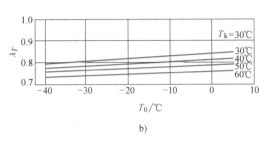

图 2-11 开启式氨压缩机和全封闭式压缩机的 λ_T 随 ε、t_k 和 t_0 的变化情况

a）用于氨 b）用于氟利昂

泄漏系数 λ_1 和 λ_T 一样，不能从 p-V 示功图直接求得。但是，气缸内制冷剂的泄漏会引起示功图中过程线的变化。在压缩过程中，若高压腔蒸气因排气阀不严密而漏入气缸，则压缩线变陡；若蒸气通过气缸和吸气阀的不严密处由气缸漏出，则曲线变平坦。膨胀过程相反。

要减少泄漏损失，必须注意气阀的设计、制造和安装质量，防止发生延迟关闭引起的蒸气倒流。

必须指出，从气缸中泄漏的热蒸气还会增加压缩机吸入蒸气的温度、排气温度和内置电动机定子绕组温度，降低了压缩机的性能、工作可靠性和耐久性。

此外，λ_1 还与压缩机的转速、活塞环结构、气阀密封面的精度、磨损程度以及润滑状态等有关。一般推荐 $\lambda_1 = 0.97 \sim 0.99$。

（5）压缩机转速与容积效率的关系 压缩机转速 n 对 η_V 的影响如图 2-12 所示。余隙容积造成的 η_V 减量 $\Delta\lambda_1$ 受转速的影响较小。吸气阀的压力损失和由此转化的热量对制冷剂加热，这两者造成的 η_V 减量 $\Delta\lambda_2$ 和 $\Delta\lambda_3$ 随转速的上升而增大。另外，制冷剂受热和泄漏引起的 η_V 减量 $\Delta\lambda_4$ 和 $\Delta\lambda_5$ 随转速的增加而减小。综合起来，在额定转速 n_n 时容积效率最大，比这个转速大或小时，η_V 值都要下降。

图 2-13 所示为一台 6 缸斜盘式压缩机的 η_V 曲线，其中，η_V 有最大值。

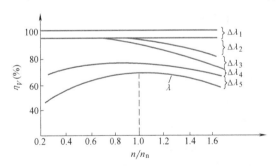
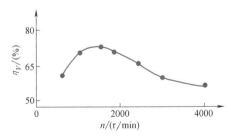

图 2-12 压缩机转速 n 对 η_V 的影响　　图 2-13 一台 6 缸斜盘式压缩机的 η_V 曲线

3. 双级压缩机的容积效率

有两种方法实现双级压缩：双机双级压缩和单机双级压缩。不同的方法有不同的容积效率定义：

（1）双机双级压缩的容积效率 其容积效率的定义与单级压缩机相同。用双机完成双

级压缩时，中间压力最佳值可近似地用下式确定，即

$$p_{int} = \sqrt{p_{s0} p_{dk}}$$

式中 p_{int}——中间压力，单位为 MPa。

用中间温度计算中间压力时，采用的计算公式为

$$T_{int} = \sqrt{T_0 T_k}$$

式中 T_{int}、T_0 和 T_k——中间温度、蒸发温度和冷凝温度，单位为 K。

按 T_{int} 确定的饱和压力即为中间压力。

对于双级压缩的每一级，其容积效率的计算方法与前述单级压缩机的容积效率计算方法相同，也可用经验公式计算。例如对于高压级，容积效率 η_{Vh} 为

$$\eta_{Vh} = 0.94 - 0.085 \left[(p_{dk}/p_{int})^{\frac{1}{n'}} - 1 \right] \tag{2-22}$$

对于低压级，容积效率 η_{Vl} 为

$$\eta_{Vl} = 0.94 - 0.085 \left[\left(\frac{p_{int}}{p_{s0}} - 1 \right)^{\frac{1}{n'}} - 1 \right] \tag{2-23}$$

式中 n'——压缩多变过程指数，对于 NH_3，$n' = 1.28$，对于 R22，$n' = 1.18$。

（2）单机双级压缩的容积效率 该效率采用可比的容积效率。

双级压缩机的中间压力数值与压缩机的结构有关。常见的双级压缩制冷压缩机，其高压级气缸与低压级气缸在同一台压缩机上。例如：一台有六个气缸的双级压缩机，四个气缸用于低压级，两个气缸用于高压级。来自冷凝器的部分制冷剂液体节流至中间压力后，与来自低压级的高温排气混合，将高温排气冷却后进入高压级。对于这种结构的单机双级压缩机，在确定其容积效率时，压缩机的行程容积仍按六缸计算，以便与具有同样尺寸和转速的六缸单级压缩机比较时，有可比性。按此观点求得的单机双级压缩机的容积效率称为可比的容积效率或总容积效率，仍用 η_V 表示。此时

$$\eta_V = \frac{q_{ma}}{q_{mt}} \tag{2-24}$$

式中 q_{ma}——实际输气量；

q_{mt}——按全部气缸求得的理论输气量。

试验表明，上述单机双级压缩机可比的容积效率在压缩比上升时，起初几乎不变，至压缩比达到相当高的数值后，才开始较明显地降低。而单级压缩机的容积效率随压缩比的增加，约成直线地下降。

2.2.4 压缩机的功率、效率、性能系数和能效比

1. 功率

功率可分为等熵功率 P_{ts}、指示功率 P_i、轴功率 P_e 和电功率 P_{el}。

（1）等熵功率 P_{ts} 等熵功率是压缩机作理论循环时所需的功率。对 1kg 制冷剂，其等熵比功为

$$w_{ts} = h_{dk} - h_{s0}$$

式中 h_{dk}、h_{s0}——理论循环时蒸气在压缩机出口和进口处的比焓，单位为 J/kg。

等熵功率（单位为 kW）为

$$P_{ts} = \frac{q_{ma}\ (h_{dk} - h_{s0})}{3.6} \times 10^{-6}$$

（2）指示功率 P_i　按实际循环示功图确定的压缩机功率为

$$P_i = P_{ts} + \Delta P_i$$

式中　ΔP_i——指示功率 P_i 与等熵功率 P_{ts} 之差，可比较两种循环的示功图确定。

（3）轴功率 P_e　轴功率是输入压缩机曲轴的功率，等于用于克服摩擦的功率 P_m 与指示功率 P_i 之和，即

$$P_e = P_i + P_m \tag{2-25}$$

式中　P_m——摩擦功率。

（4）电功率 P_{el}　电功率是驱动压缩机电动机所需的输入功率。它等于电动机的损耗 P_{mo}、机械摩擦的损耗 P_m 和指示功率 P_i 之和，即

$$P_{el} = P_i + P_m + P_{mo} \tag{2-26}$$

2. 效率

对应上述诸功率，给出了反映压缩机性能的一些效率。

（1）指示效率 η_i　η_i 为等熵功率 P_{ts} 与指示功率 P_i 之比，用于考虑实际循环与理论循环的输入功率的差别，即

$$\eta_i = \frac{P_{ts}}{P_i} \tag{2-27}$$

对于小型氟利昂压缩机，η_i 变化在 $0.65 \sim 0.8$ 的范围内。对于家用的全封闭式压缩机，其范围还要宽些，为 $0.60 \sim 0.85$，其中较低值是在压缩比较大的工况下采用。

影响指示效率的因素有压缩比 ε、相对余隙容积 c、相对流动损失 δ_0、温度系数 λ_T、泄漏系数 λ_1 等。图2-14 所示为指示效率 η_i 随压缩比 ε 和相对余隙容积 c 的变化关系。当 ε 较低时，η_i 因较大的相对流动损失 δ_0 而下降。当 ε 较大时，η_i 又因 λ_T 和 λ_1 的减少而趋小。

较大的 c 值意味着余隙容积中气体的数量相对较多，其压缩和膨胀过程的不可逆损失也较大，因而 η_i 随 c 值的增大而下降。

（2）机械效率 η_m　机械效率用于考虑摩擦功率的影响，计算式为

$$\eta_m = \frac{P_i}{P_e} = \frac{P_i}{P_i + P_m} \tag{2-28}$$

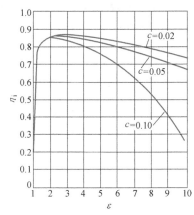

图 2-14　指示效率 η_i 随压缩比 ε 和
相对余隙容积 c 的变化关系

式中　P_e——轴功率；

　　　P_m——摩擦功率。

P_m 主要由两部分组成：往复摩擦功率 P_{mp} 和旋转摩擦功率 P_{mr}。前者是活塞、活塞环与气缸壁之间的摩擦损失，后者包括轴承、轴封的摩擦损失和驱动润滑油泵的功率。

由于活塞和活塞环在气缸壁上的滑动速度大而且得不到充分润滑，因此，一般情况下 P_{mp} 占 P_m 的 $60\% \sim 70\%$。主轴承、连杆轴承和轴封的润滑条件较好，其摩擦损失和润滑油泵功率一起占 P_m 的 $30\% \sim 40\%$，但是随着压缩机各轴承直径的加大和转速的提高，P_{mr} 也迅速

增加，有的甚至超过了P_{mp}。

冷凝温度一定时，压缩机的机械效率具有随着压缩比的增长而下降的趋势，如图 2-15 所示。这是因为 ε 增大，指示功率减少而摩擦功率几乎保持不变。

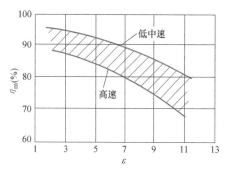

图 2-15　机械效率 η_m 随压缩比 ε 的变化关系

为了改善压缩机的性能指标，设法减少其摩擦损失，以提高其 η_m，是不容忽视的一个方面。

润滑油的温度变化通过自身的黏度而影响到 P_m 的大小。开始时 P_m 随润滑油温度 t_1 的上升而下降，但是当润滑油温度超过一定范围时，过低的黏度将恶化摩擦表面的润滑条件，使摩擦损失显著增加，甚至引起严重事故。

提高 η_m 可以从以下几方面着手：①选用合适的气缸间隙，对主轴承和连杆进行优化设计，适当减少活塞环数；②选用合适的润滑油，调节其黏度，使润滑油在各种工况下维持正常的黏度；③加强曲轴、曲轴箱等零件的刚度，合理提高其加工和装配精度，降低摩擦表面的粗糙度等。

制冷压缩机的 η_m 一般在 0.8~0.9 之间。在制冷压缩机系列产品中，不同气缸数目的压缩机所配置的轴封和润滑用油泵，出于通用化的原因不能按比例地改变其功率，因此缸数较多的压缩机用于润滑的油泵功率相对低些。

（3）轴效率　衡量压缩机轴功率有效利用程度的指标为轴效率 η_e，即

$$\eta_e = \frac{P_{ts}}{P_e} = \frac{P_{ts}}{P_i} \cdot \frac{P_i}{P_e} = \eta_i \eta_m \qquad (2-29)$$

开启式压缩机和半封闭式制冷压缩机的轴效率随压缩比的变化关系如图 2-16 所示。η_e 在低压缩比范围内的降低主要由于指示效率的下降所致。

（4）电效率 η_{el}　η_{el} 是等熵功率 P_{ts} 与电功率 P_{el} 的比值，即

$$\eta_{el} = \frac{P_{ts}}{P_{el}} = \frac{P_{ts}}{P_e} \cdot \frac{P_e}{P_{el}} = \eta_e \eta_{mo} \qquad (2-30)$$

式中　η_{mo}——电动机效率。

开启式压缩机由外置电动机通过传动装置带动运转，其动力经济性往往由轴效率 η_e 衡量。而在封闭式压缩机中，内置电动机的转子直接装在压缩机主轴上，其动力经济性用电效率衡量。

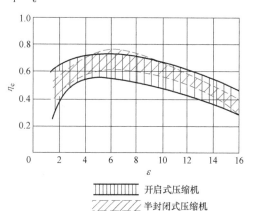

图 2-16　轴效率 η_e 随压缩比 ε 的变化关系

单相和三相的内置电动机在名义工况下，其 η_{mo} 的范围一般在 0.60~0.95 之间（图 2-17），对大功率电动机取上限，小功率电动机取下限。单相与三相比较，则单相电动机的 η_{mo} 较差。

制冷压缩机的电动机的工作特点是输出功率随负荷、电压和季节的变化有较大的波动。为此，要求压缩机在最大和最小功率工况范围内运行时，其 η_{mo} 变化不大，并在名义工况下具有最大值。图 2-18 所示是几台内置电动机的 η_{mo} 特性曲线，其横坐标是不同工况下的电

功率 P_{el} 与名义电功率 P_{eln} 之比。点 a 和 b 分别表示压缩机在 $t_0 = -25℃$ 、$t_k = 30℃$ 和 $t_0 = 5℃$ 、$t_k = 50℃$ 的工况，其中的2和3线较好地符合上述对 η_{mo} 特性的要求。

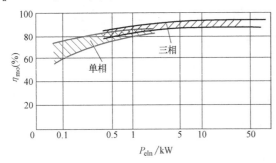

图2-17　η_{mo} 与电动机名义电功率的关系

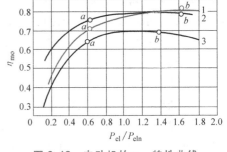

图2-18　电动机的 η_{mo} 特性曲线

全封闭式压缩机电效率 η_{el} 随压缩比 ε 的变化趋势如图2-19所示。由图2-19可见，在家用冰箱的全封闭式压缩机中，输入功率平均只有1/3得到有效利用，在商用制冷设备中，这个比例也只有 $1/3 \sim 1/2$ 。

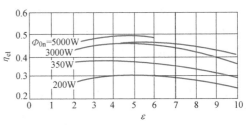

图2-19　全封闭式压缩机的 η_{el} 与 ε 的关系

3. 性能系数 COP 和能效比 EER

性能系数 COP 是制冷量和输入功率之比。

对于开启式压缩机　$COP = \Phi_0 / P_e$

对于封闭式压缩机　$COP = \Phi_0 / P_{el}$

封闭式压缩机的 Φ_0 / P_{el} 也可称为 EER，它的单位为 W/W，使用时要注意。

2.2.5　压缩机热力性能计算举例

例2-1　已知一台中温类型半封闭式制冷压缩机（吸气不经过电动机），主要参数为：制冷剂R22；气缸数 $i = 2$ ；气缸直径 $D = 55mm$ ；活塞行程 $S = 44mm$ ；相对余隙容积 $c = 2.6\%$ ；转速 $n = 1450r/min$ 。求该压缩机在名义工况下的热力性能。

解　循环的 $p\text{-}h$ 图（图2-20）上标明了各状态点。图中的 Δp_{sm} 和 Δp_{dm} 分别表示平均的吸气压力损失和平均的排气压力损失。

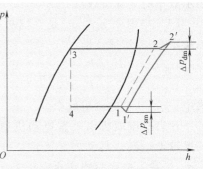

图2-20　循环的 $p\text{-}h$ 图

按表1-3，$t_4 = -6.7℃$ 、$t_3 = 48.9℃$ 、$t_1 = 18.3℃$ 。点1、2、3、4的部分参数见表2-1。

（1）压缩比 ε

$$\varepsilon = \frac{p_k}{p_0} = \frac{p_3}{p_4} = \frac{1894}{398} = 4.76$$

（2）等熵过程指数 κ ，等端点膨胀多变过程指数 m

表 2-1　各状态点的参数

点	$t/℃$	p/kPa	$v/(m^3/kg)$	$h/(kJ/kg)$	比熵 $s/[kJ/(kg \cdot ℃)]$
1	18.3	398	0.0658	420.1	1.824
2		1894		464.8	1.824
3	48.9	1894		261.7	
4	-6.7	398		261.7	

取 $\kappa = 1.19$，$m = 1.05$

（3）吸气终了的相对压力损失 $\Delta p_{sm}/p_1$

取 $\Delta p_{sm}/p_1 = 0.055$

（4）排气终了的相对压力损失 $\Delta p_{dm}/p_2$

取 $\Delta p_{dm}/p_2 = 0.11$

（5）单位质量制冷量 q_{0m}

$$q_{0m} = h_1 - h_3 = (420.1 - 261.7)kJ/kg = 158.4kJ/kg$$

（6）等熵比功 w_{ts}

$$w_{ts} = h_2 - h_1 = (464.8 - 420.1)kJ/kg = 44.7kJ/kg$$

（7）理论容积输气量 q_{Vt}

$$q_{Vt} = 47.12inSD^2 = 47.12 \times 2 \times 1450 \times 0.044 \times 0.055^2 m^3/h = 18.19m^3/h$$

（8）容积系数 λ_V

$$\lambda_V = 1 - c\left[\varepsilon\left(1 + \frac{\Delta p_{dm}}{p_2}\right)^{\frac{1}{m}} - 1\right] = 1 - 0.026[4.76(1 + 0.11)^{\frac{1}{1.05}} - 1] = 0.889$$

（9）压力系数 λ_p

$$\lambda_p = 1 - \frac{1+c}{\lambda_V}\frac{\Delta p_{sm}}{p_1} = 1 - \frac{1+0.026}{0.889} \times 0.055 = 0.936$$

（10）泄漏系数 λ_l

取 $\lambda_l = 0.975$

（11）温度系数 λ_T

因吸气不经过电动机，故 λ_T 可按式（2-21）计算，即

$$\lambda_T = a_0 + a_1t_0 + a_2t_k + a_3t_0^2 + a_4t_0t_k + a_5t_k^2$$

$$= 1.16449 + 0.00009 \times (-6.7) + (-0.00735) \times 48.9 + (-0.00016) \times (-6.7)^2 +$$

$$0.00002 \times (-6.7) \times 48.9 + 0.00006 \times 48.9^2$$

$$= 0.934$$

（12）容积效率 η_V

$$\eta_V = \lambda_V\lambda_p\lambda_T\lambda_l = 0.889 \times 0.936 \times 0.934 \times 0.975 = 0.758$$

（13）实际质量输气量 q_{ma}

因容积输气量已换算到吸气状态，故下式只需将 v_1 代入，即

$$q_{ma} = \frac{\eta_V q_{Vt}}{v_1} = \frac{0.758 \times 18.19}{0.0658}kg/h = 209.5kg/h$$

（14）制冷量 Φ_0

$$\Phi_0 = \frac{q_{ma}q_{0m}}{3600} = \frac{209.5 \times 158.4}{3600}\text{kW} = 9.22\text{kW}$$

（15）等熵功率 P_{ts}

$$P_{ts} = \frac{q_{ma}w_{ts}}{3600} = \frac{209.5 \times 44.7}{3600}\text{kW} = 2.60\text{kW}$$

（16）指示功率 η_i、机械效率 η_m、电动机效率 η_{mo}

按图 2-14、图 2-15 和图 2-17 取 $\eta_i = 0.86$，$\eta_m = 0.92$，$\eta_{mo} = 0.84$。

（17）电效率 η_{el}

$$\eta_{el} = \eta_i \eta_m \eta_{mo} = 0.86 \times 0.92 \times 0.84 = 0.66$$

（18）电功率 P_{el}

$$P_{el} = \frac{P_{ts}}{\eta_{el}} = \frac{2.60}{0.66}\text{kW} = 3.94\text{kW}$$

（19）能效比 EER

$$\text{EER} = \frac{\Phi_0}{P_{el}} = \frac{9.22}{3.94}\text{W/W} = 2.34\text{W/W}$$

2.2.6 往复式制冷压缩机的运行特性曲线和运行界限

1. 运行特性曲线

制冷压缩机的运行特性是指在规定的工作范围内运行时，压缩机的制冷量和功率随工况变化的关系。从制冷循环分析可知：制冷量 Φ_0 随蒸发温度的降低而降低，随冷凝温度的升高而降低。输入功率随冷凝温度的升高而升高；随蒸发温度变化而变化的规律则比较复杂。今以理论循环为对象，予以分析。压缩机的等熵比功为

$$w_{ts} = p_{s0}v_{s0}\frac{\kappa}{\kappa-1}\left[\left(\frac{p_{dk}}{p_{s0}}\right)^{\frac{\kappa-1}{\kappa}} - 1\right] \qquad (2\text{-}31)$$

式中　p_{s0}、v_{s0}——吸气状态下蒸气的压力和比体积；

　　　　κ——等熵指数；

　　　　p_{dk}——排气压力。

等熵功率 P_{ts} 为

$$P_{ts} = (q_{Va}/v_{s0})w_{ts} = q_{Va}p_{s0}\frac{\kappa}{\kappa-1}\left[\left(\frac{p_{dk}}{p_{s0}}\right)^{\frac{\kappa-1}{\kappa}} - 1\right] \qquad (2\text{-}32)$$

式中　q_{Va}——压缩机的容积输气量。

对于理论循环，余隙容积为 0，因而 q_{Va} 为定值。又因只讨论蒸发温度对等熵功率的影响，所以取冷凝压力 p_{dk} 为定值。此时，上式中的自变量为 p_{s0}。将 P_{ts} 对 p_{s0} 求导并令导数等于 0，即

$$\left(\frac{\partial P_{ts}}{\partial p_{s0}}\right)_{p_{dk}} = 0 \qquad (2\text{-}33)$$

就得到在给定冷凝压力时，对应于最大等熵功率 P_{ts} 的蒸发压力或蒸发温度。

上述分析表明，对于某一冷凝压力（或冷凝温度），等熵功率 P_{ts} 随蒸发压力（或蒸发温度）的变化，首先是随蒸发压力的降低而升高，以后随蒸发压力的降低而降低。P_{ts} 随蒸发压力变化的规律，同样反映在指示功率、轴功率和电功率上。只是最大指示功率、轴功率或电功率对应的蒸发温度不同。按运行特性绘制的曲线称为运行特性曲线。每张运行特性曲线图上有两组曲线，一组为输入功率（P_{el} 或 P_e 或 P_i），另一组为制冷量，据此可求得不同工况下的制冷量和输入功率。图 2-21 和图 2-22 所示为 810A 和 810F 单级制冷压缩机的运行特性曲线。

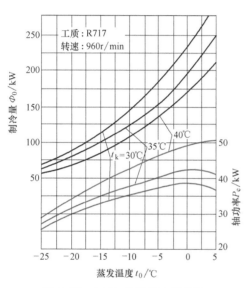

图 2-21　810A 单级制冷压缩机
的运行特性曲线

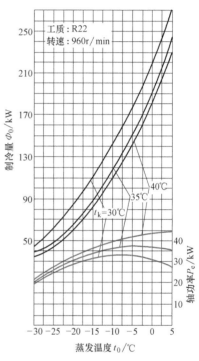

图 2-22　810F 单级制冷压缩机
的运行特性曲线

冷凝器的排热量等于制冷量和指示功率之和（忽略压缩机壳体及连接管道与外界的热交换）；性能系数为制冷量与输入功率的比值，均可从相应的运行特性曲线求得。

2. 运行界限

运行界限是压缩机运行时蒸发温度和冷凝温度的界限。图 2-23 所示为运行界限的通常表示方法。其中线条 1—2、5—6 受限于最低和最高蒸发温度；2—3 受限于最高排气温度；3—4 受限于最大压力差；4—5 受限于最高冷凝温度。

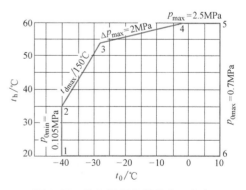

图 2-23　运行界限的通常表示方法

图 2-24 所示为不同型号电动机对一台单级半封闭式制冷压缩机运行界限的影响。

图 2-24a、b、c 分别对应制冷剂 R22、R134a 和 R404A（或 R507）。采用 1 型电动机的制

冷压缩机有更宽广的运行界限。由于制冷剂的热物理性质的区别，运行界限中的冷凝温度和蒸发温度的范围也不相同，R134a 的冷凝温度最高（80℃），R22 次之（63℃），R404A 和 R507 最低（55℃）；但就最低蒸发温度而言，R404A、R507 和 R22 的最低蒸发温度又低于 R134a。

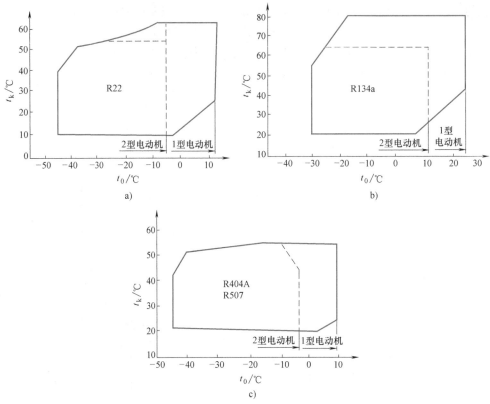

图 2-24　不同型号电动机对一台单级半封闭式制冷压缩机运行界限的影响

a）R22　b）R134a　c）R404A 和 R507

　　受单级压缩机的运行界限的限制，为达到更低的蒸发温度，需要用双级压缩机或复叠式压缩机。图 2-25 所示为一台单机双级半封闭式制冷压缩机的运行界限。图 2-25a 对应 R22，图 2-25b 对应 R404A 和 R507。与单级半封闭式制冷压缩机相比，单机双级半封闭式制冷压缩机的最低蒸发温度下降，但应用 R22 时，下降并不显著。应用 R404A 和 R507 时，最低蒸发温度明显地下降，表明应用 R404A 和 R507 的单机双级制冷压缩机更适用于低温工况。

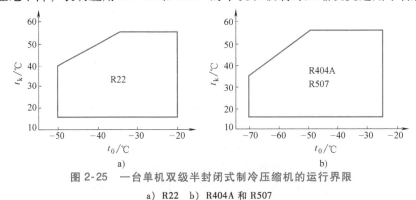

图 2-25　一台单机双级半封闭式制冷压缩机的运行界限

a）R22　b）R404A 和 R507

输入功率为 P_e 或 P_{el} 的往复式制冷压缩机的运行特性曲线是通过全性能试验直接测定的。试验时测定不同的冷凝温度（不少于三个冷凝温度）及不同的蒸发温度（不少于五个蒸发温度）下的制冷量、输入功率等。

2.3　驱动机构和机体部件

2.3.1　往复式压缩机的驱动机构形式和结构

1. 曲柄-连杆机构

曲柄-连杆机构的作用是将曲轴的旋转运动转变成活塞的往复运动，实现压缩机的工作循环。曲柄-连杆机构包含的部件为：活塞组、连杆和曲轴。

（1）活塞组　活塞组的结构与压缩机的结构有密切的关系。一种常见的活塞组如图2-26所示。活塞通过活塞销与连杆相连，其侧向力直接作用在活塞上，因此活塞上必须设置足够的承压面，活塞有较长的轴向尺寸而呈筒形结构。

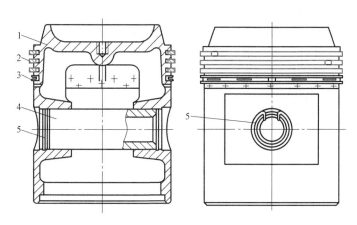

图 2-26　筒形活塞组

1—活塞　2—气环　3—油环　4—活塞销　5—弹簧挡圈

活塞组在工作过程中受到气体力、往复惯性力、侧压力和摩擦力的作用。与此同时又受到制冷剂的加热，润滑条件较差，为此，要求活塞组在尽量减小其自身重量的同时具有足够的强度、刚度、耐磨性以及较好的导热性和较小的热膨胀系数，以维持与气缸之间的合理间隙。活塞组与气阀、气缸壁围成的余隙容积尽可能地小。

1）筒形活塞。筒形活塞由顶部、环部、裙部与活塞销座四个部分组成。活塞压缩气体的工作面称为活塞顶部。设置活塞环的圆柱部分称为环部，环部下面为裙部。活塞销座设置在裙部，图2-26所示的活塞组普遍采用在国产缸径70mm以上的压缩机中。小型制冷压缩机的活塞比图2-26所示的结构简单，如图2-27所示。图2-27a表示顶部为平面，图2-27b显示顶部中心有小坑，图2-27c则为顶部铣槽。

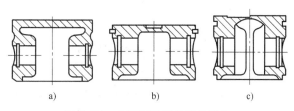

a)　　　　b)　　　　c)

图 2-27　小型制冷压缩机的活塞

活塞顶部承受气体压力。为了保证顶部的承压能力而又减轻活塞重量，往往在其内侧设有加强肋（图2-26）。活塞顶部与高温制冷剂接触，其温度很高，因而对于直径较大的铝合金活塞，活塞顶部与气缸之间的间隙要大于裙部与气缸间的间隙。

为减少余隙容积，活塞顶部的形状应与气阀的形状相配合。有时为了填塞阀板上排气通道的容积，在活塞顶上设置凸环（图2-26）；也有在活塞顶部铣削出各种形状的浅槽或凹坑的结构，以配合吸气阀片或凸出物（图2-27）。

活塞上安装活塞环的圆柱形部分称为环部，其上开设容纳活塞环的环槽。环槽应能使环在其中自由转动，其间的端面间隙一般取 0.05～0.1mm。间隙过大会产生较大的冲击和噪声，间隙过小则易使环在环槽中卡住。环槽径向深度应大于活塞环的径向宽度，以保证活塞在气缸中的径向移动。油环槽开设在气环槽的下面，在油环槽的槽底及环槽下的区域四周设有多个回油孔，与活塞内腔沟通，以利于回流（图2-26）。

在侧向力和气体力的作用下，活塞的裙部产生变形：图2-28a所示为受侧向力作用，图2-28b所示为受气体力作用。裙部受热后膨胀，在销座轴向的膨胀量最大，裙部受力变形与热膨胀变形的结果都使销座在其轴向有较大的伸长。

为了变形后的活塞裙部仍能保持圆形，往往在铝合金活塞的活塞销座周围表面的部位铸成局部凹陷或偏心车削成椭圆（图2-29）。小型全封闭式压缩机的铸铁活塞因其尺寸小、刚度大、热膨胀小，无需采用类似措施。

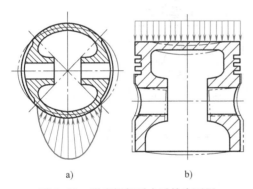   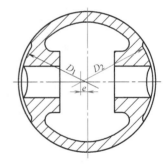

图2-28 活塞裙部受力后的变形图   图2-29 裙部的凹陷和椭圆外形

铸铁活塞大多数用于不采用活塞环的全封闭式压缩机中，高速多缸制冷压缩机均采用铝合金活塞。

2）活塞销。活塞销与连杆小头和活塞销座配合，传递来自气体的作用力及曲轴的动力。它与连杆小头和活塞销座之间的配合方式有两种：①活塞销与连杆小头和活塞销座之间均有相对运动，因而减少了每一对摩擦表面的相对运动速度，降低磨损，且易于安装；②活塞销固定在活塞销座上，这样销座可短些，连杆小头中的衬套可加长，降低了比压。活塞销用优质碳素钢或合金钢制造，采用空心结构。

3）活塞环。可分为气环和油环两种，气环的作用是保持气缸与活塞之间的气密性；油环的作用是刮去气缸壁上多余的润滑油，避免过量的润滑油进入气缸。

压缩机运转时，气环内侧受气体压力 p_g 的作用，产生的径向压力将环推向气缸壁面，形成第一密封面（图2-30）；气体压力 p_g 还作用在环的端面，使环与环槽贴合，形成第二密封面。这两个密封面的存在，阻止气缸内高压气体向曲轴箱的泄漏。

气环本身的弹力 p_e 使气缸内气体压力尚未建立起来时，气环与缸壁贴合，防止此时气体的泄漏，从而使缸内气体压力迅速建立。等到缸内气体压力建立后，第一密封面的密封力主要来自气体压力 p_g，气环的弹力 p_e 已不起主要作用。

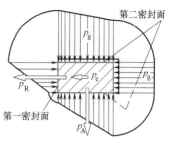

图 2-30 气环的密封原理

采用多环密封的压缩机，活塞顶部第一道环所受的气体力 p_g 最大，因而在密封气体时所起的作用也最大；第二、第三道环上受到的气体力急剧下降，所起的密封作用下降。由于环的密封作用的这一变化规律，制冷压缩机一般只采用 1~3 气环。转速高、缸径小和采用铝合金活塞的压缩机可以只用一道气环。

压缩机运转时，气环不断地泵油，使润滑油进入气缸。气环的泵油作用原理如图 2-31 所示。活塞向下移动时，润滑油进入气环下端面和环背面的间隙中（图 2-31a）；活塞向上运动时，气环的下端面与环槽平面贴合，油被挤入上侧间隙（图 2-31b）；活塞再度向下时，油进入位置更高处的间隙（图 2-31c）。如此反复，润滑油被泵入气缸中。

为了避免润滑油过多进入气缸，使用油环刮油。为改善刮油效果，油环上开有油槽，活塞上开有泄油孔。此外，部分油环的外圆柱面做成圆锥面（图 2-32a），这样既有利于润滑油从油环的上部流到油环的下部，又可以增加油环的环面与气缸壁之间的压力，提高刮油效果。刮油时油的流向如图 2-32b 所示。

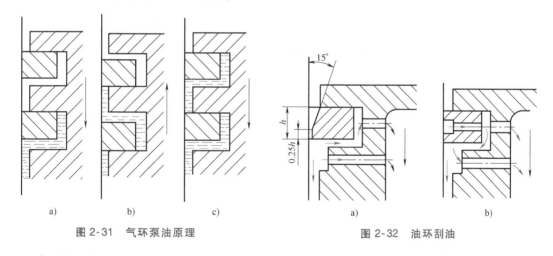

图 2-31 气环泵油原理　　　　　　　图 2-32 油环刮油

常用的活塞环材料是合金铸铁，近年来也出现含有填充剂的聚四氟乙烯活塞环。

（2）连杆　连杆按其大头的结构可分为剖分式连杆（图 2-33）和整体式连杆两种（图 2-34）。剖分式连杆用于曲拐轴，其大头与曲柄销装配时用连杆螺栓紧固；整体式连杆用于偏心曲轴。由于偏心曲轴的行程是偏心轴颈偏心距的两倍，因而整体式连杆只能用于小型制冷压缩机中，否则会因偏心轴颈直径太大而导致曲轴和连杆大头尺寸太大。整体式连杆结构简单，便于安装。剖分式连杆因与曲拐轴的曲柄销配合，故可用于行程较长的制冷压缩机。连杆大头镶有薄壁轴瓦，为了提高其耐磨性，轴瓦上有一层耐磨合金。

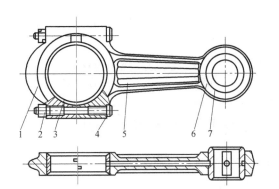

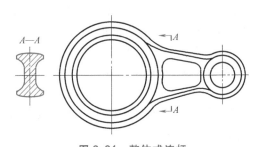

图 2-33 剖分式连杆

图 2-34 整体式连杆

1—大头盖 2—连杆螺母 3—大头轴瓦 4—连杆螺栓

5—连杆体 6—连杆小头 7—小头衬套

剖分式连杆大头有两种切口形式——平切口（图 2-33）和斜切口（图 2-35）。平切口型连杆大头易于加工，且连杆不受剪力作用，但大头横向尺寸大。斜切口大头的优、缺点与平切口相反。

剖分式连杆大头的大头盖与连杆体用连杆螺栓联接，典型的连杆螺栓如图 2-36 所示。它既对大头盖与连杆体之间起紧固作用，又对大头盖与连杆体之间起定位作用。图 2-36 中的表面 B 即为连杆螺栓的定位面，其直径大于螺纹部分的外径。螺栓头部 A 处为一平面，它与连杆体上支承座上的平面配合，拧紧螺母时起防止螺栓转动的作用。

连杆螺栓承受严重的交变载荷，因此在结构上必须采取降低应力集中的措施，如：采用弹性螺栓。连杆螺栓的材料为优质合金钢，如 40Cr、35CrMoA 等。

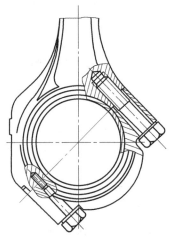

图 2-35 斜切口连杆大头

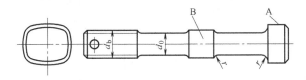

图 2-36 连杆螺栓

连杆体连接大头和小头，其常见的截面形状为工字形（图 2-37）。图 2-37a 中间无油孔；图 2-37b 中间有油孔，供润滑油从大头流到小头之用。

连杆小头用活塞销与活塞联接，其形状如图 2-38 所示。小头中的润滑油来自连杆大头，或来自飞溅润滑供油。有些小头有衬套（图 2-38a）；有些小头无耐磨的衬套，图 2-38b 所示的结构用于大头不剖分的铝合金连杆；大多数连杆小头处都有衬套，材料为耐磨合金，通常为铜合金。

（3）曲轴 原动机通过曲轴将力传送至活塞。曲轴有三种基本形式：

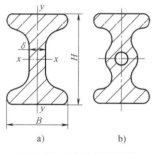

图 2-37 连杆截面形状

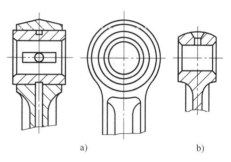

图 2-38 连杆小头结构

1）曲柄轴（图 2-39a）。它由主轴颈、曲柄和曲柄销三部分组成。因为只有一个主轴承，因而曲轴的长度比较短，但是悬臂支承结构，只宜承受很小的载荷，用于功率很小的制冷压缩机。

2）偏心轴（图 2-39b、c）。图 2-39b 仅有一个偏心轴颈，只能驱动单缸压缩机，此时压缩机的往复惯性力无法平衡，振动较大。图 2-39c 有两个方位相差 180°的偏心轴颈，用于有两个气缸的压缩机。偏心轴曲轴用于小型压缩机，与之相配的连杆大多数是铝合金连杆。

3）曲拐轴（图 2-39d）。因有曲拐，故可用于较大行程的压缩机中。图中两个曲柄销共用两个支承，这样的结构虽对刚度不利，但可以缩短曲轴的长度，使压缩机的结构紧凑。

曲柄的形状有如图 2-40a、b 所示的两种。图 2-40a 所示的曲柄加工容易，但应力分布不如图 2-40b 所示的椭圆结构均匀。曲柄上设有平衡块，以平衡往复惯性力和旋转惯性力。有的平衡块直接与曲柄铸成一体（图 2-41a），有的平衡块用螺栓固接在曲柄上（图 2-41b、c）。

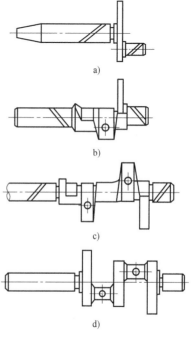

图 2-39 曲轴的几种结构形式

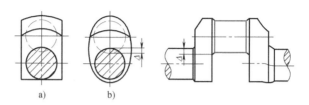

图 2-40 曲轴的形状

曲轴因承受大的脉动载荷，故设计合理的结构使其具有良好的抗疲劳载荷能力是十分必要的。为此应特别注意各截面交界处的圆角过渡。

曲轴除了传递动力的作用外，通常还起输送润滑油的作用。通过曲轴上的油孔，将油输送到连杆大头、小头、活塞及轴承处，润滑各摩擦表面。

曲轴的材料为 40、45 优质碳素钢，球墨铸铁和可锻铸铁。

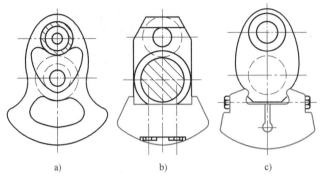

图 2-41 平衡块

2. 曲柄–滑块机构（滑管式和滑槽式）

滑管式压缩机广泛用于各种家用制冷设备（如冰箱）中，其优点是结构简单、尺寸紧凑，但不能承受大的载荷。近年来，按十字形布置的滑槽式驱动机构获得人们的重视且有扩展到制冷压缩机领域以外，延伸到高压无油润滑压缩机的趋势。

（1）滑管式驱动机构　这种驱动机构常见于小型全封闭式制冷压缩机。驱动机构中无连杆，曲轴为曲柄轴（图2-39a），图 2-42 所示为滑管驱动机构示意图。曲轴旋转时，曲柄销带动滑块做垂直方向和水平方向的运动，因为受到滑管的约束，滑块不能绕曲柄销中心线转动。滑块在垂直方向的运动传递给滑管进而传递给活塞，使其做垂直方向的往复运动，完成气缸内的工作过程；滑块在水平方向的运动，通过滑块与滑管之间的相对运动使滑管仍然保持在水平方向的位置，滑管驱动机构结构简单、紧凑，对于加工和装配是十分有利的。

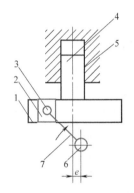

图 2-42　滑管驱动机构示意图
1—滑管　2—滑块　3—曲柄销　4—活塞
5—气缸　6—曲柄轴主轴颈　7—曲柄

图 2-43 所示为滑管式驱动机构的结构图，显示了滑块滑动方向和活塞运动方向。

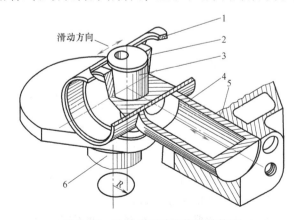

图 2-43　滑管式驱动机构的结构图
1—滑管　2—滑块　3—曲柄销　4—活塞　5—气缸　6—曲柄轴

滑管驱动机构中，活塞与滑管固结，成为一个整体。这将增加往复运动的质量，为此多数的活塞用钢板冲压成形。冲压成形的活塞与滑管焊接（图2-44），称为滑管式活塞。活塞不设活塞环，因而必须严格控制活塞与气缸之间的间隙，以保证缸内气体向外的泄漏以及润滑油向缸内的渗漏均较小。所用材料应强度高，耐磨性好，线胀系数小。

滑块是将曲轴旋转运动转化为活塞往复运动的重要零件，其形状如图2-44所示。滑块中间开槽，使滑块只有两端不大的面积与滑管接触，这样使滑块与滑管之间的摩擦表面减少，便于两者之间的磨合；槽中蓄积的润滑油为滑块与滑管的摩擦表面以及滑块与曲柄销之间的摩擦表面提供良好的润滑条件。

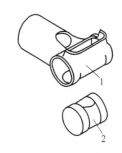

图2-44 滑管式活塞与滑块
1—滑管式活塞 2—滑块

（2）滑槽式驱动机构 滑槽式驱动机构也是一种无连杆的往复式压缩机驱动机构，其工作原理如图2-45所示。图2-45中的止转框架相当于滑管式驱动机构中的滑管，但止转框架上的滑槽表面为平面，因而在滑槽中滑动的滑块表面也是平面，而非滑管式的圆柱表面。图中所示的滑槽式驱动机构拖动的活塞有四个。每个止转框架的两侧装两个，构成对置式。两个框架相互垂直。

当曲轴转动时，曲柄销带动滑块运动，因为止转框架与活塞刚性地连接在一起，只能在活塞中心线的方向运动，从而限制滑块只能做垂直方向和水平方向的运动而不能转动，这一点与滑管式驱动机构中滑块的运动是相同的。曲轴旋转使活塞往复运动，完成压缩机的工作循环。

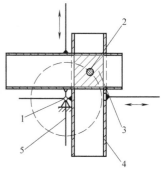

图2-45 滑槽式驱动机构示意图
1—曲轴 2—曲柄销 3—滑块
4—止转框架 5—活塞杆

3. 斜盘式驱动机构

斜盘式驱动机构广泛地用于汽车空调。

斜盘式制冷压缩机的活塞由一固定在主轴上的斜盘驱动，如图2-46所示。固定在主轴上的斜盘旋转时推动活塞，使其做往复运动。图2-46的结构共有六个气缸。斜盘式压缩机的这一布置方法，取消了传统的曲柄-连杆机构或曲柄-滑块机构，特别适宜于用高速转动的原动机直接驱动的往复式压缩机。图2-47所示为主轴旋转角度不同时活塞的位置。图2-47a为主轴转角0°和360°时的位置，图2-47b所示为主轴转角180°时的位置。斜盘与活塞之间设有滑履和滚珠，以避免因斜盘与活塞直接接触造成斜盘边缘的迅速磨损，并使斜盘和活塞上的受力状况得到改善。磨损后的滚珠和滑履可以更换，从而延长了压缩机的使用寿命。

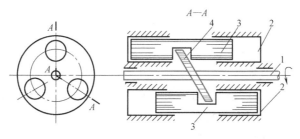

图2-46 斜盘式压缩机示意图
1—主轴 2—气缸 3—活塞 4—斜盘

主轴旋转时活塞的位移可通过图 2-48 求得，与斜盘 a' 对应的活塞位置为活塞的外止点，通常以该活塞位置作为活塞位移的起点，即位移 $x=0$；相应的主轴转角 $\theta=0°$。图 2-48 右侧的圆是斜盘的投影，图上的点 a'' 和 b'' 分别为斜盘上点 a' 和 b' 的投影。因斜盘的投影为圆，斜盘本身的两个端面必定是椭圆，椭圆长轴与短轴之比与斜盘倾斜角 α 有关，α 越大，椭圆的长轴与短轴的比值越大。

主轴转角为 θ 时，斜盘上的 b' 点上升到位置 b'''，投影 b'' 转到位置 a''。活塞位移 $x=aa'-ab'''$，按几何关系，有

$$x=aa'-ab'''=r\tan\alpha-r\cos\theta\tan\alpha=r\tan\alpha\,(1-\cos\theta)$$
$$(2\text{-}34)$$

当 $\theta=180°$ 时，$x=2r\tan\alpha=2aa''$，这就是斜盘压缩机的活塞行程。α 越大，活塞行程越长，但活塞与斜盘上的受力状况恶化。增加 r 也可增加行程，但机器尺寸会增大。

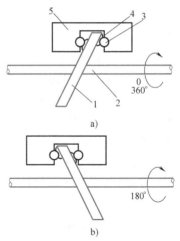

图 2-47　主轴旋转角度不同时活塞的位置
a) 0°和 360°时活塞位置　b) 180°时活塞位置
1—斜盘　2—主轴　3—滚珠　4—滑履　5—活塞

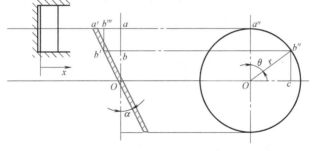

图 2-48　应用斜盘驱动机构时活塞的位移

活塞速度为

$$v=\frac{\mathrm{d}x}{\mathrm{d}t}=r\omega\tan\alpha\sin\theta \qquad (2\text{-}35)$$

式中　v——活塞速度，单位为 m/s；

ω——主轴旋转角速度，此处设 ω 为定值，单位为 rad/s。

活塞加速度为

$$a=\frac{\mathrm{d}v}{\mathrm{d}t}=r\omega^2\tan\alpha\cos\theta \qquad (2\text{-}36)$$

式中　a——加速度，单位为 m/s^2。

活塞的加速度产生往复惯性力，其往复运动质量包括活塞、活塞环、滚珠和滑履。两列以上的斜盘驱动机构产生的往复惯性力自动平衡，这是这种驱动结构的一大优点。各列往复惯性力产生惯性力矩，三列以上的斜盘驱动机构产生的总往复惯性力矩在数值上为定值，且力矩的作用方向不变，因而很容易采用一些措施予以平衡。斜盘式驱动机构在惯性力平衡方面的优点使它特别适用于汽车空调压缩机，因为汽车空调压缩机的转速很高，每一列活塞的

往复惯性力大，且移动式装置（汽车）不可能设置很大的基础来削弱因惯性力产生的振动，所以斜盘式压缩机在汽车上广泛应用。

前面提到，斜盘的端面是椭圆形的，因而活塞在斜盘表面的运动轨迹是椭圆。当主轴做匀速旋转时，活塞与斜盘之间的相对运动速度不是定值，相对运动速度时大时小会加剧表面的磨损，这也是采用滚珠和滑履的原因之一。

斜盘的形状如图2-49所示。为了承受通过各列活塞作用在斜盘上的气体力，将斜盘的中心部分斜面改变成与主轴中心线垂直的两个平面，并在平面上安装推力轴承，通过推力轴承将力传送给机体。斜盘的材料是高硅铝合金。通常用粉末冶金压铸或用高强度铸铁铸造。

主轴（图2-49）一端与发动机主轴相连，另一端与润滑用油泵相连。主轴材料为优质碳素钢，它与斜盘之间用热压过盈配合。

活塞与斜盘之间的滚珠和滑履可以分成两个零件（图2-50a），也可以做成一个零件（图2-50b）。滚珠材料为钢，滑履的材料是高硅铝合金。若滑履与滚珠做成一体，则采用全钢结构。

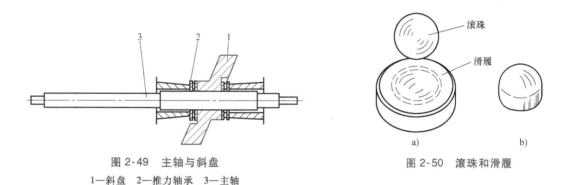

图2-49　主轴与斜盘

1—斜盘　2—推力轴承　3—主轴

图2-50　滚珠和滑履

斜盘式压缩机的活塞均为单列双作用活塞，即每一列活塞的两端与两个气缸配合，使压缩机十分紧凑（图2-51）。因主轴转速很高，活塞采用既轻又耐磨的高硅铝合金，表面涂有

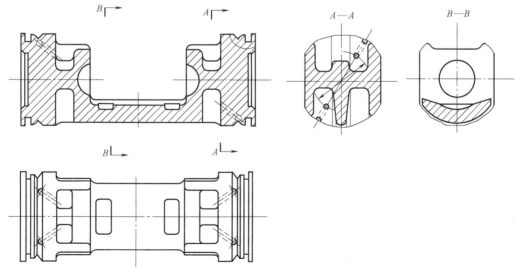

图2-51　斜盘式压缩机的活塞

聚四氟乙烯，增加耐磨性。活塞上装活塞环，活塞环的材料也是工程塑料。

2.3.2 压缩机的气缸布置方式

由于压缩机的工作条件不同，因而产生了各种不同的压缩机气缸布置方式。每种布置方式有其合理的应用场合。按气缸所处的位置，可将布置方式分为三类：卧式和立式、角度式和十字形。

1. 卧式和立式布置

此时气缸处于平卧状态（图2-52a、b）和直立状态（图2-52c）。图2-52a所示的卧式布置称为对称平衡式，用于大型制冷压缩机。这种压缩机的曲轴两侧对称地布置气缸、活塞、滑块和连杆，因而在压缩机运转时，曲轴两侧的作用力（气体力和惯性力）完全相等，压缩机运转平稳。对称平衡式压缩机的这一特点特别适用于大型的压缩机，因大型压缩机的气体力和惯性都相当大，若用平衡块平衡其惯性力，平衡块将很重，且不易安置。气体力的不平衡使轴承受到很大的载荷，因此需通过合理的气缸布置方式将气体力平衡。常见的曲柄-连杆机构，将连杆小头与活塞用活塞销配合在一起，压缩机运转时，连杆小头对活塞施加一个侧向的分力。大型压缩机的侧向分力很大，引起活塞与气缸壁的严重磨损。设置滑块后，此侧向力由滑块（又称为十字头）承受，减轻了活塞及气缸壁面的磨损。

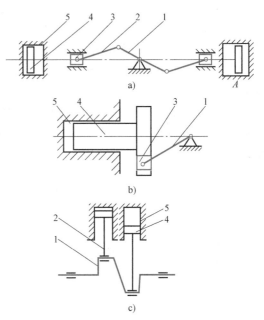

图 2-52 卧式和立式的气缸布置
a) 对称平衡式 b) 卧式滑管式 c) 两缸立式
1—曲轴 2—连杆 3—滑块 4—活塞 5—气缸

尽管如此，由于活塞的质量大，使活塞的下面部分（图上的A面）磨损较大，造成活塞的偏磨，这是对称平衡式压缩机的缺点之一。另一个缺点是压缩机的长度太长，占用较大的场地。

卧式布置的另一种形式（图2-52b）在小型全封闭式制冷压缩机中广泛应用。小型全封闭式制冷压缩机的曲轴也是电动机的主轴。电动机与曲轴的这一配合方式使气缸中心线必须与电动机的中心线相垂直。当电动机垂直安置时，气缸处于水平位置，即气缸为卧式布置。

立式布置的气缸主要为两缸立式布置（图2-52c）。因为单缸立式压缩机的往复惯性力不能平衡，使压缩机振动较大，因而除少数场合（如要求压缩机尺寸很小）外，已不被采用。两缸立式布置的压缩机因其两个曲柄销相差180°，故往复惯性力得到较好的平衡。但因两个气缸并列，两根连杆不可能共用一个曲柄销，所以曲轴的刚度较差，只适用于制冷量较小的压缩机，例如：半封闭式制冷压缩机。

2. 角度式布置

多缸压缩机的气缸采用如图2-53所示的布置方式，分别取名为V形（两缸）、W形（三缸）和扇形（四缸S形）。在图2-53中，各种形式的压缩机，其连杆共用一个曲柄销，因而减少了沿曲轴轴向的长度和相应的机器长度。气缸的角度式布置也使机器的高度尺寸和宽度尺寸均比较合理，不致出现垂直方向尺寸与水平方向尺寸不协调的缺点。只要适当地配置平衡重，即可使惯性力基本平衡，如果曲轴上有两个方向相差180°的曲柄销，V形、W形和S形压缩机的气缸数就能增加一倍，成为四缸、六缸和八缸的压缩机，因而角度式布置的压缩机特别适宜于高转速、多气缸的结构，在制冷装置中广泛应用。

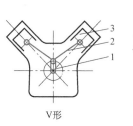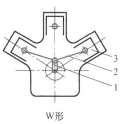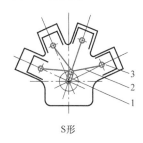

V形　　　　　　　　W形　　　　　　　　S形

图 2-53　角度式布置

1—曲轴　2—连杆　3—活塞

3. 十字形布置

压缩机的四个气缸沿曲轴轴颈径向呈十字形分布，且采用滑槽式驱动机构，如图 2-54 所示。上述角度式压缩机也可以将四气缸结构压缩机的四个气缸布置成十字形，但角度式压缩机需要用连杆将曲轴的旋转运动转变为活塞的往复运动，而这里所说的十字形布置（图 2-54）是不需要连杆的，因而结构简单、紧凑，受到人们的重视，已开发出一些性能很好的产品。

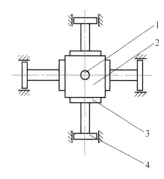

图 2-54　气缸的十字形布置

1—偏心轴颈　2—滑块　3—滑槽　4—活塞

2.3.3　机体、气缸套和机壳

1. 机体

机体是整台压缩机的支架，用以支承压缩机的主要零部件。机体由气缸体和曲轴箱两部分组成，两者可以不做成整体，用螺栓联接。这样虽有利于铸造工艺的简化，但会造成机器质量、尺寸以及结构等方面的一系列问题。为了克服这些缺点，现已普遍采用气缸体和曲轴箱做成整体的结构。图 2-55 所示机体是一台立式两缸制冷压缩机的机体。机体的上半部分为气缸体。两个气缸在气缸体上直接加工而成。缸体上还有吸、排气通道，引导气体的吸入和排出。机体的下半部分为曲轴箱，曲轴箱内的空间，一方面是曲轴、连杆运动必须具有的空间，另一方面是盛装润滑油的容器，装有一定数量的润滑油。曲轴旋转时，连杆大头盖上的溅油杆不断接触润滑油，将油飞溅到各摩擦表面。

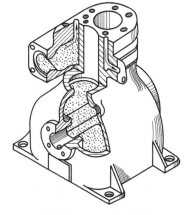

图 2-55　一台立式两缸制冷压缩机的机体

制冷量较大的压缩机，采用多缸结构。图 2-56 所示的压缩机是一台多缸角度式压缩机机体，它与图 2-55 所示的机体有很大区别。图 2-56 所示的机体上并无气缸，只是为嵌入气缸套设置了相应的支承和定位面；另一个区别是这台压缩机采用强制润滑。因为压缩机的气缸数量多，各摩擦面上的压力又相当大，所以采用强制润滑的方式，以保证各摩擦表面可靠的润滑。输送润滑油的一部分油道在机体上（图上未画出）。机体上有许多肋，用以增加机体的刚度。

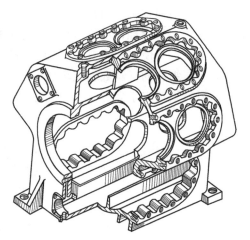

图 2-56　多缸角度式压缩机机体

2. 气缸套

因小型制冷压缩机的活塞侧向力较小，活塞运动速度也较小，所以气缸壁的磨损较少。另外，机器小，加工容易，价格低，压缩机报废的损失不大。大、中型压缩机的情况不同于小型压缩机，大、中型压缩机结构复杂，加工不易，成本高，活塞与气缸壁之间的磨损比较严重，为了延长机体的使用寿命，采用气缸套，缸套磨损后可以更换，机体仍可继续应用。若机体材料为铝合金，则必须使用缸套。缸套材料为优质耐磨铸铁，其形状如图 2-57 所示。一种缸套上无吸气圆孔及凸缘（图 2-57a），另一种缸套上有吸气圆孔和凸缘（图 2-57b）。图 2-57a 所示的缸套仅起解决磨损问题的作用，缸套嵌入机体时，其轴向定位依靠缸套顶部法兰

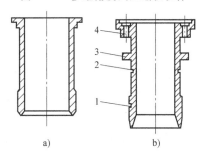

图 2-57　缸套

1—密封圈环槽　2—挡环槽
3—凸缘　4—吸气圆孔

的下平面；其径向定位由缸套的上、下两个圆形定位面保证，上面一个圆形定位面的直径略大于下面一个圆形定位面的直径，以利于缸套的压入或拉出。图 2-57b 所示的缸套增加了两个功能：①缸套顶部的法兰提供了吸气通道和吸气阀阀座，成为压缩机气阀的一部分；②缸套上的凸缘及挡环槽用于顶开吸气阀片的卸载机构，成为压缩机输气量调节机构的一部分。

压缩机运转时，机体受高温气体的加热，在气缸附近（包括缸套）及排气通过部分产生较高的温度；半封闭式制冷压缩机安置电动机的机体受电动机产生热量的加热，温度也会升高，因而需采取措施，对缸套和机体的部分区域加以冷却。在冷水供应方便的压缩机站，用冷却水冷却高温的排气腔是合理的。图 2-58 所示的压缩机即为水冷却的例子。在排气腔外部设置水夹层，夹层内通以冷却水，使相应部分冷却降温。更多的制冷压缩机机体用空气冷却。为了加强冷却，有些压缩机的顶部设有风扇。半封闭式压缩机冷凝机组还利用通过冷凝器的空气对机体强制冷却。为了提高冷却效果，安置内置式电动机的机壳部分设置翅片 1（图 2-59），缸体的表面上也设有翅片 2。当小型开启式压缩机曲轴上安装带轮时，通常将连接轮缘与轮中心部分的辐条设计成与飞轮端面有个夹角，便可具有风扇作用，将空气吹送到压缩机机体表面，进行冷却。

带吸气圆孔的缸套，其外表面与流入气缸的低温吸入气体接触，受低温吸入气体的冷

却，降低了缸套内表面的温度，改善了气缸与活塞摩擦面上的润滑条件。

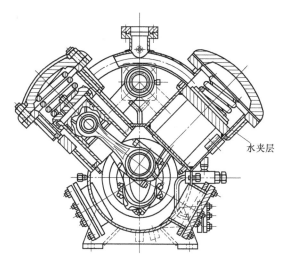

图 2-58　压缩机用水冷却

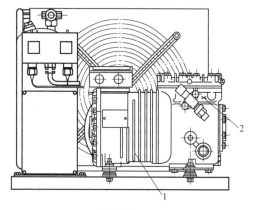

图 2-59　用空气冷却的半封闭式压缩机
1—电动机壳外的翅片　2—缸体表面的翅片

3. 全封闭式压缩机的机壳

全封闭式制冷压缩机机体和内置电动机连成一个整体后，需支承或悬挂在机壳上。机壳的下部储有润滑油。位于润滑油上部的空隙通常充满吸入的气体。吸入气体在此空隙中分离出所含液滴并对内置电动机适当地冷却。机壳的焊接结构确保压缩机内的制冷剂不会泄漏到大气中，全封闭式压缩机由此得名。机壳也是阻止噪声外传的重要屏障。机壳用钢板冲压成形（图 2-60），壳体的形状不仅与壳体的刚度有关，而且对减少噪声传递有重要作用。通过仔细分析壳体各部分的振动求得降噪效果良好的壳体形状，已成为机壳设计中的重要措施之一。

图 2-61 所示为机壳中的一些弹簧支承装置。因为这些支承装置与压缩机的机体连接，所以当压缩机的内置电动机位于机体上部时，采用承压支承弹簧的结构；内置电动机位于压缩机机体的

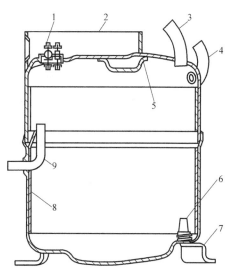

图 2-60　全封闭式压缩机的机壳
1—密封接线柱　2—接线盒　3—吸气管　4—充液管
5—过振防止装置　6—支承弹簧　7—底脚
8—消声板　9—排气管

下部时，多数采用受拉支承弹簧的结构。因弹簧支承装置与压缩机机体、内置电动机构成一个振动系统，故正确选择弹簧的刚度以避免剧烈的振动是十分必要的。

机壳上装有密封接线柱（图 2-62），其密封材料必须能承受高温和压力，且能承受制冷剂的侵蚀。图中有三个电极，用陶瓷绝缘体烧结在柱体上，柱体与压缩机之间用焊接。若压缩机的内置电动机中埋有过热保护器，密封接线柱的电极为五根，其中三根为电动机接线

柱，两根为埋入式过热保护的接线柱。使用时应正确判别这五根接线柱。电动机的三根接线柱间有电阻值。在电动机运转前（冷态）连接过热保护器的两根接线柱间几乎无电阻值；电动机过热时，过热保护器切断电路；两根电动机接线柱与两根过热保护器接线柱之间不应导通，一旦发现导通，表明已有故障。

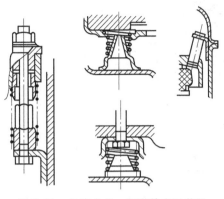

图 2-61　机壳中的一些弹簧支承装置

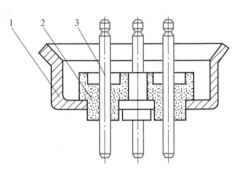

图 2-62　密封接线柱

1—电极　2—绝缘体　3—柱体

开启式压缩机的曲轴穿过机体与外置电动机的转轴连接。电动机通过联轴器或带轮驱动曲轴旋转。

曲轴与机体之间的间隙是制冷系统中制冷剂泄漏的最主要通道。对此间隙进行密封以阻止制冷剂泄漏（或空气漏入）的结构称为轴封结构，其密封原理如图 2-63 所示。两种密封材料与曲轴、机体构成三个密封面：径向动密封面3、径向静密封面2、轴向静密封面1，保证这三个密封面的密封即可将制冷剂封闭在曲轴箱内。因曲轴转动时，密封材料 7 与曲轴 4 之间无相对运动，密封材料 7 与密封材料 6 之间也无相对运动，所以构成的密封面 1 和 2 称为静密封面；密封材料 6 和机体 5 之间有相对运动，因而密封面 3 被称为动密封面。

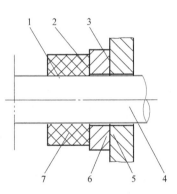

图 2-63　密封原理

1—轴向静密封面　2—径向静密封面

3—径向动密封面　4—曲轴

5—机体　6、7—密封材料

图 2-64 所示为一台开启式压缩机的轴封结构。转动摩擦环 6 与压盖 7 之间构成径向动密封面，波纹状密封橡胶圈 4 与轴颈 8 之间构成轴向静密封面；波纹状密封橡胶圈 4 与转动摩擦环 6 之间构成径向静密封面。

弹簧 2 通过钢圈 5、波纹状密封橡胶圈 4 将转动摩擦环 6 的端面紧贴在压盖 7 上，两者接触的平面上有充足的润滑油，使摩擦表面的摩擦力降低，密封性改善。波纹形密封橡胶圈的右端在弹簧 2 的压力下与转动摩擦环紧贴。橡胶圈的波纹状结构使它可以在轴向作小量的变形，以适应曲轴转动时可能产生的轴向跳动以及摩擦环与压盖接触表面的磨损，始终保持摩擦环与压盖紧贴。压紧圈 3 将橡胶圈 4 的左端圆柱面紧紧地抱住，确保轴向密封。摩擦环材料通常为磷青铜和浸渍石墨的铸铁。密封橡胶圈的材料为氯醇橡胶和丁腈橡胶。

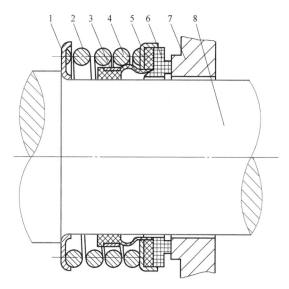

图 2-64　一台开启式压缩机的轴封结构

1—弹簧座　2—弹簧　3—压紧圈　4—波纹状密封橡胶圈　5—钢圈

6—转动摩擦环　7—压盖　8—轴颈

2.4　气阀

2.4.1　气阀的作用及其布置方式

1. 气阀的作用

气阀是往复式压缩机的重要部件之一，它控制着压缩机的吸气、压缩、排气和膨胀四个过程。往复式制冷压缩机所使用的气阀都是受阀片两侧气体压力差控制而自行启闭的自动阀，它主要由阀座 1、阀片 2、气阀弹簧 3 和升程限制器 4 四个主要零件组成（图 2-65）。阀座用于支承阀片，并提供气流通道。阀片在阀座和升程限制器之间运动，控制气流的开通与停止。气阀弹簧压在阀片上，使阀片及时关闭，并缓和阀片对升程限制器的撞击。升程限制器用于控制阀片升程，使气阀有足够的阀隙通道面积和合理的阀片运动。

阀座上开有各种形状的通道，其流通面积称为阀座通道（或通流）面积（图 2-65 中 A_b）。周围设有凸出的密封边缘 5（或称阀线），气阀就是利用阀片落座时与阀线端面的紧密贴合实现封闭作用。气阀开启时，阀片升程形成的气流通道面积称为气阀的阀隙面积（图 2-65 中 A）。通常气阀的最大阀隙面积（气阀全开时）总要小于阀座通道（或通流）面积。

在吸气过程中，活塞向内止点运动，气缸中的压力因气体膨胀而降低，直到低于吸气管道中的压

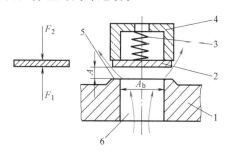

图 2-65　气阀组成和阀片的受力

1—阀座　2—阀片　3—气阀弹簧

4—升程限制器　5—阀线　6—阀座通道

力。当阀片前、后的压力差超过了作用在阀片上的弹簧预紧力时，阀片打开，气体被吸入缸内。此后，阀片继续开启并贴在升程限制器上，气体不断进入气缸。当活塞接近内止点时，活塞速度较低，使阀片前、后的气体压力差降低，阀片在弹簧力作用下逐渐关闭，完成了吸气过程。

在压缩过程中，吸气阀是关闭的。缸内气体虽被压缩，但压力还不足以顶开排气阀片，因而排气阀也处于关闭状态。

排气过程是在排气阀片前、后的气体压力差超过排气阀弹簧预紧力时开始的。此后，排气阀片的情况类似于吸气阀片的启闭过程。排气腔压力改变时，因开启阀片所需的压力差不变，缸内气体压力也随之改变，阀片的开启时刻也自动改变。对于运行时工况变化较大的压缩机，阀片自动改变开启时刻，可避免压缩过程的过度压缩或欠压缩，对节能有利。

当余隙容积中的气体膨胀时，吸、排气阀同时处于关闭状态。

气阀工作的好坏影响压缩机运转的经济性和可靠性。为此对气阀提出下述几项最基本的要求：

1）气体流过气阀的阻力小。经验表明，气体流过气阀时流动阻力产生的损失占指示功的 10%～20%，其大小与气阀的通流面积以及阀片运动规律有关。因此在设计气阀时必须合理地解决这些问题，尽量减小阻力。

2）使用寿命长。气阀中的阀片和弹簧是压缩机的易损零件，因此，提高这些零件的寿命对提高压缩机的运转率有显著的影响。阀片和弹簧的寿命不仅和所用材料、加工工艺有关，还与阀片对升程限制器和阀座的撞击速度有关。气阀寿命也与压缩机转速有关，高转速压缩机的气阀寿命短些。

3）气阀形成的余隙容积小。

4）气阀关闭时有良好的气密性。

5）结构简单，制造方便，易于维修，零件的标准化、通用化程度高。

2. 气阀的布置方式

压缩机气阀的不同布置使制冷剂进出气缸的流动方向不同。据此，可分为顺流式布置和逆流式布置两类（图 2-66）。

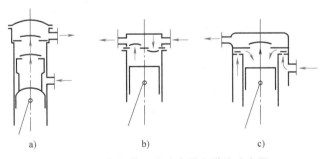

图 2-66　气阀的顺流式布置和逆流式布置

（1）顺流式布置　此时吸气阀安装在活塞顶部（图 2-66a），排气阀安装在气缸顶部的阀板上。这样，气体吸入和排出气缸时，其流动方向是一致的。顺流式布置使气阀的安装面积加大，从而增大了气阀的尺寸及相应的气阀通流面积，减少了对吸入蒸气的加热，有利于提高压缩机的热力性能，但增加了活塞的高度、质量和结构复杂性。

（2）逆流式布置 采用逆流式布置时，吸、排气阀均安装在气缸顶部（图2-66b）。此时吸、排气阀装在同一块阀板上，结构简单，维修方便。气体进、出气缸时的流动方向相反，因而称为逆流布置。这种气阀布置方式是应用最广泛的方式，随着新型气阀的出现，其气阀通流面积也显著地加大。图2-66c所示的气阀都装在气缸顶部，但并不同在一块阀板上。吸气阀位于气缸套端部的法兰上，排气阀装在气缸顶部的阀板上。吸气阀的这种布置方式便于采用顶开吸气阀片以调节输气量的措施，在中型以上的压缩机中广泛应用。

2.4.2 气阀的主要结构形式和结构特点

正在使用的气阀结构形式很多，此处只介绍其中的一部分。

1. 刚性环片阀

刚性环片阀是往复式压缩机中应用很广的一种气阀。我国缸径在70mm以上的中、大型往复式制冷压缩机系列均采用这种气阀。图2-67所示为制冷压缩机的刚性环片阀。

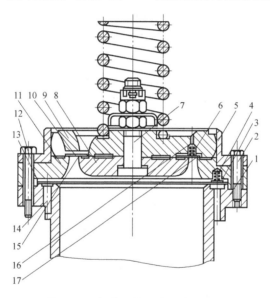

图2-67 制冷压缩机的刚性环片阀

1—吸气阀座 2、12—螺栓 3—环状吸气阀片 4—吸气阀弹簧 5—导向环 6—排气阀弹簧 7—中心螺栓
8—排气阀内阀座 9—假盖 10—环状排气阀片 11—排气阀外阀座 13—吸气阀线
14—吸气阀座孔 15—排气阀线 16—小通孔 17—导向面

吸气阀座1和气缸套顶部的法兰是一个整体。法兰的顶部端面上有两圈凸起的吸气阀线13。环状吸气阀片3在吸气阀关闭时贴合在这两圈阀线上。两圈阀线之间有一环状浅槽，槽中有许多均匀分布的吸气阀座孔14。吸气阀片上压着几个周向均布的吸气阀弹簧4，这些弹簧放置在吸气阀的升程限制器（即排气阀外阀座11）的弹簧座孔中。吸气阀升程限制器还利用其内圆柱面对吸气阀片起上下运动的导向作用，以保证阀片的准确落座。

排气阀的阀座为内外分座式结构。排气阀内阀座8用中心螺栓与假盖9联接，排气阀外阀座11则由螺栓2与导向环5和气缸套紧连在一起，并用螺栓12固定在机体的气缸镗孔周围。环状排气阀片10由几个均布的排气阀弹簧6压向分别设在内外阀座上的两圈排气阀线15上，弹簧座孔位于兼作排气阀片升程限制器的假盖9上。在弹簧座孔中有小通孔16，以便排除积聚的润滑油，防止阀片黏附在升程限制器上。假盖上还有几处弧长较短的导向面17引导排气阀的上下运动。

吸气阀弹簧座孔和气缸套法兰上的环形空间都是余隙容积的一部分。为了减少余隙容积，把排气阀内外阀座形成的环形通道的形状做得与活塞顶部形状吻合，使活塞到达外止点时，活塞顶部伸入环形通道内，缩小余隙容积。

这种气阀结构中的吸、排气阀各有一片阀片。吸气阀阀隙处的气流流速较高，阻力大。此外，位于吸气阀片顶部的余隙空间也较大，降低了压缩机的容积效率及压缩机的能效比。

刚性环片阀的阀片形状简单，易于制造，工作可靠，得到广泛应用。但是这种阀片的质量较大，阀片与导向面摩擦，因而阀片不易及时、迅速地启闭，在转速提高时，此缺点更加突出。在多环片结构中，因每个阀片的面积不同，所受气体力和弹簧力的分配比例也不相同，各阀片的启闭时间不可能完全一致，使气体在气阀中容易产生涡流，增大损失。

2. 簧片阀

簧片阀又称为舌形阀或翼形阀。阀片用弹性薄钢片制成。阀片的一端固定在阀座上，另一端是自由的。因气阀启闭时，阀片像乐器中的簧片那样运动，故称簧片阀。

簧片阀工作时，阀片在气体力的作用下，被推离阀座，气体从气阀中通过。当阀片两侧压力差消失时，阀片在本身弹力的作用下，回到关闭位置。阀片的开启度，在没有升程限制器的情况下，由阀片所受的作用力和阀片的刚度决定。

簧片阀正常工作时，在一个工作循环中完成一次启闭过程，但当设计不当或制造不当时，簧片可能在开启过程中发生弹跳，形成多次启闭，给压缩机带来能量损失，阀片因多次冲击而降低了使用寿命，甚至早期损坏。正常关闭时，阀片回到阀座不应发生反跳。

一般簧片阀由阀板、阀片和升程限制器组成。有时在阀片和升程限制器之间还有弹性缓冲片，其作用是减轻阀片开启过程中对升程限制器的撞击。在制冷压缩机中，吸气阀常常不另用升程限制器，阀片的自由端在气缸一定深度的槽中活动，此槽限制阀片自由端的运动，起升程限制器的作用。图2-68所示为我国半封闭式制冷压缩机采用的一种吸、排气簧片阀。左图为排气阀视图；右图为吸气阀视图。排气阀呈马蹄形，两端用螺栓5将缓冲弹簧片6、升程限制器3和排气阀片2一起紧固在阀板1上。排气通道为四个弧形分布的小孔，吸气阀为一端固定、另一端自由的簧片。阀片用两个定位销钉与阀座定位并夹紧在阀板和气缸之

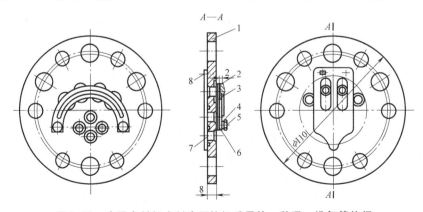

图2-68　我国半封闭式制冷压缩机采用的一种吸、排气簧片阀

1—阀板　2—排气阀片　3—升程限制器　4—弹簧垫圈　5—螺栓　6—缓冲弹簧片　7—吸气阀片　8—销钉

间。自由端的凸出部分伸在气缸和阀板之间的槽中，以限制吸气阀片的开度。吸气孔为四个菱形布置的小孔。阀片在固定端一侧有两个长孔，作为排气通道并减小阀片刚度之用。

图 2-69 所示为吸、排气阀片的几种结构形状。图中 1~9 为吸气阀片，10~13 为排气阀片。

簧片阀结构简单，余隙容积小，阀片重量轻，启闭迅速，因此适用于小型高转速压缩机。我国小型全封闭式压缩机中大都采用这种结构。但是簧片阀的阀隙通道面积较小，而且不宜采用顶开吸气阀片调节输气量，这是此种结构的不足之处。

3. 柔性环片阀

柔性环片阀开启时阀片变形，产生弹力，如图 2-70 所示。它是全封闭式制冷压缩机中采用的气阀种类之一。其吸、排气阀的形状如图 2-70 的下部和上部所示，吸气阀片厚 0.6mm，排气阀片厚 0.3mm，材料为瑞典阀片钢。吸气阀片支承于左、右两侧的翼上，利用气缸上相应的导槽滑动定位。阀片本身具有弹性，因而取消了吸气阀弹簧。

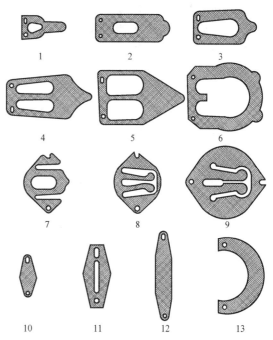

图 2-69 吸、排气阀片的几种结构形状

工作时吸气阀片受气体力的推动而弯曲，周期性地打开所覆盖的吸气阀座通道并吸气。阀片的弯曲程度受到阀片外圆上相对的两个凸舌（在图 2-70 下图的阀片上）位移的限制。排气阀是一种带臂的柔性环片阀（这种带臂的柔性环片阀也用于吸气阀）。图 2-71a 即为一例。其吸、排气带臂柔性环状阀片（图 2-71b 和 c）在中心处用铆钉与阀板、排气阀升程限

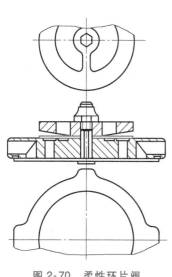

图 2-70 柔性环片阀

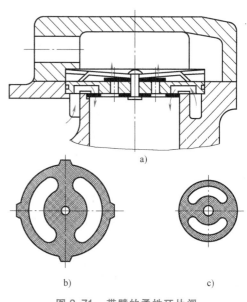

图 2-71 带臂的柔性环片阀

制器铆接在一起，工作时受气体力推动分别向下或向上挠曲，打开相应的阀座通道。吸气阀片外圆上的凸舌也用于限制阀片的挠曲程度。

这类气阀的阀板往往为了尽量扩大其上的阀座通道面积而令吸气通道具有曲折的途径。

图 2-72a 表示气流有 90°转折。图 2-72b 是由三块冲制成形的钢板钎焊而成的阀板。图 2-72c 所示用铁基粉末冶金制造的阀板，制造时分别将板体和环加工成形，然后叠合、烧结，以保持阀板材料的密封性。这类气阀的结构和工艺都比较复杂，成本较高。

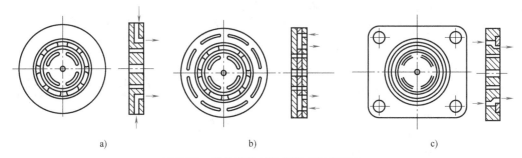

a) b) c)

图 2-72　柔性环片阀的阀板及吸气流向

阀片的材料大体上可分为四类：高强度调质合金结构钢、不锈钢、优质高碳钢、其他材料（如：钛合金）。簧片阀阀片如采用已经过热处理的瑞典钢带，阀片制造厂无需淬火、回火，只需作消除应力热处理及滚磨加工，质量较自行淬火者好。

气阀弹簧承受剪切、冲击、摩擦、腐蚀等因素的作用。弹簧用合金钢丝制造，热处理后进行喷丸或喷砂处理可提高其疲劳强度。

阀座材料视气阀两侧的压力差选择。低压差用灰铸铁，中压差用灰铸铁、稀土球墨铸铁或中碳钢。其密封表面应有细密的金相组织。

升程限制器用于限制阀片的升程。刚性环片阀的升程限制器中有弹簧孔，以安放气阀弹簧。升程限制器材料与阀座相同。

2.4.3　阀片的运动

压缩机运转时，阀片在气体推力 F_1（由阀片两侧气体的压力差造成）和弹簧力 F_2 的作用下（图 2-65），在升程限制器和阀座之间做往复运动，它的运动规律影响压缩机的输气量、能效比和寿命。若将阀片在压缩机一个工作循环中完成的启闭过程用 l-t（阀片位移-时间）或 l-θ（阀片位移-曲轴转角）坐标表示，如图 2-73 所示，所得的曲线称为阀

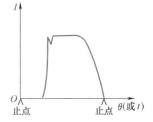

图 2-73　正常的阀片运动曲线

片运动曲线。曲线下的面积称为气阀开启的时间截面（单位为 $s \cdot m^2$）或转角截面（单位为 $rad \cdot m^2$）。典型的压缩机阀片运动曲线有三种：正常的阀片运动曲线；阀片"颤抖"的运动曲线和阀片"延迟关闭"的运动曲线。

1. 正常阀片运动

正常阀片运动是指阀片能及时启闭，在运动过程中没有"颤抖"，以及具有适当的阀片撞击速度（对升程限制器和阀座的撞击）。阀片迅速开启，撞到升程限制器时产生一次轻微的反弹，然后在气体力的推动下，又重新紧贴在升程限制器上，直到活塞运动到止点位置不

远处才开始回程，并在活塞到达止点位置时完全关闭或只出现一次轻微的跳跃（图 2-73）。

正常的阀片运动使气阀具有充分的时间截面，气体流经阀隙通道的流速比较低，流动阻力较小，压缩机的输气量和能效比高。同时，因为撞击速度适当，气阀寿命高，噪声低。

2. 阀片"颤抖"

阀片"颤抖"是一种不正常的阀片运动（图 2-74），下面以排气阀为例说明。

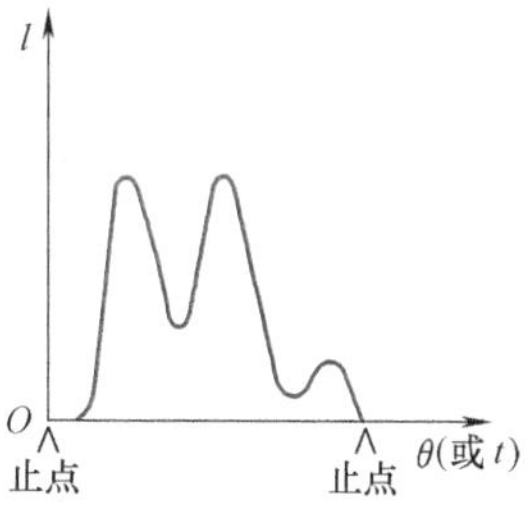

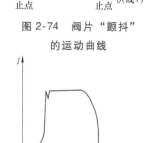

图 2-74 阀片"颤抖"
的运动曲线

当阀片开启后，气缸内气体压力略有下降。若这时弹簧力过大，阀片会被迫反向运动，使缸内的气体压力又复增高，阀片再次被向上托起。图 2-74 的例子表明，在活塞从一个止点向另一个止点运动的过程中，阀片共往复三次，最后在活塞到达止点位置时才落座关闭。这种阀片运动称为"颤抖"。

3. 阀片"延迟关闭"

阀片"延迟关闭"也是一种不正常的阀片运动（图 2-75）。阀片开启后撞击在升程限制器上，经过轻微的反跳，又复贴在升程限制器上，直到阀片开始关闭。可是，在阀片落座过程中由于弹簧力太小，阀片的关闭过程太长，落座速度很慢，以致当活塞到达止点位置时阀片尚未完全关闭，直至活塞反向运动了一段时间后才落到阀座上。

图 2-75 阀片"延迟关闭"
的运动曲线

我们希望获得如图 2-73 所示的正常运动曲线。阀片产生"颤抖"，一方面会引起气阀弹簧的频繁伸缩，容易使弹簧和阀片损坏；另一方面缩小了 l-θ 运动曲线下的转角截面，使气体流经气阀时的流动阻力上升。

如果阀片的运动出现了"延迟关闭"，气体将在活塞反向运动时从排气腔倒流入气缸，降低了输气量和能效比。气体"倒流"时在阀片上作用的气体力和弹簧力的方向相同，这将增加阀片对阀座的撞击速度，容易导致阀片的破坏。

4. 阀片运动的合理性判据

图 2-76 所示为常见的阀片位移-时间（曲轴转角）曲线。图上标有三个转角：θ_1、θ_2 和 θ_3，它们都是从行程止点倒算回去的角度。

（1）转角 θ_1　θ_1 是阀片假想的关闭角。即假定无气体推力 F_1 时，阀片在弹簧力 F_2 作用下，从全开位置降落到阀座上所需时间对应的曲轴转角。

（2）转角 θ_2　θ_2 为阀片开始脱离升程限制器，直到活塞到达止点所持续时间对应的曲轴转角。

（3）转角 θ_3　θ_3 是阀片到达升程限制器，直到活塞到达止点这一段时间所对应的曲轴转角。

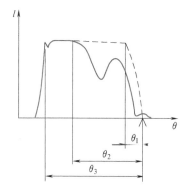

图 2-76 阀片运动时的三个
曲轴转角 θ_1、θ_2 和 θ_3

曲轴转角 θ_1、θ_2 和 θ_3 之间应保持一定的关系。由于 θ_1 仅反映阀片在弹簧力作用下由全开位置到达全闭位置所需要的时间，而阀片在实际关闭过程中既受到弹簧力的作用，又受到气体推力的阻挡。因此，阀片关闭时曲轴转角 θ_2 应大于 θ_1，否则将出现"延迟关闭"。但 θ_2 的数值不应超过 θ_3，如果出现了 $\theta_2 > \theta_3$ 的情况，阀片无法充分开启，产生"颤抖"。三个转角的计算公式见本章参考文献［18］。

经验得出，当 $\dfrac{\theta_2}{\theta_1}>2$，$\dfrac{\theta_2}{\theta_3}<0.7$ 时，阀片有合理的运动规律，因而称为阀片运动规律的合理性判据。

当前广泛应用的变频技术使压缩机转速大幅度变化。转速提高时，作用在簧片上的气体推力增加，易造成阀片的"延迟关闭"；降低转速则可能因气体推力减少而"颤抖"。因此，应合理设定转速变化范围，使阀片有良好的运动规律。

2.5 封闭式制冷压缩机的内置电动机

开启式压缩机虽有轴封装置，但因存在动密封面而较易泄漏。采用封闭式结构，将压缩机和电动机装在机壳内（或机体内），即可取消轴封装置。因电动机装在机壳内，故称为内置电动机。全封闭式压缩机的电动机转子直接压入曲轴，定子铁心用螺栓固定在机体上，半封闭式压缩机的定子压入机体内固定。

封闭式压缩机用的内置电动机的工作条件与一般电动机不同，因而对它有一些特殊的要求：

1）电动机材料应有良好的耐制冷剂性、耐油性和耐热性。

2）对压缩机负荷变化应有良好的适应性。

3）耐振动冲击。

4）防止绕组温度过高，设置过载保护器。

2.5.1 内置电动机的冷却

有些内置电动机用低温吸气冷却。图 2-77 所示的一台 2.2kW 的半封闭式制冷压缩机用低温吸气冷却电动机。来自蒸发器的低温蒸气经吸气截止阀流入电动机右侧的空间，然后从右向左通过内置电动机，对其冷却后进入气缸。电动机运转时产生的热量，一部分被制冷剂吸收，另一部分通过压缩机壳体散发至大气。

内置电动机用吸入蒸气冷却的封闭式压缩机，其电动机功率的配置因与普通电动机在温度特性上的显著不同而有所区别。普通电动机的温度随负荷的增大而上升，其最大功率受电气绝缘材料所能承受的温度所限。内置电动机的绕组温度，却由于制冷剂流量随工况的变化而有所不同。例

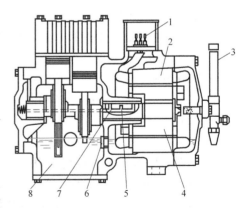

图 2-77 一台 2.2kW 的半封闭式制冷压缩机
1—接线柱 2—定子 3—吸气截止阀 4—转子
5—放气孔 6—止回阀 7—油道 8—润滑油

如：在一台全封闭式压缩机中，当蒸发温度由-40℃变为0时，制冷剂的质量流量增加10倍以上，而所输入的电功率只增加1倍，结果是负荷增加后电动机获得更好的冷却，绕组温度降低（图 2-78）。这说明这类电动机名义功率的确定与普通电动机不一样。对于高温封闭式压缩机，由制冷剂冷却的内置电动机的名义功率比具有相同制冷量的开启式压缩机所配置的

普通电动机名义功率一般要小 1/3~1/2。

用制冷剂冷却电动机，虽有上述优点，但制冷剂吸收热量后过热度增加，对压缩机的制冷量不利。因此有些封闭式压缩机的吸入制冷剂并不经过电动机，此时电动机产生的热量经机壳向大气散发。为提高散热效果，机壳上铸有肋片。在有条件的场合，尽量用强制通风冷却机壳，例如在风冷式冷凝机组中，冷凝器使用的风扇不仅对冷却制冷剂起作用，而且对机壳的冷却也有作用。

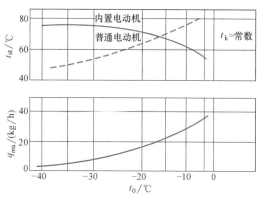

图 2-78 内置电动机的温度随负荷的变化

2.5.2 单相电动机的起动

单相异步电动机连接单相电源。此电源产生一个脉动而非旋转的磁场，为此需改造电路，使它在起动或运行阶段产生两相电流。两相电流在定子空间形成旋转磁场，带动转子转动。产生两相电流的方法有两种：①增加一条由辅助绕组和电容串联而成的电路，如图 2-79a 所示，主、辅绕组中的电流 $I_主$、$I_辅$，及其与电源电压 U 的相位角 $\varphi_主$、$\varphi_辅$ 如图 2-79b 所示；②增加一个辅助绕组，称为电阻分相（图 2-80a），相应的电流及相位角如图 2-80b 所示。

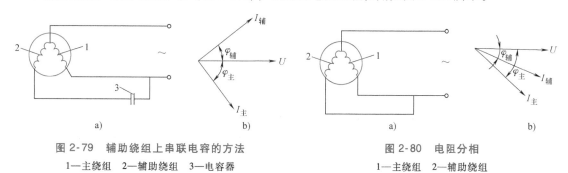

图 2-79 辅助绕组上串联电容的方法
1—主绕组 2—辅助绕组 3—电容器

图 2-80 电阻分相
1—主绕组 2—辅助绕组

上述形成两相电流的方法，可以在电动机起动和运行时始终使用，也可以仅在电动机起动阶段使用。因为一旦异步电动机转子旋转后，由于其转动惯性及异步的特性，即使切断辅助绕组的电流，转子也可以继续旋转。

仅在起动阶段使用的辅助绕组，又称为起动绕组。由于起动绕组的线径细，起动时电流又大，不宜长期通电，所以在电动机起动后，用起动继电器切断起动电路，以保证内置电动机的可靠运行。用电流控制起动继电器动作的称为电流型，用电压控制起动继电器动作的称为电压型。常见的起动继电器有两种，即单臂触点式和重锤式。借助于线圈通电后产生的磁力与弹性臂弹力（或重锤的重力）之间的相互作用，控制继电器的动作。另一种应用广泛的起动继电器为 PTC 起动继电器。该继电器的主要元件是具有正温度系数的 PTC 热敏半导体，它有许多特性，其中与起动继电器有关的特性是电阻温度特性和电流时间特性。

PTC 元件的电阻温度特性，是指在规定的测量电压下，元件的零功率电阻值 R 与电阻体温度 T 之间的关系。图 2-81 所示为 PTC 热敏元件的电阻温度特性。图中 T_b 为开关温度，对应的电阻值为开关电阻值。开关温度指电阻产生阶跃增大时的温度。R_p 为平衡点电阻，是对 PTC 元件施加最大工作电压 U_{max}，当电阻体温度平衡时具有的电阻值。PTC 元件电阻阶跃增大的特性是 PTC 起动继电器的物理基础。

PTC 元件的电流时间特性，指 PTC 元件两端加上规定的工作电压时，流过元件的电流 I 与时间 t 之间的关系。图 2-82a 所示为交流状态，图 2-82b 所示为直流状态。

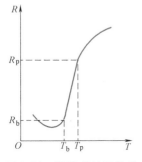

图 2-81　PTC 热敏元件的
电阻温度特性

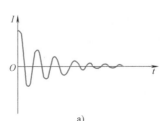

图 2-82　PTC 热敏元件的电流时间特性

刚通电时，因元件电阻很小，电流很大。经过很短的时间后，元件温度升高，电阻增加。当电阻阶跃增大时，电流迅速下降，达到很小的数值。

PTC 元件用于继电器时应与辅助绕组串接。起动后，当元件的电阻远大于辅助绕组的阻抗时，通过辅助绕组的电流很小，几乎呈不通电状态，相当于辅助绕组的电路被切断。

在各种压缩机中，根据起动时所需起动转矩的大小，以及对起动电流的限制，采用不同的起动方式。

1. 电阻分相起动方式（RSIR）

图 2-83 给出 RSIR 分相起动方式。其起动电路由主绕组 1、辅助绕组 2 和电流继电器组成。电流继电器中含有线圈 4 和弹性臂（或重锤）5，起动时，通过线圈 4 的电流很大，弹性臂 5 闭合，辅助绕组 2 工作，电动机旋转。随着电动机转速的提高，主绕组 1 中的电流迅速下降，弹性臂 5 打开，辅助绕组停止工作。

RSIR 起动方式的起动转矩小，起动电流大，因而效率较低，只用于带毛细管的小功率制冷机中。

2. 电容起动方式（CSIR）

电容起动电路如图 2-84 所示。起动时，辅助绕组 2 的电路接通，一股电流经起动继电器 4 顶部的触点、起动电容器 3、辅助绕组 2 和电动机保护装置 5；另一股电流经主绕组 1

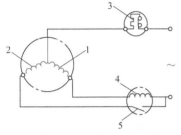

图 2-83　RSIR 分相起动方式

1—主绕组　2—辅助绕组　3—电动机保护器

4—线圈　5—弹性臂

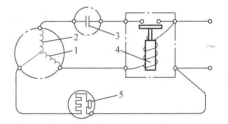

图 2-84　电容起动方式

1—主绕组　2—辅助绕组　3—起动电容器

4—起动继电器　5—电动机保护装置

和电动机保护装置 5。起动后，继电器顶部的触点断开，辅助绕组不再工作。

电容起动方式的起动转矩比电阻分相起动方式的起动
转矩大，而起动电流小，结构比较简单，在 300W 以下的小
型制冷装置上广泛应用。

3. 电容运转方式（PSC）

电容运转式电动机在起动或运转中，把同一个电容器连接
到辅助绕组的电路上（图 2-85）。这种运转方式的电路无起动
继电器，电容器主要按电动机额定工况配置。电容运转式电动
机的起动转矩较小，但随着转速的增加，转矩增加。电容运转
式电动机的效率较高，其负荷主要由主绕组承受，辅助绕组只
承受小部分，因而其过载负荷容量小。加大电容量后，辅助绕
组承担的负荷增大，过负荷容量增加。但电容器容量不能太大，
否则在空载和轻载时能效比降低。PSC 主要用于起动负荷转矩小的压缩机上。

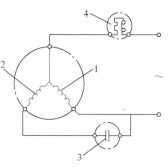

图 2-85　电容运转方式

1—主绕组　2—辅助绕组
3—电容器　4—电动机保护器

4. 电容起动电容运转的方式（CSR）

CSR 电路有两种，即带 PTC 继电器和装有电压继电器。

（1）带 PTC 继电器　带 PTC 继电器的 CSR 电路如图 2-86 所示。

起动时，一股电流经起动电容器 5、PTC 继电器 6、辅助绕组 2 和电动机保护装置 3
（此时运行电容器 4 与起动电容器 5 并联）；另一股电流经主绕组 1 和电动机保护装置 3。起
动后，由于 PTC 继电器的作用，起动电容器不再工作。两个电容器在起动时同时起作用，
增大了起动转矩。正常运转时只有运行电容器工作，电动机能以高功率因数运转，提高了效
率，但电路较复杂，成本高。

（2）带电压继电器　带电压继电器的 CSR，其电路如图 2-87 所示。

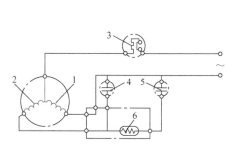

图 2-86　带 PTC 继电器的 CSR 电路

1—主绕组　2—辅助绕组　3—电动机保护装置
4—运行电容器　5—起动电容器　6—PTC 继电器

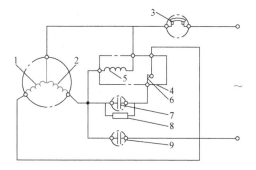

图 2-87　带电压继电器的 CSR

1—主绕组　2—辅助绕组　3—电动机保护器
4—电压继电器　5—线圈　6—带触点的弹性臂
7—起动电容器　8—放电电阻　9—运行电容器

起动前，电压继电器两端无电压，带触点的弹性臂 6 处于闭合状态。起动时，最初因转
速低，辅助绕组两端的电压尚未达到必要的数值，故带触点的弹性臂 6 仍然关闭，起动电容
器 7 工作。随着转速的增加，辅助绕组两端的电压（即线圈 5 两端的电压）升高，并在转
速接近额定值时，达到设定的数值，弹性臂受到相当大的吸力，触点断开，切断起动电容
器。放电电阻 8 与起动电容器并联，该电容器的电路切断后，通过放电电阻 8 放电，运行电

容器9在起动时以及正常运行时均工作。表2-2中列出了全封闭压缩机用单相电动机的起动类型及相应特性。

表2-2 全封闭压缩机用单相电动机的起动类型及相应特性

起动方式			阻抗分相起动型（RSIR）	电容起动型（CSIR）	电容运转型（PSC）	电容起动电容运转型（CSR）	
起动继电器			电流型	电流型	没有	电流型	电压型
输出功率/W			40~130	40~300	500~1100	180~300	350~1500
电动机特性（额定工况）	起动	转矩	130%~200%	200%~300%	35%~60%	150%~250%	150%~250%
		电流	600%~800%	500%~600%	500%~620%	500%~600%	500%~600%
	停动转矩		200%~350%	200%~350%	200%~300%	200%~300%	200%~300%
	运转特性		←相同→			←相同→	
电动机的转矩-转速曲线							
适用			冰箱、空调器、商品陈列柜、冷冻箱	冰箱、空调器、商品陈列柜、冷水器、冷冻箱	冷却风扇电动机、空调器	商品陈列柜、冷冻箱、冷水器、制冷机、冰箱	空调器

2.6 总体结构

往复式压缩机的总体结构与密封方式、工况、冷负荷以及生产、安装成本等因素有关。

1. 开启式制冷压缩机

开启式压缩机曲轴的功率输入端伸出机体外，通过传动装置与原动机连接。曲轴伸出部位装有轴封装置，防止制冷剂泄漏。由于轴封装置不可能绝对可靠地密封，故制冷剂的泄出和空气的渗入是不可避免的。

开启式压缩机的原动机独立于制冷系统之外，不与制冷剂和润滑油接触，因而不需要采用耐油和耐制冷剂的措施。如果原动机为电动机，只需使用普通的电动机。开启式压缩机的这一优点，使它在有些应用场合成为唯一的选择。例如：在以氨为制冷剂的制冷系统中，因氨对铜有腐蚀性，故不可能将电动机包含在制冷系统中，以免电动机受氨的破坏。即使在以氟利昂为制冷剂的制冷系统中，欲以普通电动机驱动压缩机，也只能用开启式压缩机，否则电动机的绝缘会因氟利昂的侵蚀而损坏。

既然开启式压缩机的原动机独立于制冷系统之外，原动机的种类就不局限于电动机，内燃机也可用作原动机。这一特点使开启式压缩机在汽车等移动式运载工具上得到十分广泛的应用。

开启式压缩机的制冷量，可以通过改变传动机构的传动比的方法予以调节，例如：改变带轮直径调节制冷量。因吸入制冷剂时蒸气不经过电动机，提高了压缩机的容积效率和输气量。开启式压缩机容易拆卸修理，且原动机的更换对制冷系统无影响，这一特点对用户是有利的。

开启式压缩机除了制冷剂和润滑油比较容易泄漏这一最大的缺点外，尚有重量重、占地面积大等不足之处。

图2-88所示的612.5A型开启式压缩机为我国生产的一种典型的开启式压缩机。两个曲

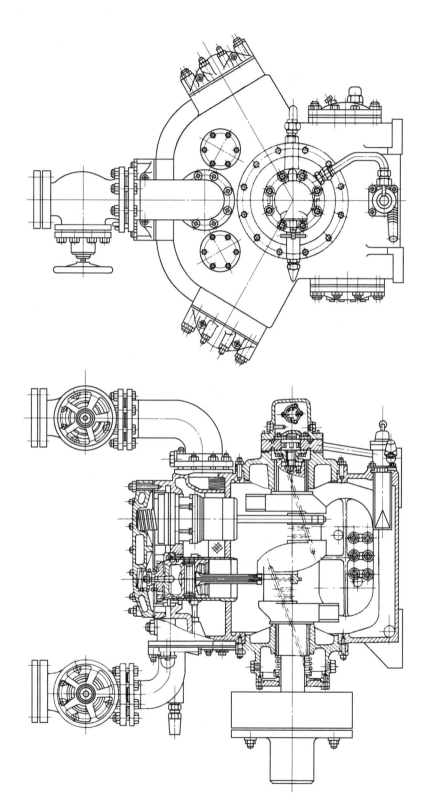

图2-88 612.5A型开启式压缩机

拐紧靠在一起。彼此相差180°，每一曲拐上装三根连杆，分别连接到按 W 形分布的三个活塞上。活塞的 W 形分布减小了曲柄销的长度，使曲轴两端两个轴颈之间的距离缩短，改善了曲轴的刚度，在两曲拐之间可不设置支承用的轴承。气缸和活塞的角度式布置有很好的惯性力平衡性，只要适当地配置平衡块，曲柄连杆机构的一阶往复惯性力和旋转惯性力完全平衡。对于制冷量大的压缩机，这一点是十分重要的。

开启式压缩机的气缸和曲轴箱铸成整体（只有极少数例外，如：产量很小而尺寸又特别大的压缩机），这提高了各配合尺寸之间的精度，例如：曲轴中心线与气缸中心线之间的垂直度，而且有利于机体的强度和刚度。整个机体铸成一体，虽然增加了工艺上的困难，但随着技术的发展，工艺上的困难已不难解决，由此带来的各种优点却是十分重要的。

这种开启式压缩机采用嵌入气缸套的结构，并在气缸套的法兰上设置吸气阀座。这种结构的优点是：①有利于吸入的低温蒸气对缸套的冷却。②使排气阀的安置面积加大，且易于活塞顶部的形状与排气阀底部形状配合，以减少余隙容积。③用顶开吸气阀片调节输气量。④可以更换缸套，但吸气过热度的增加使容积效率下降，吸气阀片外侧流道不通，影响了压缩机的能效比和制冷量。

压缩机用油泵强制供油，这不仅是润滑所需，而且也是输气量调节所需，因为输气量调节机构是以高压油为动力而动作的。

压缩机排气阀用弹簧压在气缸套上，避免了用螺栓将排气阀紧固在气缸套上产生的结构和尺寸方面的困难；由此产生的另一个优点是可以缓解液击产生的危害。当液击发生时，缸内的压力迅速上升，克服作用于排气阀上的弹簧力，排气阀脱离气缸套，液体从排气阀与缸套间的缝隙泄出，缸内压力下降。压力降至一定的数值后，排气阀又回落到缸套上。

当气缸数大于 8 个时，双曲拐的布置方式已不合适，此时采用两支承结构将使曲轴两个轴承之间的距离增大，曲轴刚度下降，因而应采用多支承结构（图 2-89）。图中所示的压缩机共有 12 个气缸，按 W 形布置；有 4 个曲柄销，每个装有 3 根连杆；用 3 个轴承支承保证曲轴的刚度。

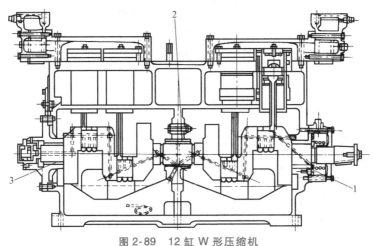

图 2-89 12 缸 W 形压缩机
1—推力轴承 2—中间轴承 3—后轴承

当蒸发温度很低时，单级压缩机不能满足要求，普遍采取的解决方法是使用单机双级的开启式压缩机（图 2-90）。这是一台八缸压缩机，含六个低压缸和两个高压缸。因压力不同，

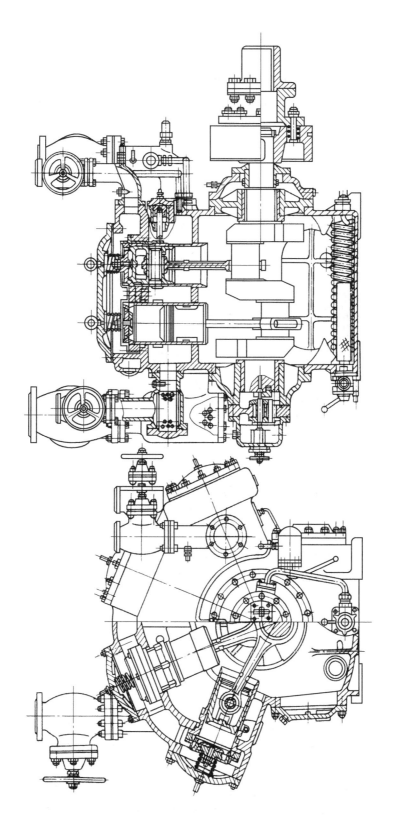

图 2-90　单机双级的开启式压缩机

故低压缸的吸、排气腔及与其相连通的空间与高压缸的吸、排气腔及相连空间隔离。低压级和高压级应分别配置安全阀、截止阀。高压级活塞、连杆承受的载荷大，需要采取措施（如：连杆小头用滚针轴承），以确保其可靠性。

产量最大的开启式压缩机是用于汽车空调用斜盘式制冷压缩机（图 2-91）。图 2-91 中所示压缩机有 6 个气缸。主轴 10 由带轮 8 通过离合器 11 带动。当车内温度超过设定值时，离合器线圈通电，离合器在磁力作用下吸合，空调器工作。车内温度降至低于设定值时，离合器线圈 9 断电，离合器打开，主轴停止转动。

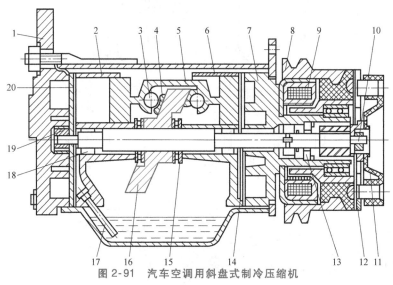

图 2-91　汽车空调用斜盘式制冷压缩机

1、7—气缸盖　2、6—气缸　3—钢球　4—滑履　5—活塞　8—带轮　9—离合器线圈　10—主轴
11—离合器　12—套筒　13—轴封　14、20—阀板　15、18—轴承　16—斜盘　17—油管　19—油泵

由主轴 10 带动的斜盘通过滑履、滚珠传递作用力，使活塞做往复运动，斜盘转一圈，六个气缸各完成一个循环，因而输气量较大，又省去了连杆，使结构很紧凑。气缸盖上有阀板，等宽度的条状排气阀片固定在阀板上。压缩机每一侧有三片吸气阀片，它们在同一块钢板上，从而使结构简化，且阀片上具有良好的应力分布，对于汽车用空调器，这一点是特别重要的，因为汽车空调器的转速范围很大，使作用在阀片上的气体推力大幅度地变化，导致气阀受力状况的恶化。

压缩机上设有油泵 19，它将壳底的润滑油经油管 17 抽入泵内，加压后输送至各摩擦副，斜盘旋转时产生的离心力也将斜盘表面的润滑油飞溅至需要润滑的地点，保证摩擦副的润滑条件改善。受环境的影响，汽车空调器的冷凝温度很高，因此需选用冷凝压力不太高的制冷剂。

2. 半封闭式制冷压缩机

半封闭式制冷压缩机的电动机和压缩机装在同一机体内并共用同一根主轴，因而不需要轴封装置，避免了轴封处的制冷剂泄漏。半封闭式制冷压缩机的机体在维修时仍可拆卸，其密封面以法兰连接，用垫片或垫圈密封，这些密封面虽是静密封面，但难免会产生泄漏，因而被称为半封闭式压缩机。

图 2-92 所示为一台 6F 型半封闭式制冷压缩机的剖视图。制冷剂从右上侧吸入，流经电动机时对其冷却，然后进入气缸，在气缸中压缩后从排气腔排出。压缩机使用的制冷剂为

R22 和 R134a，用于空调和蒸发温度为中温的场合。

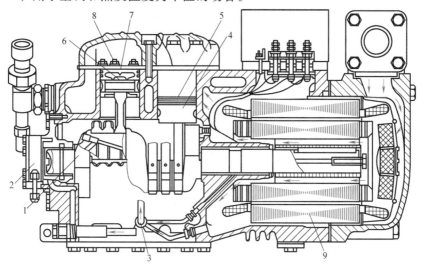

图 2-92 一台 6F 型半封闭式制冷压缩机的剖视图

1—曲轴 2—油泵 3—回油系统 4—活塞 5—活塞环 6—连杆小头 7—阀板 8—气阀 9—电动机

由于采用了表面硬化处理的曲轴、镀铬的活塞环和优质的活塞销，并使用加大尺寸的油泵，使运动件的磨损减少。气阀阀片为舌簧阀片，阀片的形状与活塞顶部的形状相配合，减少了余隙容积。

压缩机的主轴为曲拐轴，支承在一对滑动轴承上，滑动轴承的轴瓦上覆盖着具有高耐磨性能的合金。曲轴的右端悬臂支承着同时起飞轮作用的电动机转子。各运动部件的摩擦表面均由油泵供油进行强制润滑。

对于小功率（<5kW）的半封闭式压缩机，常用离心式供油或飞溅式供油。此举使压缩机结构简化，易于维修。图 2-93 所示压缩机为离心式供油，用甩油盘 1 将润滑油带出，收集在曲轴左侧的油槽中，再用曲轴旋转时产生的离心力将润滑油输送到各摩擦表面。因吸气

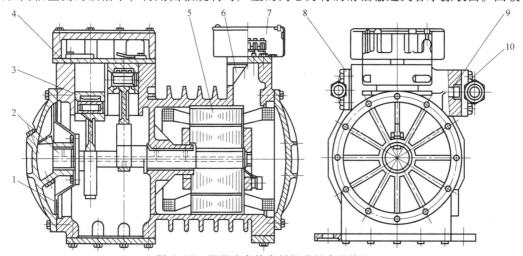

图 2-93 用甩油盘的半封闭式制冷压缩机

1—甩油盘 2—偏心轴 3—活塞连杆组 4—阀板组 5—电动机 6—接线柱 7—接线盒

8—排气截止阀 9—吸气滤网 10—吸气截止阀

不经过电动机，故容积效率比较高。

与开启式压缩机相同，半封闭式制冷压缩机也有单机双级的产品，如图 2-94 所示。此机有四个低压缸和两个高压缸。来自蒸发器的制冷剂经吸气管过滤器进入低压缸，压缩后与具有中间压力的低温制冷剂两相流混合，低压缸排气降温。混合后的制冷剂流经电动机，对它进行

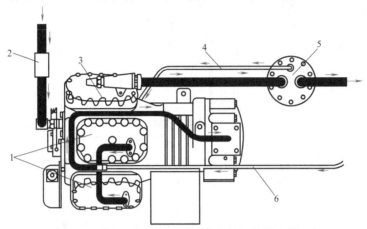

图 2-94　单机双级半封闭式制冷压缩机的制冷剂流向

1—低压缸　2—吸气管　3—高压缸　4—回油管　5—油分离器　6—制冷剂两相流管道

冷却后进入高压缸，压缩后排入油分离器中，分离出来的润滑油从回油管返回曲轴箱，高压气体流向冷凝器。如前所述，这种压缩机可在很低的蒸发温度下工作，并在压缩比达到一定的数值后其可比容积效率超过单级压缩机的容积效率。

3. 全封闭式制冷压缩机

全封闭式制冷压缩机的电动机和压缩机装配在一起后，放入机壳中，上、下机壳接合处焊封。全封闭式制冷压缩机密封性好，但维修时需剖开机壳，维修后又要重新焊接，为此要求它有 10~15 年的使用期，在此期限内不必拆修。

绝大多数的全封闭式制冷压缩机采用立轴式布置，这样就可以采用简单的离心式供油。在立轴式压缩机中，有的电动机位于下部，有的电动机位于上部。图 2-95 所示压缩机的电动机位于上部。从吸气管吸入的制冷剂穿过电动机外壳，再经过转子和定子之间的间隙进入气缸。蒸气在气缸内压缩后，经排气消声器流出机壳。

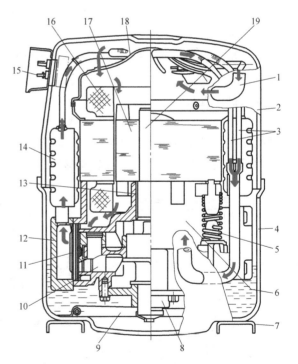

图 2-95　电动机位于上部的全封闭式制冷压缩机

1—吸气管　2—上壳　3—排气管　4—下壳　5—支承弹簧
6—曲轴箱　7—固定座　8—下轴承　9—油冷却器
10—活塞　11—阀板　12—气缸盖　13—上轴承
14—排气消声器　15—接线柱　16—定子
17—转子　18—电动机外壳　19—曲轴

由于吸气充分冷却电动机，使压缩机能在更大的运行界限内运转。部分气缸浸在润滑油中，有利于气缸的冷却。电动机上部的空间起第一吸气消声室的作用，电动机下部与机体之间的空间起第二吸气消声室的作用。电动机位于上部有利于压缩机的润滑。

采用吸气流经电动机的结构，其缺点是增加了吸气过热度，降低了容积效率和能效比，因而在一些压缩机中，将电动机置于下部（图2-96）。吸气在机壳内，转向后经吸气消声器、气缸、排气消声器、排气管流出机壳。电动机和压缩机组合后用三个设于壳体上部的弹簧悬挂。为防止油温过高，设油冷却器。吸气进入机壳后因转向使大部分液滴分离，分离后的液态制冷剂流入壳底时对润滑油也有一些冷却作用。压缩机曲轴的轴承座与机体分别制造后装配在一起，便于铸造。这种压缩机用于冷冻和冷藏，它用连杆带动活塞。

一种采用滑槽式驱动机构的全封闭式制冷压缩机是性能优良的热泵用机（图2-97）。压缩机上有两个按90°布置的滑槽，带动四个活塞。吸气阀装在活塞顶部，排气阀装在气缸盖上，构成压缩机的顺流吸、排气。

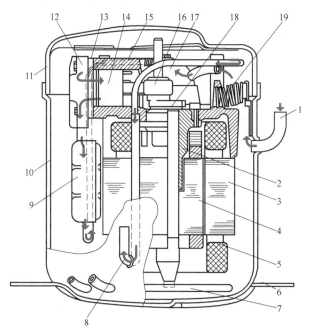

图 2-96 电动机置于下部的全封闭式制冷压缩机

1—吸气管 2—轴承 3—定子 4—转子 5—绕组 6—固定座
7—油冷却器 8—排气管 9—排气消声器 10—下壳
11—上壳 12 气缸盖 13—阀板 14—活塞 15—气缸
16—连杆 17—吸气消声器 18—曲轴 19—悬挂弹簧

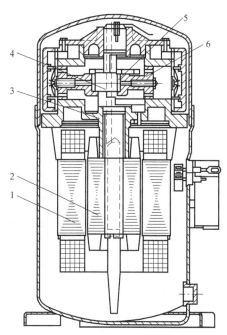

图 2-97 采用滑槽式驱动
机构的制冷压缩机

1—定子 2—转子 3—主轴承 4—曲轴
5—滑块 6—活塞-滑槽-框架组合件

这种压缩机的优点是：①作用于气缸上的侧向力小，活塞与气缸的摩擦损失也小；②顺流布置的吸、排气阀有利于增加气阀的通流面积；③吸气阀在低蒸发温度下仍有良好的性能；④十字形布置四个气缸使机器紧凑、尺寸小。这些优点的综合效果是：输气量大，能效比高，振动小。

试验表明，一般的往复式压缩机在供热时，相对于高蒸发温度的供热能力与回转式和涡旋式压缩机相当，但在低蒸发温度时，其供热能力低于回转式和涡旋式压缩机；这种压缩机在高蒸发温度和低蒸发温度时，其供热能力均与回转式和涡旋式压缩机相当。

4. 多机组合机组

往复式制冷压缩机需要与冷凝器、蒸发器、节流元件以及各种附件配套，构成完整的制冷系统。随着对产品质量要求的不断提高和安装、使用的方便，越来越多的产品在工厂中组装成机组，再送给用户。

大多数多机组合机组是冷水机组，用于空调系统。按冷凝器冷却方式不同，又可分为水冷冷水机组和风冷冷水机组。

图 2-98 所示的多机组合机组，配有六台半封闭式压缩机，换热器均采用高效传热管，机组结构紧凑。半封闭式压缩机的电动机用吸气冷却，并有一系列的保护措施，在发生压缩机排气压力过高、吸气压力过低、断油、过载、过热、缺相等故障时，保护压缩机。

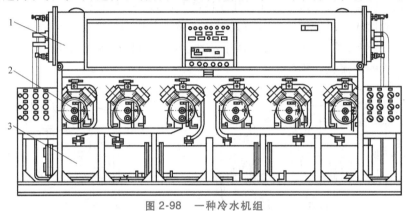

图 2-98 一种冷水机组

1—蒸发器 2—压缩机 3—冷凝器

机组由计算机控制，实现全过程自动化控制。起动时，压缩机逐台投入运行，避免了单机水冷机组起动时电流过大的情况。机组制冷量通过停开部分压缩机调节，使制冷量能够较好地与所需要的冷负荷匹配。这种调节方法比用顶开吸气阀片调节输气量或用旁通阀调节输气量更加节能，因为用后两种调节方法时，部分气缸虽被卸载，但相应的活塞、连杆仍在运动，产生机械摩擦损失，且气体仍不断流经气阀及流道，产生流动阻力。

几台压缩机的吸、排气管连在一起时，合理地布置管道是很重要的。对于吸气管道推荐采用图 2-99a、c 所示的连接方式，不推荐图 2-99b 所示的连接方式，因为 2 号压缩机吸入口

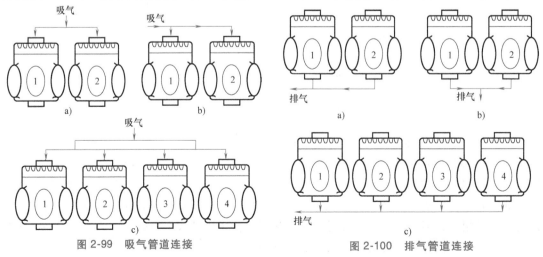

图 2-99 吸气管道连接   图 2-100 排气管道连接

容易回液，引起压缩机液击。对于排气管道，推荐图 2-100a、c 所示的连接方式，不推荐图 2-100b 所示的连接方式，因两台压缩机的排气相互冲突，阻碍顺利排气。在图 2-100c 中，4 号机连续运转，1 号机周期运转。

2.7 润滑系统和润滑油

压缩机润滑系统向压缩机各摩擦副供油。润滑油在压缩机中所起的作用，归纳起来可分为三个方面：①减少摩擦；②带走摩擦产生的热量和磨屑；③密封。

由于摩擦，需要输入更大的轴功率，因而轴效率降低，能耗增加；摩擦使摩擦表面磨损，过分的磨损破坏了相对运动件之间的合理间隙，影响机器的正常工作。通过注入润滑油减少各运动副的摩擦，使机器的磨损减少、能耗降低。

摩擦产生的热量使零件温度升高，若温度升高太多，润滑油的黏度会降低到允许范围以外，破坏油膜的承载能力，甚至在零件的局部高温区油会炭化，影响零件的正常运动。有些零件受热后体积膨胀，严重的情况下运动副会卡住。注入润滑油后，热量被润滑油带走，保证运动副有合理的温度水平。被加热的润滑油冷却后再次进入润滑系统，流向摩擦副进行润滑和吸收摩擦热。

压缩机气缸与活塞间的间隙是缸内气体泄漏的主要通道，位于活塞与气缸壁之间的润滑油有助于阻止气体向曲轴箱的泄漏。对于采用曲轴-滑管机构的小型全封闭式制冷压缩机，其活塞与滑管焊接在一起，活塞上没有活塞环，润滑油的密封作用显得更加重要。

2.7.1 制冷压缩机的润滑方式

由于不同压缩机的运行条件不同，故润滑方式是多样的。压缩机的润滑方式分为两大类，即飞溅润滑和压力润滑。压力润滑的供油方式有油泵供油和离心供油两种，视所需油压和油量而定。

1. 飞溅润滑

通过连杆大头（或连杆大头上的溅油杆）与曲轴箱中的润滑油周期接触，使油飞溅并沾在各零件的表面，再进入摩擦副进行润滑。飞溅的润滑油到达缸壁和活塞表面，对它们进行润滑。从连杆表面流到连杆大头的润滑油以及直接溅在连杆大头和曲柄上的一部分润滑油进入大头和曲柄销之间的间隙，对它们进行润滑。压缩机的轴承上部开有油孔，从壁面流下的润滑油通过油孔流入轴颈和轴瓦之间，实现润滑。

飞溅润滑系统结构简单，容易加工，但其供油量难以控制，对摩擦表面的冷却效果差，只能用于小型压缩机。

2. 压力润滑之油泵供油

对于大、中型制冷压缩机，因其载荷大，需要充分的润滑油润滑各摩擦副并带走热量，所以采用压力润滑。油泵供油是压力润滑的方式之一，其润滑系统如图 2-101 所示。

内齿轮油泵 11 将经过粗过滤器 10 过滤的润滑油吸入，提高油压后输入细过滤器 12。从细过滤器输出的润滑油分成两路，一路向左流向曲轴，并通过曲轴上的油孔到达曲轴左侧的轴承及连杆大头进行润滑。另一路向右到达轴封室 4，此时一部分润滑油用于润滑曲轴的主轴颈，一部分油用于润滑轴封的径向动密封面，其余的润滑油进入输气量控制阀 1，抵达卸载油

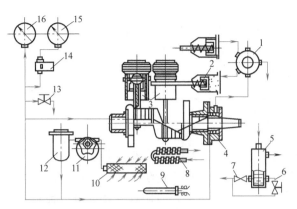

图 2-101 油泵供油润滑系统

1—输气量控制阀 2—卸载油缸 3—活塞 4—轴封室 5—油分离器 6—手动回油阀 7—自动回油阀
8—油冷却器 9—油加热器 10—粗过滤器 11—油泵 12—细过滤器 13—油压调节阀
14—油压压差控制器 15—低压表 16—油压表

缸。图中的油分离器用于分离排气中夹带的润滑油，分离出来的润滑油经自动回油阀 7 或手动回油阀 6 回到曲轴箱，吸收了摩擦表面热量的润滑油用油冷却器冷却降温后继续使用。

曲轴箱（或全封闭式压缩机壳）内的润滑油，在低的环境温度下溶入较多的制冷剂，压缩机起动时将发生液击，为此在曲轴箱中安装油加热器 9，在压缩机起动前先加热一定的时间，减少溶在润滑油中的制冷剂。

油泵供油润滑系统广泛配置内啮合转子油泵。其主要零件为内转子和外转子，均用粉末冶金成形。内啮合转子油泵的吸、排油过程如图 2-102 所示。转子油泵的端盖上开有吸油孔和排油孔。内转子转动时，它与外转子内表面构成的空间周期性地扩大和缩小，完成吸、排油的过程。油泵内转子正转时（图 2-102a），外转子的中心在内转子中心的下面。内转子反转时（图 2-102b），外转子的中心在内转子中心的上面。外转子中心的这一转移，借助图 2-103 上的定位销 10 完成。图 2-103 所示的定位销位置相应于内转子正转。内转子反转时，定位销 10 随着转子座圈逆时针转动 180°，外转子中心即达到反转位置。内啮合转子油泵加工容易，精度高，寿命长，价格低，但油压波动较大，只宜在高转速压缩机中使用。

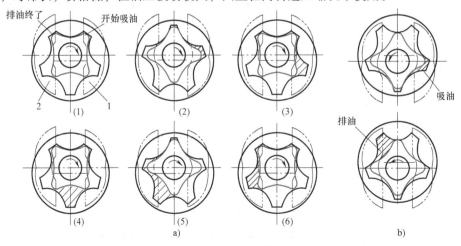

图 2-102 内啮合转子油泵工作原理

1—端盖上的吸油孔 2—端盖上的排油孔

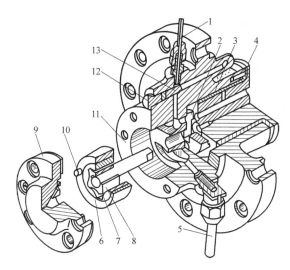

图 2-103　内啮合转子油泵的结构

1—压力表油管　2—传动块　3—后轴承　4—曲轴　5—吸油管　6—转子座圈

7—外转子　8—内转子　9—油泵盖　10—定位销　11—后轴承座

12—螺栓　13—油压调节螺栓

3. 压力润滑之离心供油

压力润滑之离心供油方式常见于封闭式压缩机。图 2-104 所示为一种离心供油机构，曲轴的一端浸入润滑油中。曲轴上有两条偏心油道：一条通向曲柄销，另一条通向曲轴的主轴颈。曲轴旋转时，润滑油在离心力的作用下流向各轴承，从轴承间隙处流出的一部分油沿连杆表面流至（或直接飞溅至）气缸壁面和连杆小头。

若全封闭式压缩机的电动机位于压缩机下部，需要在轴的下端装延伸管。为排除从油中释放出的气体设放气管，集中在延伸管中心线附近的气体从放气管排出而不会进入油道（图 2-105）。

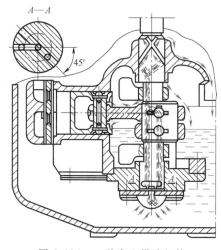

图 2-104　一种离心供油机构

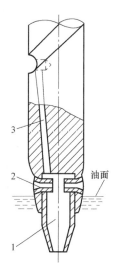

图 2-105　延伸管和放气管

1—延伸管　2—放气管　3—油道

半封闭式制冷压缩机的离心供油机构如图 2-106 所示。甩油转盘的下部浸在曲轴箱（或电动机室）的润滑油中，曲轴转动时不断地将油带出，并通过端盖使润滑油收集于集油杯中。集油杯与偏心轴的中心孔连通，通过此中心孔将油送至各润滑面。曲轴旋转时，曲轴上通向各润滑表面的径向油孔中有润滑油，这些润滑油产生的离心力一方面将油注入各润滑面，另一方面将润滑油从油杯吸入曲轴的油道，因此油杯中润滑油的液位不必很高。

离心供油机构结构简单，工作可靠，但供油量和供油压力均较小，不宜用于负载较大的压缩机中。

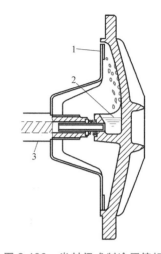

图 2-106　半封闭式制冷压缩机的离心供油机构
1—甩油转盘　2—集油杯　3—偏心轴

2.7.2　润滑油

1. 润滑油的品质

润滑油有多种功能，故需全面了解其特性。评价润滑油品质的部分因素有：黏度、与制冷剂的相溶性、低温下的流动特性、酸值、闪点、化学稳定性、与材料的相容性、含水量、含机械杂质量，以及电击穿强度。

（1）黏度　它决定了滑动轴承中油膜的承载能力、摩擦功耗和密封能力。黏度大，承载力强，密封性好，但流动阻力大。润滑油的黏度与温度有关，随温度的上升而降低。

（2）与制冷剂的相溶性　有些制冷剂与润滑油不相溶，有些完全相溶，有些部分相溶。若相溶性好，在换热器表面不易形成油膜，对传热有利。制冷剂的溶解使油的凝固点下降，对低温装置有利。但溶解使油变稀，导致油膜太薄，溶解也会造成蒸发温度升高（在蒸发压力不变的前提下），蒸发器的制冷效果下降。制冷剂溶入润滑油中也会影响油的黏度。本章稍后部分将讨论此影响。

（3）低温下的流动特性　冷冻机油在低温下流动特性的指标是倾点。倾点是指油品在试验条件下能够连续流动的最低温度，在标准中规定它不能高于某一个温度。

（4）酸值　润滑油中如含有酸类物质，会引起材料的腐蚀。油中含有游离酸的数量用酸值表示。中和 1g 润滑油中的游离酸所需 KOH 的质量（mg）称为酸值。

（5）闪点（开口）　润滑油在开口容器内被加热时，所形成的油气与火焰接触，能发生闪火的最低温度称为闪点，它表明润滑油的挥发性。润滑油的闪点应比排气温度高 25～35℃，以免润滑油燃烧和结焦。

（6）化学稳定性和对系统中材料的相容性　润滑油在高温和金属的催化作用下，会引起化学反应，生成沉积物和焦炭；润滑油分解后产生的酸要腐蚀电气绝缘材料；润滑油应与系统中所用的材料相容，不会引起这些材料（如橡胶、分子筛等）的损坏。

（7）含水量、机械杂质　润滑油含水后易引起毛细管的冰堵，机械杂质也会使通道堵塞并使零件磨损。含水的润滑油和氟利昂制冷剂的混合物能够溶解铜。当溶解铜的润滑油混合物与钢或铸铁零件接触时，被溶解的铜又会析出，沉积在钢、铁零件表面上，形成铜膜，从而破坏制冷机的正常运行。

（8）电击穿强度　电击穿强度是反映润滑油绝缘性能的一个指标。制冷机用的润滑油，其电击穿强度一般要求在10kV/cm以上。微量杂质的存在，会降低润滑油的绝缘性能。

2. 润滑油的品种及其选用

不同的制冷装置使用不同的制冷剂，通常有氨、HFCs、HCFCs和HCs等，因此需要选用不同冷冻机油，如矿物油、合成烃型和合成型冷冻机油。选用冷冻机油时需考虑其与制冷剂的适用性、相溶性等问题。GB/T 16630—2012的附录A规定了各类冷冻机油的分类与应用范围，详见表2-3。

表2-3 冷冻机油各品种的应用范围

分组字母	主要应用	制冷剂	润滑剂分组	润滑剂类型	代号	典型应用	备注
D	制冷压缩机	NH_3（氨）	不相溶	深度精制的矿油（环烷基或石蜡基），合成烃（烷基苯，聚α烯烃等）	DRA	工业用和商业用制冷	开启式或半封闭式压缩机的满液式蒸发器
			相溶	聚（亚烷基）二醇	DRB	工业用和商业用制冷	开启式压缩机或工厂厂房装置用的直膨式蒸发器
		HPC_3（氢氟烃类）	相溶	聚酯油、聚乙烯醚，聚（亚烷基）二醇	DRD	车用空调,家用制冷,民用商用空调,热泵,商业制冷包括运输制冷	—
		$HCFC_3$（氢氯氟烃类）	相溶	深度精制的矿油（环烷基或石蜡基），烷基苯，聚酯油,聚乙烯醚	DRE	车用空调,家用制冷,民用商用空调,热泵,商业制冷包括运输制冷	—
		HC_3（烃类）	相溶	深度精制的矿油（环烷基或石蜡基），聚（亚烷基）二醇,合成烃（烷基苯,聚α烯烃等）,聚酯油,聚乙烯醚	DRG	工业制冷,家用制冷,民用商用空调,热泵	工厂厂房用的低负载制冷装置

氯氟烃类（CFCs）制冷剂对大气臭氧层有破坏作用，这一类制冷剂已被禁用，相应的替代物也在不断推出。例如：杜邦公司推出R134a，以替代R12。但R134a与矿物油不相溶，由此产生一系列的问题。经多年研究，发现聚酯油和聚醚油能较好地与R134a相配。聚酯油中，多元醇酯（POE）的综合性能较好；聚醚油以环氧乙炔-环氧丙烷共聚醚（PAG）的综合性能较合适。

POE油虽有较好的热稳定性，但在热和氧的作用下，氧化变质的温度下降很多，氧化物大部分是小分子的酸性物质；PAG油的分子中存在较弱的醚键，在热和氧的作用下容易断裂，分裂成水和一些小分子酸性物质，因而必须提高它们的热氧化稳定性，加入抗氧化剂可提高热氧化稳定性。试验表明，随着抗氧化剂浓度的增大，油的起始分解温度逐渐提高，到达某一浓度后，不再增加。这是因为随着抗氧化剂浓度的增加，消除热氧化分解产生的游离基和过氢化物的能力逐渐增加，所以热分解起始温度提高。达到一定浓度后，抗氧化剂与分子氧的反应概率增大，发生氧化强化反应，降低了抗氧化剂的效能，起始分解温度不再增加。

在选择用于CO_2压缩机的润滑油时，应综合考虑润滑油与CO_2的混合性，润滑油在CO_2环境中的稳定性，以及润滑油中溶解CO_2后其黏度的变化等因素。试验表明：PAG以其良好的混合性、稳定性和润滑性能而被选用。

2.7.3 制冷和热泵系统中的制冷剂迁移现象及其对润滑系统工作的影响和对策

制冷剂在制冷和热泵系统内流动时，与润滑油相溶。制冷剂与油处于平衡状态时，它在油中的溶解量随油温 t_1 和压力 p 而变。压力越高，制冷剂的溶解量（用制冷剂的质量成分 ξ_r 表示）越多；温度越高，溶解量越少（图 2-107）。根据上述规律，制冷剂在系统不同部位时，其溶解量不同，有时溶入较多，有时从油中逸出，产生制冷剂在油中的迁移现象。油与制冷剂的混合液，随温度的降低，将出现分层现象。混合液开始分层的最高温度称为临界溶解温度。图 2-108 所示为 R22 与润滑油（黏度等级为 32）的混合情况。图中 A 点的温度为临界混合温度。在此温度以上，R22 与该润滑油可在任何比例下混合。图中的曲线为混合溶液的分层分界线。曲线以下的区域为分层区，位于分层区内的混合液存在两种液相。例如，B 点的混合液（其油的质量分数 ξ_0 为 20%）由两种液相组成：一种液相中润滑油的质量分数 ξ_0 为 7%（C 点），另一种液相中润滑油的质量分数 ξ_0 为 55%（D 点）。混合液的分层导致一部分混合液中油的含量提高，容易积存在膨胀阀及蒸发器上，使制冷机性能下降。为减少此不利影响，应减少进入蒸发器的润滑油量（例如：加强排气的油分离）。制冷剂在油中溶解度的变化也影响油的黏度，在某一蒸发温度 t_0（或蒸发压力 p_0）下，蒸发器及回气管的低温区内混合液中制冷剂溶入量随温度 t_1 上升而下降，其黏度 μ 也随着上升；在高温区，制冷剂溶入量很少，混合液的主要成分是润滑油，其黏度随温度升高而降低（图 2-109）。对 R22，最大黏度发生在制冷剂蒸气过热度约 20℃ 处。最大黏度决定回油的好坏，因而在设计管道时，应以最大黏度作为重要依据，确定管内气体的流速及管径。

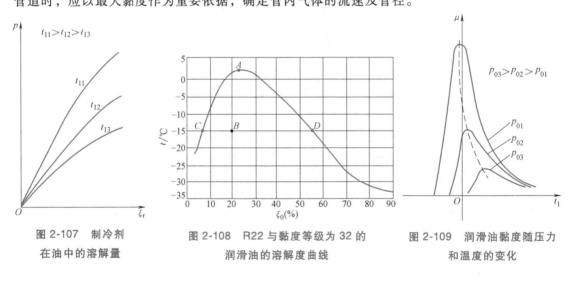

图 2-107 制冷剂
在油中的溶解量　　　　图 2-108 R22 与黏度等级为 32 的
润滑油的溶解度曲线　　　　图 2-109 润滑油黏度随压力
和温度的变化

2.8 往复式制冷压缩机的振动和噪声

降低振动和噪声是制冷压缩机的重要目标。往复式制冷压缩机的振动主要起因是压缩机曲柄-连杆机构运动时形成的惯性力。由于气流脉动引起的管系振动，也受到人们的关注。

往复式压缩机的噪声包括机械噪声、流体噪声和电磁噪声，对不同的噪声源应采取不同的降低噪声的措施。

2.8.1 往复式制冷压缩机的振动

因惯性力为振动的重要根源，故分析振动应先分析压缩机的往复惯性力和旋转惯性力。

1. 曲柄-连杆机构的惯性力和惯性力矩

曲柄-连杆机构的惯性力，取决于机构的运动及曲柄-连杆机构的质量分布。活塞的直线运动和曲柄销的旋转运动反映曲柄-连杆机构的运动特征。

（1）活塞和曲柄销的运动　活塞做往复直线运动。取活塞在外止点时的位移 x 为 0，则按如图 2-110 所示的几何关系，当连杆长度为 L、曲柄半径为 r、曲柄转角为 θ 时

$$x = OC - OB = (L+r) - (r\cos\theta + L\cos\beta) \approx r(1-\cos\theta) + \frac{r}{4}\lambda(1-\cos2\theta)$$

$$(2-37)$$

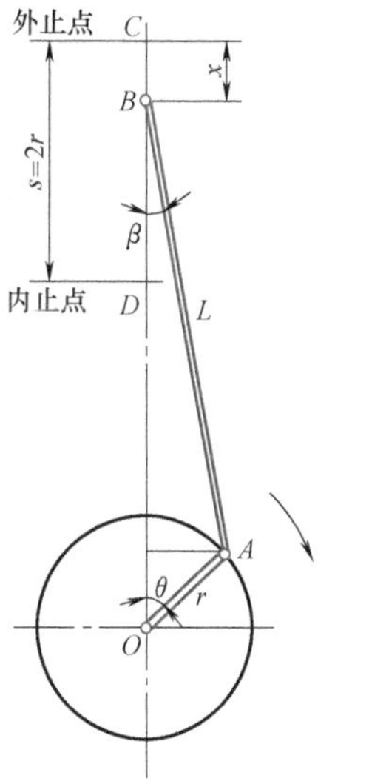

其中

$$\lambda = \frac{r}{L}$$

式中　β——连杆与气缸中心线的夹角，又称为连杆摆动角。

对位移 x 求二阶导数，得到活塞加速度 a_j 的近似计算式为

$$a_j = r\omega^2(\cos\theta + \lambda\cos2\theta) \qquad (2-38)$$

式中　ω——曲轴旋转的角速度，单位为 rad/s。

曲柄销绕曲轴中心做旋转运动，其中心 A（图 2-110）的径向加速度 a_r 为

$$a_r = r\omega^2 \qquad (2-39)$$

（2）连杆的质量代替系统　为了分析和计算方便，假定连杆的质量集中于连杆小头中心和连杆大头中心，由此构成的两质量系统即连杆质量代替系统。用此法求得的连杆往复运动质量 m_{c1} 和旋转运动质量 m_{c2} 虽然是近似值，但其精确程度已足够应用。按图 2-111，列出连杆质量为 m_c、连杆质心为 G 的联立方程，即

$$\left.\begin{array}{l} m_{c1} + m_{c2} = m_c \\ m_c l_1 = m_{c2} L \end{array}\right\} \qquad (2-40)$$

图 2-110　曲柄-连杆机构示意图

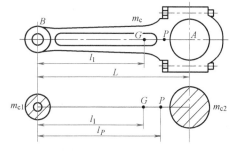

图 2-111　连杆质量代替系统

$$\left.\begin{array}{l} m_{c1} = m_c \dfrac{L-l_1}{L} \\[2mm] m_{c2} = m_c \dfrac{l_1}{L} \end{array}\right\} \qquad (2-41)$$

（3）往复惯性力　曲柄-连杆机构的往复惯性力 F_j 是活塞组和连杆往复运动部分所产生的往复惯性力之和。取在连杆中产生拉伸力的往复惯性力 F_j 为正，则 F_j 的计算式为

$$F_j = m_j a_j \qquad (2-42)$$

因往复质量 m_j 等于活塞组质量 m_p 与连杆往复质量 m_{c1} 之和，故

$$\begin{aligned} F_j &= (m_p + m_{c1})r\omega^2(\cos\theta + \lambda\cos2\theta) \\ &= m_j r\omega^2\cos\theta + m_j r\omega^2\lambda\cos2\theta \\ &= F_{j1} + F_{j2} \end{aligned} \qquad (2-43)$$

式中　F_{j1}——一阶往复惯性力；

F_{j2}——二阶往复惯性力。

一阶和二阶往复惯性力均为周期变化的力，但二阶往复惯性力的变化周期是一阶往复惯性力变化周期的一半。因其最大值只有一阶往复惯性力最大值的 λ 倍（$\lambda = 0.29 \sim 0.17$），因而对二阶惯性力不采取专门的平衡措施。

（4）旋转惯性力　曲柄-连杆机构的旋转惯性力包括由换算到曲柄销中心的曲柄质量与曲柄销质量之和 m_s 产生的旋转惯性力，及连杆旋转质量 m_{c2} 所产生的旋转惯性力，它们的作用线与曲柄中心线重合。如取离心力方向为正，则旋转惯性力 F_r 的公式为

$$F_r = m_r a_r = (m_s + m_{c2}) r\omega^2 \tag{2-44}$$

（5）往复惯性力矩和旋转惯性力矩　双曲拐（或多曲拐）曲轴各个曲拐上的惯性力并不在同一个曲轴旋转平面上，由此产生力矩，分别为往复惯性力矩和旋转惯性力矩，这些力矩也会引起压缩机的振动，应采取措施，全部或部分地给予平衡。

2. 往复式压缩机的惯性力平衡

（1）单缸压缩机的惯性力平衡　在曲柄相反的方向上装上适当平衡块可完全平衡旋转惯性力 F_r（图2-112a），若平衡块质量为 m_{wr}，平衡块的质心距离曲轴中心的半径为 r_w，则

$$m_{wr} = m_r \frac{r}{r_w} = (m_s + m_{c2}) \frac{r}{r_w} \tag{2-45}$$

对于往复惯性力，因单缸压缩机的往复惯性力始终

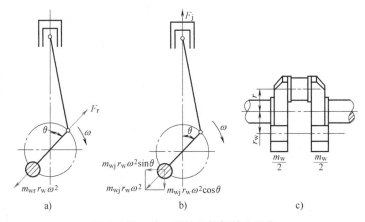

图 2-112　单缸压缩机的惯性力平衡

在活塞中心线方向，而平衡块产生的平衡力方向是旋转的，故不能完全平衡。在平衡一部分惯性力时（一般为30%~50%），增加了一个水平方向的干扰力 $m_{wj} r_w \omega^2 \sin\theta$（图2-112b），$m_{wj}$ 为部分往复惯性力平衡质量。总的平衡质量（图2-112c）应满足下式，即

$$m_w = m_{wj} + m_{wr} \tag{2-46}$$

（2）多缸压缩机的惯性力平衡　对于立式两缸压缩机，因为两曲拐相差180°，所以作用在两个曲拐上的一阶往复惯性力相互抵消，旋转惯性力也相互抵消，但却构成了一阶往复惯性力矩和旋转惯性力矩。为平衡惯性力矩，在曲柄的相反方向上设置两个平衡块（图2-113），平衡旋转惯性力矩所需质量为 m_{wr}，其质心与曲轴中心的距离为 r_w。根据力矩平衡的法则

$$m_{wr} r_w \omega^2 b = m_r r \omega^2 a$$

$$m_{wr} = m_r \frac{a}{b} \frac{r}{r_w} \tag{2-47}$$

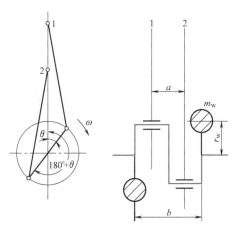

图 2-113　立式两缸压缩机的惯性力平衡

往复惯性力矩只能部分平衡。若平衡一半，所需的平衡块质量 m_{wj} 可用下式求得，即

$$m_{wj} r_w \omega^2 b = \frac{1}{2} m_j r \omega^2 a$$

$$m_{wj} = 0.5 m_j \frac{a}{b} \frac{r}{r_w} \qquad (2\text{-}48)$$

平衡块总质量 m_w 为

$$m_w = m_{wr} + m_{wj} = \frac{a}{b} \frac{r}{r_w} (m_r + 0.5 m_j) \qquad (2\text{-}49)$$

角度式压缩机各缸的一阶往复惯性力之间虽不能像立式两缸那样自动平衡，但其一阶往复惯性力的合力却是大小不变且随曲轴一起旋转的离心力。这样便能用最简单的平衡离心力的方法来平衡它。图 2-114 所示为各种角度式压缩机（包括单曲拐和双曲拐）的气缸布置和平衡块位置。按照顺序，图 2-114a～图 2-114f 表示的压缩机分别为：V 形双缸、W 形 3 缸、扇形 4 缸、V 形 4 缸（双曲拐）、W 形 6 缸（双曲拐）和扇形 8 缸（双曲拐）。相应的惯性力矩、平衡块质量（包括平衡块用途）见表 2-4。

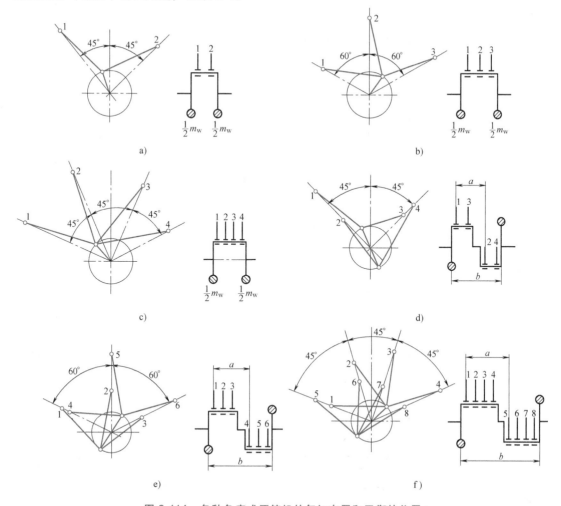

图 2-114　各种角度式压缩机的气缸布置和平衡块位置

表 2-4 各种压缩机的惯性力平衡计算公式

序号	曲拐数及夹角	压缩机形式	缸数	气缸中心线夹角	旋转惯性力 $\sum F_r$	旋转惯性力矩 M_r	一阶往复惯性力 $\sum F_{j1}$	一阶往复惯性力矩 M_{j1}	二阶往复惯性力 $\sum F_{j2}$	二阶惯性力矩 M_{j2}	平衡块用途	平衡块总质量
1	单曲拐	立式	1		$m_r r\omega^2$	0	$m_j r\omega^2 \cos\theta$	0	$m_j r\omega^2 \lambda \cos2\theta$	微小不计	平衡 F_r 及部分 $\sum F_{j1}$	$m_w = \dfrac{r}{r_w}(m_r + x\% \, m_j)$
2		V 形	2	90°	$m_r r\omega^2$	0	$m_j r\omega^2$	微小不计	$\sqrt{2}\, m_j r\omega^2 \lambda \cos2\theta$	微小不计	平衡 $\sum F_r$ 及部分 $\sum F_{j1}$	$m_w = \dfrac{r}{r_w}(m_r + m_j)$
3		对置式	2	180°	$m_r r\omega^2$	0	$2 m_j r\omega^2 \cos\theta$	微小不计	0	微小不计	平衡 $\sum F_r$ 及部分 $\sum F_{j1}$	$m_w = \dfrac{r}{r_w}(m_r + x\% \times 2 m_j)$
4		W 形	3	60°	$m_r r\omega^2$	0	$\dfrac{3}{2} m_j r\omega^2$	微小不计	$\dfrac{1}{2} m_j r\omega^2 \lambda \sqrt{1+8\sin^2 2\theta}$	微小不计	平衡 $\sum F_r$ 及部分 $\sum F_{j1}$	$m_w = \dfrac{r}{r_w}\left(m_r + \dfrac{3}{2} m_j\right)$
5		星形	3	120°	$m_r r\omega^2$	0	$\dfrac{3}{2} m_j r\omega^2$	微小不计	$\dfrac{1}{2} m_j r\omega^2 \lambda \sqrt{1+8\sin^2 2\theta}$	微小不计	平衡 $\sum F_r$ 及部分 $\sum F_{j1}$	$m_w = \dfrac{r}{r_w}\left(m_r + \dfrac{3}{2} m_j\right)$
6		扇形	4	45°	$m_r r\omega^2$	0	$2 m_j r\omega^2$	微小不计	$m_j r\omega^2 \lambda \sqrt{2(1+\sqrt{2}\cos2\theta\sin2\theta)}$	微小不计	平衡 $\sum F_r$ 及部分 $\sum F_{j1}$	$m_w = \dfrac{r}{r_w}(m_r + 2 m_j)$
7	双曲拐，夹角 180°	立式	2	0	0	$m_r r\omega^2 a$	0	$m_j r\omega^2 a\cos\theta$	$2 m_j r\omega^2 \lambda \cos2\theta$	微小不计	平衡 M_r 及 M_{j1}	$m_w = \dfrac{ra}{r_w\,b}(m_r + x\% \, m_j)$
8		V 形	4	90°	0	$m_r r\omega^2 a$	0	$m_j r\omega^2 a$	$\sqrt{2}\, m_j r\omega^2 \lambda \cos2\theta$	微小不计	平衡 M_r 及 M_{j1}	$m_w = \dfrac{ra}{r_w\,b}(m_r + m_j)$
9		对称平衡式	2	180°	0	$m_r r\omega^2 a$	0	$m_j r\omega^2 a\cos\theta$	0	微小不计	平衡 M_r 及 M_{j1}	$m_w = \dfrac{ra}{r_w\,b}(m_r + x\% \, m_j)$
10		W 形	6	60°	0	$m_r r\omega^2 a$	0	$\dfrac{3}{2} m_j r\omega^2 a$	$m_j r\omega^2 \lambda \sqrt{1+8\sin^2 2\theta}$	微小不计	平衡 M_r 及 M_{j1}	$m_w = \dfrac{ra}{r_w\,b}\left(m_r + \dfrac{3}{2} m_j\right)$
11		扇形	8	45°	0	$m_r r\omega^2 a$	0	$2 m_j r\omega^2 a$	$2 m_j r\omega^2 \lambda \sqrt{2(1+\sqrt{2}\cos2\theta\sin2\theta)}$	微小不计	平衡 M_r 及 M_{j1}	$m_w = \dfrac{ra}{r_w\,b}(m_r + 2 m_j)$

注：表中 $x\%$ 为部分平衡的百分率。

例 2-2 有一立式双缸半封闭式压缩机，缸径 $D = 0.05\text{m}$，行程 $S = 0.044\text{m}$，转速 $n = 1440\text{r}/\text{min}$，两偏心曲颈夹角 $\gamma = 180°$，连杆长度 $L = 0.167\text{m}$。已知其往复质量 $m_p = 0.18\text{kg}$，连杆质量 $m_c = 0.14\text{kg}$，偏心轴上偏心质量 $m_s = 0.76\text{kg}$，$\rho_{铁} = 7.8 \times 10^3\text{kg}/\text{m}^3$。求平衡块质量 m_w 及左侧偏心轴颈上两个平衡孔（去重钻孔）的直径 d。曲轴部件图如图 2-115 所示。

解 取连杆大小头质量比 $m_{c2} : m_{c1} = 7 : 3$，则

往复运动质量 $m_j = m_p + m_{c1} = (0.18 + 0.14 \times 0.3)\text{kg} = 0.222\text{kg}$

旋转运动质量 $m_r = m_s + m_{c2} = (0.76 + 0.14 \times 0.7)\text{kg} = 0.858\text{kg}$

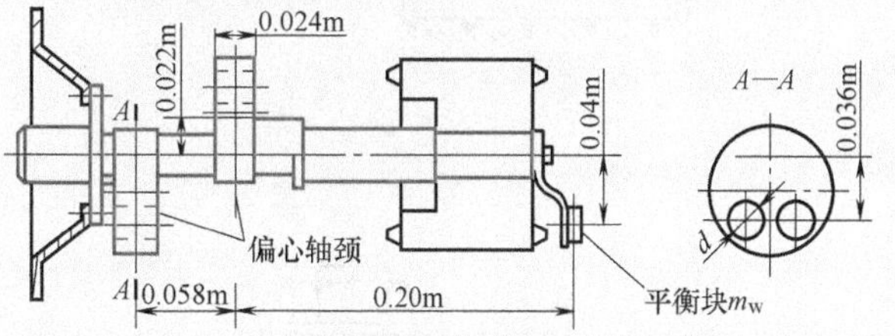

根据表 2-4 中序号 7 的情况，并取 $x = 50$，得

$$m_w r_w = \frac{ra}{b}(m_r + x\% m_j)$$

图 2-115 半封闭式压缩机的曲轴部件

$$= \frac{0.022 \times 0.058}{0.058 + 0.2}(0.858 + 0.5 \times 0.222)\text{kg} \cdot \text{m} = 0.00479\text{kg} \cdot \text{m}$$

因为 $r_w = 0.04\text{m}$，则

$$m_w = \frac{0.00479}{0.04}\text{kg} = 0.12\text{kg}$$

令偏心轴颈上的平衡质量为 m_w'。根据离心力的平衡要求，$m_w' \times 0.036 = m_w r_w$，得到

$$m_w' = \frac{0.00479}{0.036}\text{kg} = 0.133\text{kg}$$

平衡孔的直径 d 应满足

$$2 \times \frac{\pi}{4}d^2 \times 0.024 \times 7.8 \times 1000 = 0.133$$

$$d = 0.0213\text{m}$$

3. 其他减振方法

压缩机的惯性力和惯性力矩不可能完全平衡，因而除了尽量平衡惯性力和力矩外，尚需采取一些其他的减振措施。常用的措施有两类：①用土壤减振（图 2-116a）；②用各种减振器（图 2-116b、c、d、e）。

用土壤减振的方法，适用于固定式压缩机。在土壤上建立足够大的混凝土基础，压缩机安装在此基础上，凭借土壤的弹性及必要的承压面积限制机器的振幅。许多小型制冷压缩机并无混凝土基础作支承，必须使用橡胶垫和弹簧减振器减振。图 2-116b、c 所示采用内减振支持装置，它们装在壳体内，压缩机的振动经内减振支持装置减振后，传到机壳外面的振动已明显减弱。图 2-116d、e 所示为外减振装置。它们设在机壳外面，以减少对装置的冲击。由压缩机和各种减振设施构成有阻尼的强制振动系统，该系统的无阻尼自由振动频率与系统的运动质量及支承刚度有关。必须使作用在系统上的激振力的频率与系统的无阻尼自由振动频率有较大的差值，以避免接近共振范围。

2.8.2 往复式制冷压缩机的噪声

噪声指标已成为与制冷量、能耗、可靠性等指标同样重要的评价指标。在压缩机设计和

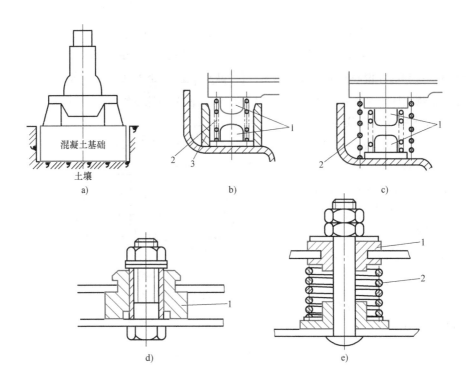

图 2-116 一些减振方法
a) 用土壤减振 b) 内减振支持装置 (上、下橡胶垫限位) c) 内减振支持装置 (无保护圈,上、下橡胶垫限位) d) 外减振结构 (用橡胶垫减振) e) 外减振结构 (用橡胶垫、弹簧组合件)
1—橡胶垫 2—弹簧 3—保护圈

制造时,应充分考虑噪声问题。

1. 噪声源

压缩机的噪声源大体上可以分为三类:机械噪声、流体噪声和电磁噪声。

机械噪声来自:①相对运动零件之间的间隙产生的撞击;②机体、管路、支承件振动发出的声音;③阀片撞击升程限制器和阀座时产生的噪声。

流体噪声起因于吸、排气时气体的压力脉动、气体流经电动机时产生的噪声以及气体在壳体内振荡引起的共鸣声。

电磁噪声为内置电动机运转时发出的电磁声。

这些噪声通过机壳向外传布。

2. 降低噪声的措施

针对不同的噪声源采取不同的措施。如:提高零件的加工精度和装配精度,以降低零件相互撞击的噪声;适当控制阀片升程,改善阀片的运动规律,以减少阀片冲击升程限制器和阀座间的冲击声;合理设计减振装置,在减振的同时也降低噪声;改进壳体形状,提高其刚度及自振频率;适当改变壳体尺寸,防止壳内气柱的共鸣;适当加厚钢板厚度;改变内部排气管的弯曲形状和支承。

由于气流脉动是重要的噪声源,且对压缩机性能有重要影响,因而降低气流脉动以降低噪声,改善压缩机性能是十分重要的。降低气流脉动的有效方法之一是在压缩机吸、排气口处设置消声器。图 2-117a 所示为一侧进气分置式扩大型消声器;两侧同时进气分置式扩大型消声器如图 2-117b 所示；整体式扩大型消声器如图 2-117c 所示，此时消声器与气缸铸在一起，用于制冷量很小的压缩机，如：冰箱用压缩机。脉动气流在扩大型消声器内多次扩大减压，降低了噪声。共鸣型消声器的腔体内开有一些小孔，使气流发生共鸣音频率来衰减气流声。图 2-117d 所示的共鸣型消声器适用于较大的机组，消声器用的材料应当厚一些。

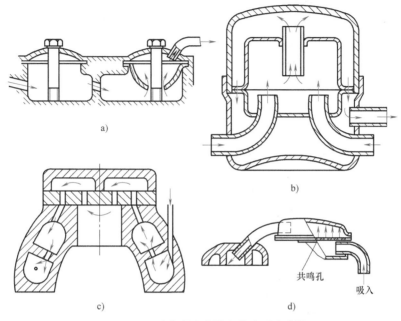

图 2-117 扩大型消声器和共鸣型消声器

在全封闭制冷压缩机中，还可以采取将内部排气管弹性支承于中部，以改变排气管的共振频率的办法（措施 A），或在机壳上局部增强，覆盖防振板，把吸排气管连接在机壳上刚度强的部分（措施 B），或增加机壳壁厚（措施 C）等，以降低噪声，其降噪效果如图 2-118 所示。

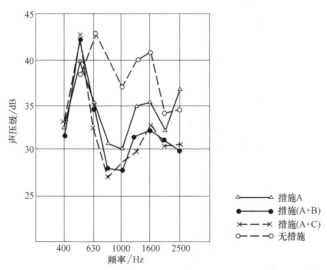

图 2-118 采取降低噪声措施的效果

2.9　安全保护

压缩机运转时，可能出现一些异常的情况，如排气压力过高、吸气压力太低、油压不足、电动机过热、过量液体进入气缸等。出现异常情况时，若没有保护措施，压缩机将会损坏。对压缩机采取的保护措施可分为四类：①防止液击；②压力保护；③内置电动机的保护；④温度保护。

1. 防止液击

进入气缸的液体太多，来不及从排气阀排出时，气缸内将出现液击，液击时产生的很高压力使气缸、活塞、连杆等零件损坏，因此需采取一系列保护措施。

（1）假盖　将气阀组件用一弹簧紧压在气缸端部，形成假盖。常见的假盖如图2-67、图2-88所示。缸内压力过高时，将排气阀顶起，液体泄出，缸内压力迅速降低。

图2-119所示假盖用于全封闭式压缩机。条形排气簧片阀的升程限制器用释压弹簧压在阀板上。缸内压力因液击升高时，升程限制器被顶起，使缸内

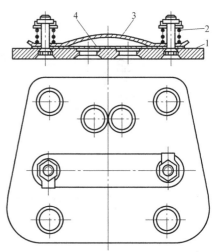

图2-119　带有释压作用的条形阀
1—阀板　2—释压弹簧　3—升程限制器
4—条形排气阀片

压力下降。液击消失后，释压弹簧将升程限制器压在阀板上，压缩机继续运转。

（2）油加热器　曲轴箱的润滑油溶有制冷剂，环境温度低时溶入量增加。压缩机起动时，曲轴箱内压力突然降低，大量制冷剂汽化，润滑油呈泡沫状并被吸入气缸，引起液击。用油加热器在起动前对润滑油加热，降低溶在润滑油中的制冷剂量是避免液击的有效措施。

通过油加热器的加热，降低了油内溶入的制冷剂，保证了油的品质；在低温起动时，加热使油的黏度降低，有利于起动。

（3）气液分离器　图2-120所示的气液分离器又称储液器。来自蒸发器的气液混合物在气液分离器内分离，气体从出口管的上部进入，从下部流出。分离出来的液体积存于分离器底部，其中的液体制冷剂受热汽化后进入出口管上部，不能汽化的润滑油从回流孔流入出口管再进入压缩机。

2. 压力保护

（1）吸、排气压力的控制　压缩机运转时，因系统的原因或压缩机本身的原因，可能出现排气压力过高或吸气压力过低的情况，为此需控制吸、排气压力。常见的控制器为高、低压力控制器，它由高压控制部分和低压控制

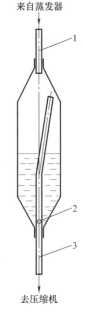

来自蒸发器

去压缩机

图2-120　气液分离器
（储液器）剖视图
1—入口管　2—回流孔　3—出口管

部分组成。当排气压力超过给定值时，高压控制部分动作，切断压缩机电源，压缩机停机；吸气压力低于给定值时，低压控制部分动作，切断压缩机电源，使其停机。压缩机停机时，还会同时发出声、光报警信号。

（2）安全阀　为防止制冷剂泄漏至大气，采用闭式安全阀（图2-121）。阀盘3的上侧承受排气压力，下侧承受吸气压力和弹簧4的弹力。排气压力过高时，阀盘3向下运动，打开阀座下部的侧向孔，高压气体经此侧孔及阀体5上的侧向孔流入吸气腔。排气压力低于规定值时，阀盘3在吸气压力和弹簧4的弹力作用下向上运动，关闭排气管。安全阀的开启压力用调节螺栓7调节。

（3）安全膜　在吸、排气腔之间安装安全膜片（图2-122）。排气压力差超过规定值时，膜片破裂，排气压力降低。滤网6用于捕捉破碎膜片，保护压缩机。

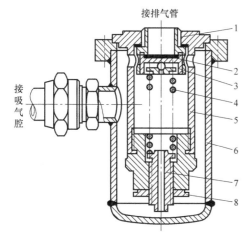

图 2-121　闭式安全阀

1—阀座　2—密封垫　3—阀盘　4—弹簧
5—阀体　6—外罩　7—调节螺栓　8—锁紧螺母

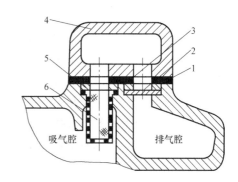

图 2-122　安全膜片

1—垫片　2—安全膜片　3—垫圈
4—盖板　5—垫片　6—滤网

（4）润滑油压差控制器　润滑油压差是油泵出口处油压与曲轴箱内油压之差。为保证压缩机运动部件的良好润滑，并保证有些压缩机输气量控制机构（如油缸拉杆控制机构）的正常动作，必须控制润滑油压差。为此，油泵入口与油泵出口分别与润滑油控制器上的低压入口和高压出口接通。当油泵出、入口之间的压力差过高或过低时，控制器动作，切断压缩机电源，电动机停止转动。

3. 内置电动机的保护

（1）过热　设计良好并在规定条件下运转的电动机，内部温度不会超过允许值，但电动机在过高或过低的电压下运转，或在高温环境下运转时，电动机内部温度会超过允许值，在频繁起动时，更会因起动电流过大使温度过高。为了电动机不过热，除了正确使用、注意维修外，还可安装过热继电器。过热继电器可装在绕组内部（图2-123a），称为内置温度继电器，或装在电动机外（图2-123b），称为外置温度-电流继电器。电动机内部温度超过规定值时，内置温度继电器的双金属片因变形而使触点跳开，电动机停止运转。电动机内的温度降到规定值以下时，触点复位，电路重新接通。

外置温度-电流继电器两个端子之间串联碟形双金属片和发热器。电动机内电流过大时，

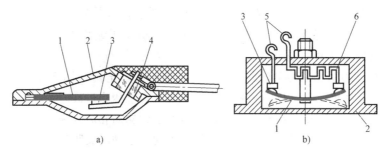

图 2-123 内置温度继电器及外置温度-电流继电器

1—双金属片 2—外壳 3—触点 4—绝缘体 5—端子 6—发热器

发热器对双金属片的加热使它处于图 2-123b 虚线位置，触点跳开，电动机停止转动。外置温度-电流继电器保护电动机，使它不会因电流过大而过热。但在有些场合，电动机的过热不是起因于电流过大，而是起因于流经电动机的低温气体不够，例如：因制冷系统受堵制冷剂循环量很小，电动机冷却极差导致内部过热，内置温度继电器在此时起保护电动机的作用。

（2）缺相 三相电动机缺相将导致电动机无法起动或过载。为保护电动机免遭缺相的损害，采用过载继电器（图 2-124），它由机械运动部分和电磁开关部分组成。机械运动部分（图 2-124a）有四个端子，两个在上，两个在下。上、下端子间装有发热器 3。缺相时，其他相的绕组超载电流流过发热器，双金属圆盘 2 受热变形，推动压板，进而使电磁开关上的过负荷继电器触点 8（图 2-124b）跳开，励磁线圈 7 中无电流，磁性接触器 6 不再闭合，电动机停止转动。过载继电器也用于正常的三相电动机，在电流过大时保护电动机。

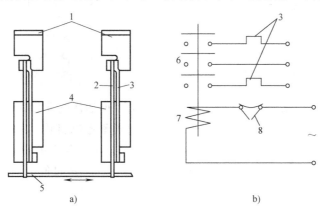

图 2-124 过载继电器

1—上端子 2—双金属圆盘 3—发热器 4—下端子 5—压板
6—磁性接触器 7—励磁线圈 8—过负荷继电器触点

（3）相间不平衡 相间不平衡电压导致三相不平衡电流。在电流最大的相中，温升增加的比例约为电压不平衡比例平方的两倍。例如：3% 的电压不平衡产生约 18% 的温升。保护电动机不出现相间不平衡的措施与缺相时采取的措施相同。

4. 温度保护

此处所说的温度是指排气温度和机壳温度。

（1）排气温度 排气温度过高导致制冷剂分解，绝缘材料老化，润滑油结炭，气阀损坏，还会使毛细管和干燥过滤器堵塞。保护方法主要用温控器感应排气温度，温控器应安放在靠近排气口处，排气温度过高时，温控器动作，切断电路。

若排气温度过高由热气旁通引起，则不宜采用停机的方法，应采用喷液冷却。

（2）机壳温度 机壳温度会影响压缩机的寿命。机壳温度过高可能起因于冷凝器的换热能力不足，所以应检查冷凝器的风量或水量、水温是否合适。制冷系统内混入空气或其他不凝性气体，冷凝压力就会上升，机壳过热；排气温度过高，机壳容易过热。此外，电动机过热也会使机壳过热。

避免机壳过热，保护压缩机的根本方法是正确处理上述各种问题，同时在机壳上安装温度保护器。最常使用的机壳温度保护器即图 2-123b 所示的外置温度-电流保护器。将它安放在机壳上合适的地方，机壳温度过高时，碟形双金属片感受机壳温度而变形，使电路中的触点跳开，压缩机停机。

思考题与习题

2-1 利用 p-V 图，说明往复式压缩机理论循环和实际循环的区别。

2-2 简述影响压缩机容积效率的四个系数及其计算方法。

2-3 将例 2-1 中的工质改为 R134a 后，完成热力性能计算（名义工况）。计算时取：$k = 1.11$；$m = 1.0$；$\Delta p_{sm}/p_1 = 0.05$；$\Delta p_{dm} = 0.10$。

2-4 往复式压缩机的驱动机构有哪几种？说明它们的工作原理。

2-5 简述气阀的主要结构形式及阀片运动时的合理性判据。

2-6 对封闭式压缩机内置电动机有哪些要求？

2-7 润滑油在压缩机中起什么作用？说明两种润滑油的供油方式。

2-8 往复式压缩机有哪些惯性力和惯性力矩？如何平衡？

2-9 简述往复式压缩机的噪声源和降低噪声水平的措施。

2-10 分析往复式压缩机的保护措施。

参 考 文 献

［1］ 吴业正，李红旗，张华. 制冷压缩机 ［M］. 2 版. 北京：机械工业出版社，2001.

［2］ 缪道平. 活塞式制冷压缩机 ［M］. 2 版. 北京：机械工业出版社，1992.

［3］ Riegger O K. Proc of the 1990 ICECP ［C］. West Lafayette：Purdue University，1990.

［4］ Riffe D R. Proc of the 1992 ICECP ［C］. West Lafayette：Purdue University，1992.

［5］ 吴业正. 小型制冷装置设计指导 ［M］. 北京：机械工业出版社，1998.

［6］ 金光熹，李玉斌. 新型往复压缩机磨损特性的实验研究 ［J］. 流体机械，1996，24（1）：3-5.

［7］ 单大可. 电冰箱和小型制冷机 ［M］. 北京：中国轻工业出版社，1987.

［8］ 川平睦羲. 封闭式制冷机 ［M］. 张友良，等译. 北京：中国轻工业出版社，1987.

［9］ 鱼剑琳，金立文. 无连杆往复压缩机的新发展 ［J］. 压缩机技术，1996（3）：3-8.

［10］ 郁永章，刘勇. 特种压缩机 ［M］. 北京：机械工业出版社，1989.

［11］ 王宜义，王军. 汽车空调 ［M］. 西安：西安交通大学出版社，1995.

［12］ O'Neill P A. Industrial Compressors：Theory and Equipment ［M］. Oxford：Butterworth-Heinemann Ltd，1993.

［13］ 马国远. 制冷压缩机及其应用［M］. 北京：中国建筑工业出版社，2008.

［14］ Joaquim R，Gustavo R，Carios D‐P，et al. Proc of ICECP［C］. West Lafayette：Purdue University，2004.

［15］ SÜss J. Proc of the 2002 ICECP［C］. West Lafayette：Purdue University，2002.

［16］ 杨德玺，俞炳丰. 二氧化碳跨临界压缩机研究进展［J］. 制冷与空调，2006，6（2）：1-8.

［17］ Li H，Rajewski T E. Proc of The IIR-Gustav Lorentzen Conference on Natural Working Fluids［C］.West Lafayette：Purdue University，2000.

［18］ 林梾，吴业正. 压缩机自动阀［M］. 西安：西安交通大学出版社，1991.

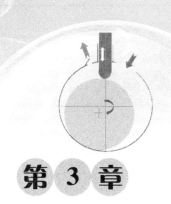

第 3 章

滚动转子式制冷压缩机

3.1 工作原理、结构特点及发展状况

　　滚动转子式压缩机（又称为滚动活塞压缩机）属于回转式压缩机，其历史十分悠久。20 世纪 60 年代以前，受到机械加工水平的限制，生产的滚动转子式压缩机与往复式压缩机相比并没有明显的竞争力。20 世纪 60 年代以后，精密加工技术的迅速发展，使得滚动转子式压缩机技术也逐渐完善起来，特别是在 20 世纪 70 年代以后在国内外有了很大的发展。由于滚动转子式压缩机简化了结构，完善了冷却、润滑系统，使其在小型制冷装置中具有很大的优越性，被广泛应用于家用空调器和小型商业制冷装置中。

3.1.1 工作原理

　　图 3-1 所示为滚动转子式制冷压缩机主要结构示意图，滚动转子式制冷压缩机主要由气缸、滚动转子、偏心轴、滑片和气缸两侧端盖等主要零部件组成。从图中可以看出，圆筒形气缸 2 的径向开设有吸气孔口和排气孔口，其中排气孔口上装有簧片排气阀。滚动转子 3 装在曲轴 4 上，转子沿气缸内壁滚动，与气缸间形成一个月牙形的工作腔，它的两端由气缸盖封着，构成压缩机的工作腔。滑片 7（又称滑动挡板）靠弹簧的作用力使其端部与转子紧密接触，将月牙形工作腔分隔为两部分，与吸气孔口相通的部分称为吸气腔，而另一侧称为压缩腔。滑片随转子的滚动沿滑片槽道做往复运动，端盖被安置在气缸两端，与气缸内壁、转子外壁、切点、滑片构成封闭的气缸容积，即基元容积，其容积大小随转子转角变化，容积内气体的压力则随基元容积的大小而改变，从而完成压缩机的工作过程，其工作原理如图 3-2 所示。

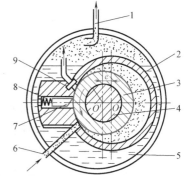

图 3-1　滚动转子式制冷压缩机
主要结构示意图

1—排气管　2—圆筒形气缸　3—滚动转子
4—曲轴　5—润滑油　6—吸气管
7—滑片　8—弹簧　9—排气阀

1. 几个特征角度及其对工作过程的影响

用 OO_1 的连线表示转子转角 θ 的位置，转子处于最上端位置时，气缸与转子的切点 T 在气缸内壁顶点，此时 $\theta = 0°$。图 3-3 所示为滚动转子式压缩机的几个特征角。

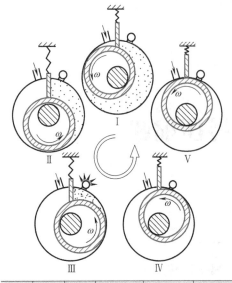

位置	I	II	III	IV	V
左侧	吸气	吸气	吸气	吸气	吸气结束
右侧	压缩	压缩	开始排气	排气结束	与左侧连通

图 3-2 滚动转子式压缩机工作原理

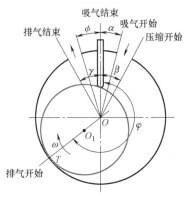

图 3-3 滚动转子式压缩机的
几个特征角

（1）吸气孔口后边缘角 α（顺时针方向）　可构成吸气封闭容积，$\theta = \alpha$ 时吸气开始，α 的大小影响吸气开始前吸气腔中的气体膨胀，造成过度低压或真空。

（2）吸气孔口前边缘角 β　它的存在会造成在压缩过程开始前吸入的气体向吸气口回流，导致输气量下降。为了减少 β 造成的不利影响，通常 $\beta = 30° \sim 35°$，$\theta = 2\pi + \beta$ 时压缩过程开始。

（3）排气孔口后边缘角 γ　它影响余隙容积的大小，$\theta = 4\pi - \gamma$ 时排气过程结束，通常 $\gamma = 30° \sim 35°$。

（4）排气孔口前边缘角 ϕ　构成排气封闭容积，造成气体的再度压缩，$\theta = 4\pi - \phi$ 时是再度压缩过程。

（5）排气开始角 φ　$\theta = 4\pi + \varphi$ 时开始排气，此时基元容积内气体压力略高于排气管中的压力，以克服排气阀阻力顶开排气阀片。

2. 工作过程

参看图 3-3 的工作过程示意图及图 3-4 所示的压力和容积随转子转角

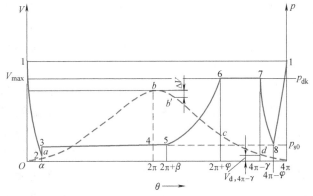

图 3-4 工作容积与气体压力随转角 θ 的变化

变化曲线。滚动转子式压缩机的工作过程如下：

1）转角 θ 从 $0°$ 转至 α，基元容积由零扩大且不与任何孔口相通，产生封闭容积，容积内气体膨胀，其压力低于吸气压力 p_{s0}，当 $\theta=\alpha$ 时与吸气孔口连通，容积内压力恢复为 p_{s0}，压力变化线为 1-2-3。

2）转角 θ 从 α 转至 2π 是吸气过程，$\theta=\alpha$ 时吸气开始，$\theta=2\pi$ 时吸气结束，此时基元容积最大为 V_{max}，容积随转角的变化线为 a-b。若不考虑吸气压力损失，则吸气压力线为水平线 3-4。

3）当转子开始第二转时，原来充满吸入蒸气的吸气腔成为压缩腔，但在 β 这个角度内，压缩腔与吸气口相通，因而在转角 θ 由 2π 转至 $2\pi+\beta$ 时产生吸气回流，吸气状态的气体倒流回吸气孔口，损失的容积为 ΔV，如曲线 b-b' 所示，吸气压力线 4-5 为水平线。

4）转角 θ 由 $2\pi+\beta$ 转至 $2\pi+\varphi$ 是压缩过程，此时基元容积逐渐减小，压力随之逐渐上升，直至达到排气压力 p_{dk}，如图 3-4 中的容积变化曲线 b'-c 及压力变化曲线 5-6 所示。

5）转角 θ 由 $2\pi+\varphi$ 转至 $4\pi-\gamma$ 是排气过程，排气结束时气缸内还残留有高温高压气体，其容积为 V_c，这是余隙容积，其压力为 p_{dk}（不计排气压力损失），容积变化线为 c-d，压力变化线为 6-7。

6）转角 θ 由 $4\pi-\gamma$ 转至 $4\pi-\phi$ 是余隙容积中的气体膨胀过程。余隙容积与其后的低压基元容积经排气口连通，余隙容积中高压气体膨胀至吸气压力 p_{s0}（压力变化线为 7-8），使其后的低压基元容积吸入的气体减少，而高压气体的膨胀功又无法回收。

7）转角 θ 由 $4\pi-\phi$ 转至 4π 是排气封闭容积的再度压缩过程，图 3-4 所示压力变化线为 8-1，工作腔内的压力急剧上升且超过排气压力 p_{dk}，为消除排气封闭容积的不利影响，往往将转角内气缸内圆切削出 $0.5\sim1\mathrm{mm}$ 的凹陷，使封闭容积与排气口相通。

综上所述看出：气体的吸气、压缩、排气过程是在转子的两转中完成的，但因转子切点与滑片两侧的两个腔同时进行吸气、压缩、排气的过程，故可以认为压缩机一个工作循环仍是在一转中完成的。

3.1.2 主要结构形式及其特点

从密闭方式来看，滚动转子式压缩机有电动机与压缩机共主轴且置于同一个密闭壳体内的全封闭式结构；主轴通过轴封装置伸出机体之外的开启式结构；半封闭式结构很少采用。小型全封闭式又有卧式和立式两种形式，前者多用于冰箱，但现在已经很少应用了，后者多用于房间空调器中。

滚动转子式压缩机的原理与结构的动画，可扫码观看。

一台较典型的立式全封闭滚动转子式压缩机结构如图 3-5 所示。压缩机构位于电动机的下方，制冷工质经储液器由机壳 8 下部的吸气管直接吸入气缸 1，以减少吸气的有害过热；储液器 12 起气液分离、储存制冷剂液体和润滑油及缓冲吸气压力脉动的作用；高压气体经消声器 3 排入机壳 8 内，再经电动机转子 6 和定子 7 间的气隙从机壳上部排出，并起到了冷却电动机的作用。润滑油在机壳底部，在离心力的作用下沿曲轴 5 的油道上升至各润滑点。气缸与机壳焊接在一起使之结构紧凑，用平衡块 13 消除不平衡的惯性力。滑片弹簧没有采用通常的圆柱形而采用圈形，使气缸结构更加紧凑。

图 3-6 所示为卧式全封闭滚动转子式压缩机结构剖视图，该机器最显著的特点是供油系统，其供油泵是由安装在主轴承上的吸油流体二极管 11、安装在辅轴承上的排油流体二极

管 9 及供油管 6 组成，润滑油借助滑片 8 的往复运动经吸油流体二极管 11 被吸入泵室，通过排油流体二极管 9 排入供油管 6 中，再进入曲轴 1 的轴向油道，通过径向分油孔供应到需要润滑的部位。流体二极管之所以能代替吸油（或排油）阀，是因为其反向流动阻力比正向流动阻力大，故在吸油行程大部分油沿吸油路径吸过来，另外，二极管是向机壳的底部张开，当油面很低时也能吸得进油，从而保证稳定的油量供应。

全封闭滚动转子式压缩机的特点是：圆环形主轴承与机壳焊接成一体，可以减少气缸的变形；排气消声器由辅轴承和用薄钢板制成的排气罩之间的空间构成，起屏蔽降噪作用。

从滚动转子式压缩机的结构及工作过程来看，它具有一系列的优点：①结构简单，零部件几何形状简单，便于加工及流水线生产；②体积小，重量轻，与同工况的往复式比较，体积可减少 40% ~ 50%，重量也可减少 40% ~ 50%；③因易损件少，故运转可靠；

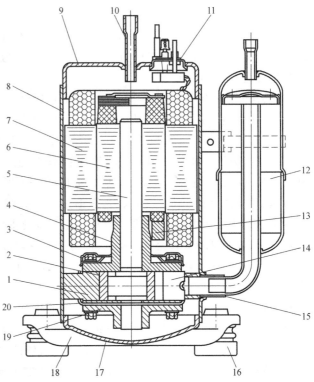

图 3-5　立式全封闭滚动转子式压缩机结构剖视图

1—气缸　2—滚动转子　3—消声器　4—上轴承座　5—曲轴　6—转子
7—定子　8—机壳　9—顶盖　10—排气管　11—接线柱　12—储液器
13—平衡块　14—滑片　15—吸气管　16—支承垫　17—底盖
18—支承架　19—下轴承座　20—滑片弹簧

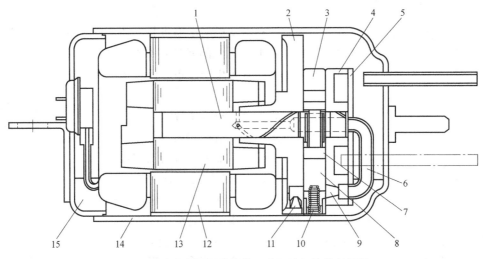

图 3-6　卧式全封闭滚动转子式压缩机结构剖视图

1—曲轴　2—主轴承座　3—气缸　4—辅轴承座　5—排气罩　6—供油管　7—滚动转子　8—滑片
9—排油流体二极管　10—弹簧　11—吸油流体二极管　12—定子　13—转子　14—机壳　15—润滑油

④效率高，因为没有吸气阀，故流动阻力小，且吸气过热小，所以在制冷量为3kW以下的场合使用时尤为突出。但是也有缺点，因为只利用了气缸的月牙形空间，所以气缸容积利用率低；因单缸的转矩峰值很大，故需要较大的飞轮矩；滑片做往复运动，依然是易损零件；还存在不平衡的旋转质量，需要平衡质量来平衡。

由于它的优点突出，使小型全封闭滚动转子式压缩机的应用越来越广泛。主要用于房间空调器和除湿机，其输入功率范围为2.2kW以下；双缸滚动转子式压缩机主要用于单元式空调机，其输入功率可以达到4.5kW；小型全封闭卧式滚动转子式压缩机主要用于小型制冷装置，其功率范围通常在375W以下。

3.1.3 发展状况

1. 交流变频滚动转子式压缩机

交流变频滚动转子式压缩机采用变频调速技术进行能量调节，使其制冷量与系统负荷协调变化，并使机组在各种负荷条件下都具有较高的能效比，这是1980年后出现的技术。这种调节方式具有节能、舒适、起动快速、温控精度高及易于实现自动控制等优点，受到世人瞩目。图3-7所示为交流变频全封闭滚动转子式制冷压缩机结构图。它与普通滚动转子式压缩机的区别是，由交流变频式电动机驱动曲轴旋转，依靠电源频率的变化使电动机的转速变化，从而达到连续调节制冷的目的。该机的频率变化范围是30~120Hz，转速范围在1600~6200r/min。为了适应转速高低不同的变化，压缩机在结构上给予了合理的改进：①电动机上下端面有平衡孔3和6，使得电动机转子上下部分达到最佳平衡状态，在曲轴的最下端配有平衡块14，可削弱中高转速范围的振动；②对曲轴进行了浸硫化氮表面处理，提高了曲轴的耐高压和耐磨性，以保证高速运转的可靠性；③采用共鸣式排气消声孔8与多重膨胀室式排气消声器12相结合，达到全频带的消声效果；④用磁铁16吸取润滑油中的铁类异物，以保护运动部分的可靠运转；⑤机壳用高张力的钢板制成，起到较好的隔声效果；⑥为了减少润滑油的循环量，设有回油管2，制冷剂蒸气经分离器、吸气管进入气缸，被压缩后经排气阀通过排气孔进入消声器和消声孔，再穿过电动机定子和转子的缝隙，有部分润滑油被分离出，经回油管流回机壳，高压制冷剂蒸气经排气管进入冷凝器。

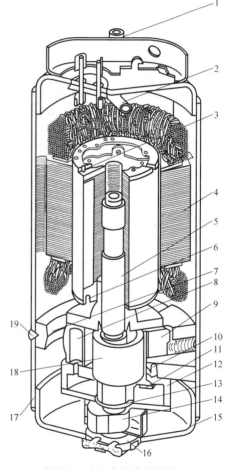

图3-7 交流变频全封闭滚动
转子式制冷压缩机结构图

1—排气管 2—回油管 3、6—平衡孔
4—变频电动机 5—曲轴 7—气缸
8、10—消声孔 9—滑片 11—排气阀
12—消声器 13—底座 14—平衡块
15—下盖 16—磁铁 17—机壳
18—滚动转子 19—焊接点

2. 直流调速滚动转子式压缩机

直流调速滚动转子式压缩机是 1990 年后出现的新技术，它具有运转损失小、输出效率高的特点，它与定速压缩机及交流变频压缩机的最大不同点在于电动机不同。机械部分与定速压缩机基本相同，只是在一些部件使用的材料、结构和固定方式上有所不同。由于高速运转时各部件运动速度及气流速度增加，出于可靠性的因素，滑片与排气阀片材料变为更耐磨的不锈钢材料；轴承根部则采用大冷量压缩机采用的柔性设计，即轴承环形槽设计，如图 3-8 所示。压缩机体的固定方式则有气缸固定、主轴承固定、机架固定三种。

直流调速电动机与定速电动机、交流变频电动机的区别在于定子和转子上，如图 3-9 所示。同样都为定子铁心绕线，但直流调速电动机的转子中嵌入磁铁，而定速电动机、交流变频电动机为笼型结构，即定子铁心绕线，转子铁心铸铝。直流调速电动机与交流变频电动机的区别还在驱动电路上，而定速电动机没有驱动电路。直流调速电动机转子与定子磁场转速相同，需确认转子转角位置，而交流变频电动机转子与定子磁场存在转差，无需转子转角位置的确认。

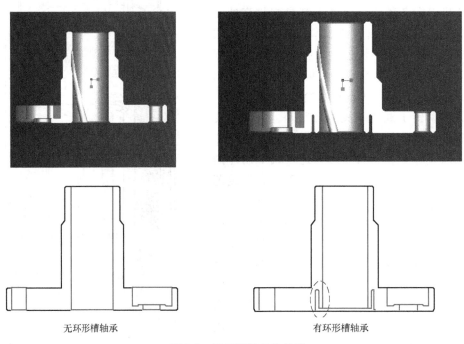

无环形槽轴承　　　　　　　　　　有环形槽轴承

图 3-8　环形槽轴承的设计

3. 双缸滚动转子式压缩机

双缸滚动转子式制冷压缩机的两个气缸相差 180°，且对称布置，可以使负荷转矩的变化趋于平缓，图 3-10 所示的单缸滚动转子式压缩机与双缸滚动转子式压缩机转矩变化曲线的比较中清楚地表明了这一点，因而双缸滚动转子式压缩机广泛用于较大功率场合。图 3-11 所示为双缸全封闭滚动转子式制冷压缩机结构图，曲轴 16 的两个偏心轴颈是 180° 对称配置，分别安装在两个偏心轴颈上的滚动转子 9 以相对于转角 180° 的相位差进行运动，即气体的压缩是以 180° 的相位差进行；两个气缸 13 和 15 中间用隔板 14 隔开，第一气缸 13 与电动机定子 3 热套在机壳 2 上，并将气缸与机壳用定位填孔焊固定；制冷剂气体从储液器进入

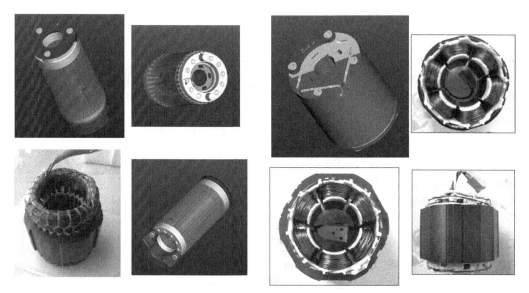

定速电动机(定子、转子)　　　　　　　直流调速电动机(定子、转子)

图 3-9　直流调速电动机与定速电动机定子和转子的区别

气缸上的吸气管再进入气缸，经各气缸压缩后汇流于排气消声器，再经电动机周围空间从排气管排出，机壳内部空间为高压区；第一气缸上装有制冷量调节阀，可使在气缸中被压缩的气体向吸入侧旁通，实现减负荷运行；润滑油通过曲轴下端的吸油管吸上来，经曲轴上的轴向油道及径向分油孔送至各个润滑部位，然后流回机壳底部。润滑油有一部分流到滚动转子端面和轴承端面之间形成气缸室的密封，而后一部分流入气缸内，形成气缸和滚动转子间的压缩室密封，一部分通过电动机上下空间与

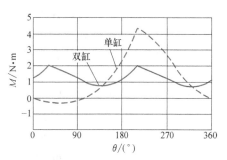

图 3-10　单缸与双缸滚动转子式
压缩机转矩变化曲线

气体分离流回机壳底部，还有极少未被分离的油与气体一起排出压缩机。

4. 提高压缩机的经济性及可靠性

借助电子计算机对压缩机工作过程的性能仿真，主要部件结构如轴承、滑片、滚动转子、排气阀等结构的特性分析，以及噪声和振动的仿真，可对压缩机的经济性和可靠性、噪声和振动进行预测，并通过完善这些预测手段，对满足各种要求的滚动转子式压缩机进行优化设计。在满足高效率、高可靠性及低噪声的同时，进一步开发体积更小、重量更轻、间隔更低且适合环境保护要求的新一代滚动转子式压缩机。

5. 对降低噪声提出更高的要求

为了减少由于滚动转子式压缩机与机壳焊接成整体结构带来对噪声的不利影响，首先从振动方面入手减少曲轴及轴承的振动，改进压缩机与机壳的连接系统，开发各种新型消声结构和排气阀等。往复式压缩机是由支承内部压缩机构的悬挂支承弹簧和壳体组成的双重结构，而滚动转子式压缩机则是内部压缩机构和壳体焊接在一起的整体壳体结构，因此从降低噪声角度看是不利的。然而通过对内部压缩机构及其与壳体的连接系统加以改进，已经出现了优于往复式压缩机的低噪声滚动转子式压缩机。

6. 天然工质滚动转子压缩机

随着国内外加快废除 CFCs 和替代 HCFC 等对大气臭氧层破坏和产生温室效应的制冷剂的步伐，开发采用对环境影响较小的新制冷剂压缩机势在必行。在这种情况下，包括 CO_2 和碳氢化合物在内的天然工质，由于其较高的环境友好性，得到越来越多人的研究。目前，利用 CO_2 和 R290 制冷剂的滚动转子式压缩机已投入市场。随着对应天然制冷剂的压缩机热力性能的计算、新型润滑油的开发、新制冷剂与润滑油的相溶性、电动机绝缘材料的改进和压缩机制造材料的选择的研究逐渐完善，采用天然制冷剂的滚动转子式压缩机的应用领域会更加广泛。

（1）CO_2 滚动转子式压缩机 CO_2 是一种优良的天然制冷剂，有优良的环保性（ODP = 0，GWP = 1）以及安全性（无毒、不可燃），但是由于 CO_2 的工作压力很高以及

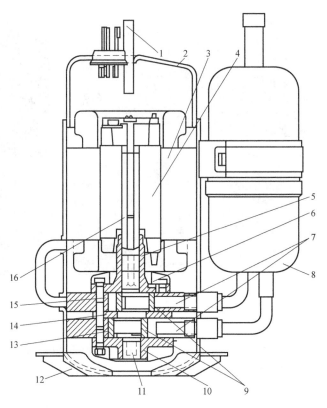

图 3-11 双缸全封闭滚动转子式制冷压缩机结构图
1—排气管 2—机壳 3—定子 4—转子 5—上轴承座
6—排气消声器 7—吸气管 8—储液缓冲器 9—滚动转子
10—下轴承座 11—吸油管 12—支承架 13—气缸1
14—中间隔板 15—气缸2 16—曲轴

CO_2 区别于常规制冷剂的一些独特性质，使得在研发 CO_2 滚动转子式压缩机时，要克服一些技术上的难点。图 3-12 所示为单级直流电动机 CO_2 滚动转子压缩机的结构图。

它和采用常规工质的滚动转子式压缩机的区别如下：

1）耐压结构。CO_2 作为制冷剂最显著的特性是有极高的工作压力，与此相对应的是 CO_2 滚动转子压缩机必须具有良好的耐压结构。例如，采用 CO_2 制冷剂的家用热泵热水器中的滚动转子式压缩机，其外壳厚度较家用空调器系统中 R410A 滚动转子式压缩机增加了约一倍。

2）密封性能。为了减少在高工作压力下气体的泄漏，CO_2 滚动转子式压缩机在结构上进行了优化：减小了滚动转子和气缸之间的间隙以减小泄漏通道的面积，从而减少气体泄漏量，提高压缩机运行的效率。

3）降低油循环率。在 CO_2 滚动转子式压缩机中，CO_2 气体的密度很大，因此大量的润滑油会被气体带到电动机上面的区域。为了避免这点，在电动机部位额外安装了一个电动机支架，上面开了许多竖直通道。因此电动机部分的气体流动的通道就得到了扩展，也就减少了被气体带到电动机上方润滑油的数量。

4）实现滑动的可靠性。CO_2 滚动转子式压缩机极高的工作压力对滑动部件的可靠性有着很大的影响。因此，滑片的布置形式和滑片的形状等都需要进行专门的研究和设计，使得滚动转子式压缩机滑动的耐久性得到保证。

（2）R290 滚动转子式压缩机 碳氢化合物作为 HCFC（如 R22）、HFC（如 R410A、R407C）的替代制冷剂，一直被业界所关注，目前研究应用最广的就是 R290（丙烷），其在空调器和冷藏/冷冻领域有着广泛的应用前景。目前，国内压缩机厂商已经有部分系列的 R290 滚动转子式压缩机产品并且成功推向市场。

虽然 R290 滚动转子式压缩机工作时不存在 CO_2 制冷剂的极高压力的问题，但是其具有可燃性，这是目前限制 R290 大规模推广应用的主要因素。因此，R290 的滚动转子式压缩机设计有一些值得注意的地方：

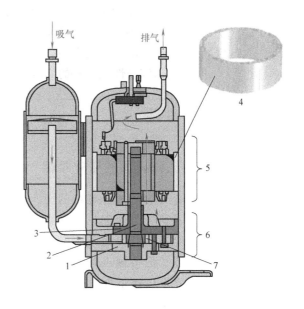

图 3-12 单级直流电动机 CO_2 滚动转子式压缩机的结构图

1—子轴承 2—曲轴 3—主轴承 4—电动机支架
5—无刷直流电动机 6—旋转压缩机构 7—滚动活塞

1）压缩机的优化设计。出于安全性的考虑，在保证性能的前提下，要尽可能实现减少制冷系统中 R290 的充注量。在压缩机设计时，针对壳体和空腔结构、电动机和泵体结构方面进行优化，以提高压缩机的效率，同时降低运转时滚动转子式压缩机内部的制冷剂量。

2）设计低油量的压缩机。在系统运转过程中，由于 R290 与润滑油的相溶性极好，压缩机中的制冷剂主要是溶解在润滑油中，这些溶解的制冷剂停滞在压缩机中，不会参与系统循环。因此，要减少压缩机内的制冷剂含量，首先要减少 R290 压缩机的润滑油量，也就是要设计低油量的滚动转子式压缩。滚动转子式压缩机在封入较少的润滑油时，压缩机油池内的油面会大幅降低，这时需要提升曲轴的供油能力和保证滑片的供油，

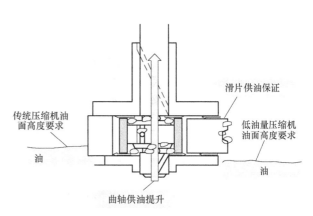

图 3-13 R290 滚动转子式压缩机的供油设计

实现滚动转子式压缩机在更低的油面状况下正常运行，并能实现润滑和供油的能力。图 3-13 所示为 R290 滚动转子式压缩机的供油设计。

3）润滑油的选择和开发。R290 与润滑油有着良好的互溶性，会使润滑油黏度下降，因

此，在选择滑油时，不仅要关注润滑油本身的黏度值，更应关注润滑油溶解了 R290 后的溶解黏度值，合适的溶解黏度值能提高压缩机的性能和延长压缩机的使用寿命。此外，不同的油品溶于 R290 的溶解度和溶解黏度也会影响到换热器的换热性能，因此，有必要开发出一款适用于 R290 制冷剂的综合性能优异的润滑油产品。

3.2 主要热力性能

3.2.1 气缸工作容积的变化规律

图 3-14 所示是滚动转子式压缩机的运动机构示意图。为了研究方便起见，做如下假定：①滑片只做上下往复运动；②不计滑片的厚度，与转子的接触点始终在坐标轴上移动；③不计排气阀下面排气孔所占的容积。

1. 滑片的运动规律

因为滑片将气缸分隔为吸气容积与排气容积两部分，所以滑片是构成气缸工作容积的主要零件，它的运动规律影响气缸工作容积的变化。

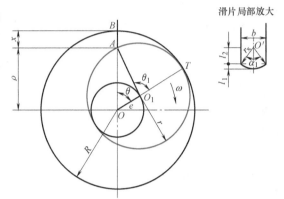

图 3-14　滚动转子式压缩机的运动机构示意图

将滑片的位移看成是接触点 A 离开最高位置点 B 的距离 x，如图 3-14 所示，连接 AB、AO_1、OO_1 的粗实线恰与往复式压缩机中的曲柄连杆机构相似，OO_1 是偏心距 e，相当于曲柄连杆机构中的曲柄半径，O 为旋转中心，O_1 相当于曲柄销中心，AO_1 是转子半径 r，相当于连杆大小头孔中心距，接触点 A 相当于连杆小头。当气缸内圆半径为 R 时，滑片位移为

$$x = R - \rho \tag{3-1}$$

其中，ρ 可由几何关系中求得，即

$$\rho = e\cos\theta + (r^2 - e^2\sin^2\theta)^{1/2}$$

式中　θ——曲柄转角，规定转子在最上端位置时的转角 $\theta = 0°$。

令 $e/r = \lambda$，$e/R = \tau$，经换算后得到滑片的位移为

$$x = R\tau\left(1 - \cos\theta + \frac{1}{2}\frac{\tau}{1-\tau}\sin^2\theta\right) \tag{3-2}$$

滑片的速度为

$$v = R\tau\omega\left(\sin\theta + \frac{1}{2}\frac{\tau}{1-\tau}\sin 2\theta\right) \tag{3-3}$$

滑片的加速度为

$$a = R\tau\omega^2\left(\cos\theta + \frac{\tau}{1-\tau}\cos 2\theta\right) \tag{3-4}$$

式中　ω——转子的角速度，$\omega = 2\pi n/60$，单位为 rad/s；
　　　n——转子的转速，单位为 r/min。

2. 气缸容积变化规律

气缸工作容积 V_p 应是气缸内壁与转子外圆间形成的月牙形面积 A_p 与转子长度 L 的乘积，由图 3-14 的几何关系可知

$$V_p = \pi(R^2 - r^2)L \tag{3-5}$$

因为滑片将气缸工作容积 V_p 分为吸气容积 V_s 和压缩容积 V_d 两部分，而 V_s 和 V_d 均随转角 θ 在变化，这里

$$V_s = A_s L \tag{3-6}$$

$$A_s = \frac{1}{2}R^2 e(2-\tau)\theta + R^2 e\left[(1-\tau)\sin\theta + \frac{1}{4}\tau\sin2\theta\right] - \frac{1}{2}A_x \tag{3-7}$$

式中　A_x——伸入气缸中的滑片所占据的面积，若不计滑片的厚度，$A_x = 0$，考虑滑片的厚度时 $A_x = b\left(x - 2r_x\sin^2\dfrac{\alpha_1}{4}\right) + \dfrac{1}{2}r_x^2(\alpha_1 - \sin\alpha_1)$。

因为

$$V_p = V_s + V_d$$

所以压缩容积 V_d 应为

$$V_d = V_p - V_s \tag{3-8}$$

按照式（3-6）和式（3-8）可求出 V_s 和 V_d 随转角 θ 的变化。图 3-15 所示为量纲一的值 $V_s/(R^2L)$ 和 $V_d/(R^2L)$ 的变化曲线。可以看出：①转角 θ 在 0°~30° 及 330°~360° 范围内，V_s 和 V_d 随转角 θ 的变化极小，变化值大约仅有气缸工作容积的 0.5%，因此滚动转子式压缩机的余隙容积很小；②应该使进排气口尽量接近气缸顶端，孔口宽度不宜过大，吸气口前边缘角及排气口后边缘角在 30°~35° 范围时对输

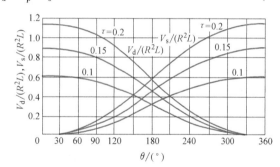

图 3-15　吸气容积与压缩容积变化曲线

气量的影响不明显；③相对偏心距 τ 越大，$V_s/(R^2L)$ 和 $V_d/(R^2L)$ 的值越大，说明气缸利用率越高。

3.2.2　输气量及其影响因素

滚动转子式压缩机的理论容积输气量应为气缸工作容积与转速的乘积，即

$$q_{Vt} = 60nV_p \tag{3-9}$$

式中　q_{Vt}——理论容积输气量，单位为 m^3/h；

　　　　n——转速，单位为 r/min。

滚动转子式压缩机的实际容积输气量也可用往复式压缩机的方法表示为

$$q_{Va} = \eta_V q_{Vt} \tag{3-10}$$

$$\eta_V = \lambda_V \lambda_p \lambda_T \lambda_1 \lambda_h \tag{3-11}$$

式中　q_{Va}——实际容积输气量，单位为 m^3/h；

η_V——容积效率，表征气缸工作容积的利用程度，反映由于余隙容积、吸气阻力、吸气加热、气体泄漏和吸气回流造成的容积损失，用式（3-11）计算。

1. 容积系数 λ_V

滚动转子式压缩机的余隙容积由三部分组成：①转子与气缸的切点 T 达到 $4\pi-\gamma$ 位置时，存有高压气体的气缸容积 V_c；②排气阀下方排气孔的容积；③排气孔入口处气缸被削去部分的容积。由于排气孔口具有一定的宽度和排气阀占据的空间，在气缸内形成余隙容积，当转角 θ 转至 $4\pi-\gamma$ 时，余隙容积与其后处于吸气的基元容积经排气孔口连通，余隙容积内残留的高压气体膨胀，使吸入的新鲜气体减少，同往复式压缩机一样也用容积系数表示余隙容积对输气量的影响，则

$$\lambda_V = 1 - c\left[\left(\frac{p_{dk}}{p_{s0}}\right)^{\frac{1}{\kappa}} - 1\right] \tag{3-12}$$

与往复式压缩机有所不同的是：滚动转子式压缩机的膨胀过程在 $4\pi-\gamma$ 至 $4\pi-\phi$ 的极短时间内完成，加之制冷工况的压力比较高，可认为膨胀过程是绝热的，膨胀过程指数为 κ，且相对余隙 c 较往复式压缩机小得多，因而 λ_V 的值比往复式压缩机大。

2. 压力系数 λ_p

压力系数表征吸气压力损失对输气量造成的影响。由于滚动转子式压缩机没有吸气阀，吸气压力损失 Δp_s 很小，$\Delta p_s/p_{s0}$ 大约为 0.005，故通常认为 λ_p 近似等于 1。

3. 温度系数 λ_T

温度系数反映由于吸入气体被加热造成输气量的减少。滚动转子式制冷压缩机通常是放置在全封闭的机壳中，尽管吸气管直接接至气缸，但因气缸和吸气管处于高温高压的机壳中，其温度依然较高，故吸入的新鲜气体被加热，加热后气体的比体积增加，使得压缩过程开始时，压缩腔内气体的体积折算到吸气状态时便有所减少，造成损失。通常，当压缩比 $\varepsilon = 2 \sim 8$ 时，$\lambda_T = 0.95 \sim 0.82$，压缩比高时取下限。

4. 泄漏系数 λ_l

泄漏系数表征气缸中气体泄漏对输气量造成的影响。滚动转子式压缩机的泄漏途径有：①通过转子和气缸切点间隙及滑片和转子接触点间隙产生的压缩腔气体向吸气腔泄漏；②通过滚动转子两端面间隙产生的高压腔气体向低压腔泄漏；③通过滑片两端面间隙产生的高压腔向低压腔泄漏。这些泄漏途径的泄漏间隙总长度较往复式压缩机的长，所以泄漏系数比往复式压缩机小，是影响输气量的主要因素。滚动转子式压缩机泄漏量的计算是目前研究的热点，通常采用流经孔板的流动计算泄漏途径①的泄漏量，采用流经两平板间夹缝的流动计算泄漏途径②、③的泄漏量。泄漏量的多少受转速和密封间隙的影响很大，转速越高，泄漏量越少，泄漏系数越大；密封间隙越小，泄漏量越少，泄漏系数越大。从试验结果知道，转速为 3000r/min 时，λ_l 在 $0.82 \sim 0.92$ 范围内；转速为 1500r/min 时，λ_l 在 $0.75 \sim 0.88$ 范围内。通常径向间隙取气缸直径的千分之一至千分之二，端面间隙为 $0.10 \sim 0.15$mm。

影响泄漏量的其他因素还有油的黏度、油量的多少、构成压缩腔零部件的表面粗糙度及运行中这些零部件的受力变形和热变形等。

5. 回流系数 λ_h

回流使输气量减少。但是，因为 β 仅有 $30° \sim 35°$，其间的容积变化很小，所以回流系数

可近似取为 1。

滚动转子式压缩机的容积效率除上述计算方法外，还可以通过对压缩机在给定工况下，实际工质流量的测定直接求出，或者利用有关经验公式予以估算。滚动转子式压缩机的容积效率比往复式压缩机大，其值在 0.7~0.9 范围内，空调器用的滚动转子式压缩机可达 0.9 以上。

3.2.3 压缩过程

滚动转子式压缩机的吸气、压缩、排气等工作过程是在转子旋转两圈中完成的，压缩过程是在转子转至吸气口前边缘时开始，即在 $\theta = 2\pi + \beta$ 时开始压缩，压缩过程期间容积与压力的关系应满足过程方程，设定压缩过程指数为多方指数 n，则有

$$p_\theta V_\theta^n = p_{s0} V_\beta^n \tag{3-13}$$

式中 V_θ——转角为 θ 时的基元容积值，单位为 m^3；

V_β——压缩开始瞬时（$\theta = 2\pi + \beta$）的基元容积值，单位为 m^3；

p_θ——转角为 θ 时基元容积内的气体压力值，单位为 MPa；

p_{s0}——吸气压力，单位为 MPa。

因此，对应于转角 θ 的气体压力为

$$p_\theta = p_{s0}\left(\frac{V_\beta}{V_\theta}\right)^n \tag{3-14}$$

根据式（3-6）、式（3-7）、式（3-8）和式（3-14），经运算后得到

$$p_\theta = p_{s0}\left[\frac{(2-\tau)(\pi-0.5\beta)+(1-\tau)\sin\beta+0.25\tau\sin2\beta}{(2-\tau)(\pi-0.5\theta)+(1-\tau)\sin\theta+0.25\tau\sin2\theta}\right]^n \tag{3-15}$$

随着转角 θ 的增加，压缩容积内的气体压力 p_θ 增加，压力和容积随转角的变化曲线如图 3-4 所示，在不计排气阀阻力的情况下，气体压力 p_θ 等于排气压力 p_{dk} 时，排气阀打开，开始排气过程，此时对应的转角 θ 为排气开始角 φ，可用式（3-15）通过试凑法求出。

3.2.4 功率及效率

滚动转子式压缩机的功率及效率的定义与物理意义和往复式压缩机一样，但是在计算式和效率的数值上略有出入。

1. 等熵功率

等熵功率 P_{ts} 单位为 kW，其计算式可表示为

$$P_{ts} = \frac{q_{ma}(h_{dk}-h_{s0})}{3600}$$

$$q_{ma} = \frac{q_{Va}}{v_{s0}} \tag{3-16}$$

式中 h_{s0}——压缩机吸气状态下气体的比焓，单位为 kJ/kg；

h_{dk}——压缩机排气状态下气体的比焓，单位为 kJ/kg；

q_{ma}——实际质量输气量，单位为 kg/h；

q_{Va}——实际容积输气量，单位为 m^3/h；

v_{s0}——压缩机吸气状态下气体的比体积，单位为 m^3/kg。

2. 指示功率及指示效率

指示功率 P_i 单位为 kW，它可表示为

$$P_i = \frac{P_{ts}}{\eta_i} \tag{3-17}$$

$$\eta_i = \frac{\lambda_T \lambda_1 \frac{\kappa}{\kappa-1}\left(\varepsilon^{\frac{\kappa-1}{\kappa}}-1\right)}{\frac{n}{n-1}\left(\varepsilon'^{\frac{n-1}{n}}-1\right)} \tag{3-18}$$

式中　η_i——指示效率，它反映了滚动转子式压缩机中的气体流动损失、热交换损失及泄漏损失；

　　　ε——压缩比，$\varepsilon = p_{dk}/p_{s0}$；

　　　ε'——实际压缩比，$\varepsilon' = (p_{dk}+\Delta p_d)/(p_{s0}-\Delta p_s)$；

　　　κ——等熵指数；

　　　n——多方压缩过程指数。

3. 机械效率 η_m

机械效率反映了机械摩擦损失的大小，其中包括滑动轴承摩擦损失、滑片运动摩擦损失、惯性力不平衡产生的附加损失及机构损失（诸如油泵供油耗功可计入机构损失）等。机械效率的高低主要取决于油和制冷剂的黏度及运动副的间隙值，很难给出计算表达式。通常对于中温全封闭滚动转子式压缩机，$\eta_m = 0.75 \sim 0.85$；而冰箱用滚动转子式压缩机，$\eta_m = 0.40 \sim 0.70$。

4. 电动机效率 η_{mo} 及电效率 η_{el}

全封闭滚动转子式压缩机电动机效率反映电动机的损失，即反映电动机转子的铁损、定子绕组的铜损和风损，这些损失与电动机原始设计参数有关，也与电动机运行工况、冷却介质、安装结构有关，通常 η_{mo} 可在下列范围内选取：小冰箱的 $\eta_{mo} \leq 0.65$，商用制冷机的 $\eta_{mo} \leq 0.8$。电效率 η_{el} 反映电动机输入功在压缩机中利用的完善程度。全封闭滚动转子式压缩机的电效率比较低，通常 η_{el} 在 $0.4 \sim 0.55$ 的范围内。图 3-16 所示为不同制冷量时电效率与压缩比的变化关系，制冷

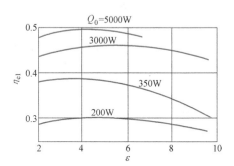

图 3-16　不同制冷量时电效率
与压缩比的变化关系

量大则电效率要高些，同一制冷量下存在与较高电效率相对应的最佳压缩比。确定了电效率后即可计算压缩机所需的功率。但选配内置电动机时不应按实际所需功率的大小来选配，而应考虑内置电动机有一定的过载能力的特点，所选配电动机的名义功率比实际所需功率要小些。

为了清楚地说明功率损失情况，给出了图 3-17，它是经计算得出的某空调用立式滚动转子式压缩机各部分功率消耗的比例分配关系。

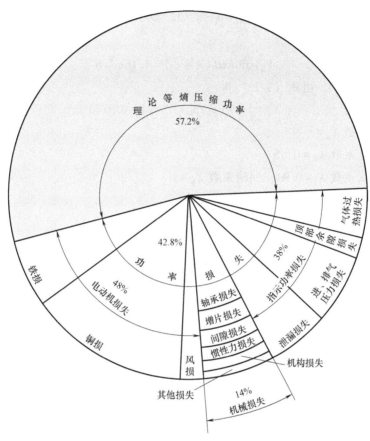

图 3-17　功率损失分配比例

3.2.5　热力计算举例

例　试计算一台滚动转子式压缩机在高温工况下的制冷量、压缩机功率和 COP 值。

（1）主要结构参数　气缸直径 $D=0.054\mathrm{m}$；气缸高度 $L=0.0293\mathrm{m}$；转子直径 $D_2=0.04364\mathrm{m}$；相对余隙容积 $c=1.2\%$；转速 $n=2980\mathrm{r/min}$。

（2）制冷剂的选取　使用制冷剂 R22。

（3）计算工况　参考 GB/T 15765—2014《房间空气调节器用全封闭型电动机—压缩机》的工况为蒸发温度 7.2℃，冷凝温度 54.4℃，吸气温度 18.3℃，液体温度 46.1℃。

（4）制冷循环各点参数　在计算工况下，制冷循环各点参数值见下表。

参数	$t_0/$ ℃	$t_k/$ ℃	$t_1'/$ ℃	$t_4'/$ ℃	$p_0(=p_{s0})/$ MPa	$p_k(=p_{dk})/$ MPa	$h_1'/$ (kJ/kg)	$h_2'/$ (kJ/kg)	$h_4'/$ (kJ/kg)	$v_1'/$ (m³/kg)	$v_2'/$ (m³/kg)
高温工况	7.2	54.4	18.3	46.1	0.625	2.146	416.07	448.86	257.89	0.0401	0.0130

（5）热力计算

1）单位制冷量 q_0

$$q_0=h_1'-h_4'=158.18\mathrm{kJ/kg}$$

2）单位理论功 w_{ts}

$$w_{ts} = h_2' - h_1' = 32.79 \text{kJ/kg}$$

3）理论输气量 V_h

$$V_h = 60n\pi L(R^2 - r^2) = 4.16 \text{m}^3/\text{h}$$

4）取 $\kappa = 1.194$，由式（3-12）得

$$\lambda_V = 1 - c\left[(p_k/p_0)^{1/\kappa} - 1\right] = 0.9783$$

5）压力系数 $\lambda_p = 1$

6）取温度系数 $\lambda_T = 0.85$

7）取泄漏系数 $\lambda_1 = 0.94$，回流系数 $\lambda_h = 1$

8）容积效率 η_V

$$\eta_V = \lambda_V \lambda_p \lambda_T \lambda_1 \lambda_h = 0.7817$$

9）压缩比 ε

$$\varepsilon = p_k/p_0 = 3.43$$

10）质量输气量 q_m

$$q_m = \eta_V V_h / v_1' = 2.25 \times 10^{-2} \text{kg/s}$$

11）制冷量 Φ_0

$$\Phi_0 = q_m q_0 = 3.56 \text{kW}$$

12）等熵功率 P_{ts}

$$P_{ts} = q_m w_{ts} = 738 \text{W}$$

13）取 $\kappa = 1.194$，$\Delta p_s = 0$，$\Delta p_d = 0.1 p_{dk}$

由式（3-18），则

$$n = \frac{\ln(p_k/p_0)}{\ln(v_1'/v_2')} = 1.095$$

$$\varepsilon' = \frac{p_{dk} + \Delta p_d}{p_{s0} - \Delta p_s} = 3.777$$

$$\eta_i = \frac{\lambda_T \lambda_1 \dfrac{\kappa}{\kappa-1}\left(\varepsilon^{\frac{\kappa-1}{\kappa}} - 1\right)}{\dfrac{n}{n-1}\left(\varepsilon'^{\frac{n-1}{n}} - 1\right)} = 0.774$$

14）取机械效率 $\eta_m = 0.95$

15）取电动机效率 $\eta_{mo} = 0.78$

16）电效率 η_{el}

$$\eta_{el} = \eta_i \eta_m \eta_{mo} = 0.574$$

17）输入电功率 P_{el}

$$P_{el} = P_{ts}/\eta_{el} = 1285 \text{W}$$

18）COP 值

$$\text{COP} = \Phi_0/P_{el} = 2.8$$

3.3 动力学分析及主要结构参数

本节通过分析作用于滚动转子式压缩机主要运动部件上的力及力矩随转角的变化规律，为校核零部件强度和刚度及确定轴承负荷提供依据；为使压缩机运转平稳，对飞轮矩及平衡质量也进行了探讨。

滚动转子式压缩机主要运动部件有滚动转子、主轴和滑片，作用力主要有气体力、摩擦力、偏心转子的惯性力，还有滑片的惯性力、滑片弹簧力等，重力可以忽略。

3.3.1 转子的受力分析

1. 气体力

气体力是指气体压力作用于气缸及端盖的内表面、转子的外表面、滑片的两侧面及下部端面所产生的作用力。滚动转子所受气体力如图 3-18 所示，作用于 AA' 和 TT' 弧段上的气体力是互相抵消的，作用于 AT 弧段上的气体压力是压缩腔压力 p_θ，作用于 $A'T'$ 弧段上的气体压力是吸气腔压力 p_{s0}，故气体力的作用方向由 AT 侧指向 $A'T'$ 侧，即合力 F_g 指向吸气腔，其作用结果是产生轴承负荷并使转子弯曲。合力的大小为

$$F_g = L_1 L(p_\theta - p_{s0})$$

式中 L——转子的轴向长度。

L_1 由图 3-18 的几何关系中得到，即

$$L_1 = 2r\sin\frac{\theta_1}{2}$$

根据 θ_1 和 θ 的函数关系，可得到

$$L_1 = R(1-\tau)\sqrt{2(1-\cos\theta) + \frac{\tau}{1-\tau}(1-\cos 2\theta)}$$

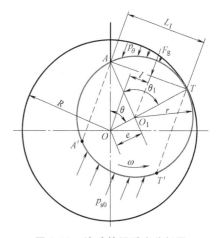

图 3-18 滚动转子受力分析图

于是合力为

$$F_g = RL(1-\tau)(p_\theta - p_{s0})\sqrt{2(1-\cos\theta) + \frac{\tau}{1-\tau}(1-\cos 2\theta)} \quad (3-19)$$

根据式（3-19）计算得到的 F_g-θ 曲线如图 3-19 所示，气体力合力的峰值在排气开始时出现，用该曲线可以确定轴承的最大负荷及转子的最大弯矩。

2. 阻力矩

由图 3-18 中看出，因为气体力合力的作用线不通过旋转中心 O，而是通过转子几何中心 O_1 至 AT 的垂线，它距旋转中心的距离为 l，因此构成力矩 M_g，该力矩的方向与压缩机的旋转方向相反，是压缩机阻力矩的主要组成部分，其单位为 N·m；转子与气缸之间还存在旋转摩擦力，因该力对旋转中心产生旋转摩擦矩 M_f，其方向也是逆旋转方向，故也是阻力矩的组成部分。

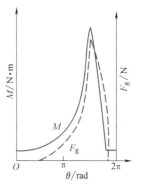

图 3-19 作用于滚动转子上的气体力合力及阻力矩随转角的变化曲线

阻力矩 M 可表示为

$$M = M_g + M_f \tag{3-20}$$

综上看出，虽然 M_f 为定值，但是 M_g 是转角 θ 的函数，所以阻力矩依然随转角 θ 在变化，正如图 3-19 所示，其峰值也是出现在排气开始之时。

图 3-19 中阻力矩曲线 $M\text{-}\theta$ 与横坐标间所围面积代表电动机旋转一圈对压缩机做的功，当测得 $M\text{-}\theta$ 曲线时，可用曲线所围面积 A 来计算压缩机的轴功率 P_e，即

$$P_e = \frac{A m_\theta m_f n}{60 \times 10^3} \tag{3-21}$$

式中　P_e——轴功率，单位为 kW；

A——曲线 $M\text{-}\theta$ 所围面积，单位为 mm^2；

m_θ——横坐标比例尺，单位为 rad/mm；

m_f——纵坐标比例尺，单位为 N/mm。

3. 飞轮矩

滚动转子式压缩机的驱动力矩 M_d 通常是常量，但阻力矩随转角在变化，因此瞬时的驱动力矩与阻力矩并不相等，从而使曲轴产生角加速度 a_ε，并满足

$$M_d - M = J a_\varepsilon \tag{3-22}$$

式中　J——旋转质量惯性矩，单位为 $kg \cdot m^2$。

曲轴角加速度的存在会导致曲轴旋转速度的不均匀，引起曲轴的振动乃至机体和机壳的振动，欲使压缩机运转平稳，就应尽量减少角加速度，这就需要通过加大 J 来解决，通常要求旋转不均匀度 $\delta \leqslant 1/100$。

4. 旋转惯性力及力矩的平衡

由于滚动转子对旋转中心存在偏心距，故转子旋转时产生旋转惯性力，其大小不变而方向指向偏心方向且随转子旋转，可以采用平衡质量加以平衡。

图 3-20a 所示为单缸机旋转惯性力及力矩的平衡方法，转子的偏心质量为 m_x，偏心距为 r_x，旋转惯性力 F_{rx} 为

$$F_{rx} = m_x r_x \omega^2 \tag{3-23}$$

若平衡质量加在电动机转子的一侧，则会产生不平衡力矩，因而平衡质量应加装在电动机转子的两端，从而保证既可消除不平衡力，又不产生不平衡力矩，也就是应该满足

$$\left.\begin{aligned}
F'_{rx} &= F_{rx} + F''_{rx} \\
F''_{rx} b &= F_{rx} a \\
F'_{rx} &= m'_{x0} r'_{x0} \omega^2 \\
F''_{rx} &= m''_{x0} r''_{x0} \omega^2
\end{aligned}\right\} \tag{3-24}$$

根据式（3-24）可求得两块平衡质量分别为

$$\left.\begin{aligned}
m''_{x0} &= m_x \frac{r_x}{r''_{x0}} \frac{a}{b} \\
m'_{x0} &= m_x \frac{r_x}{r'_{x0}} \left(1 + \frac{a}{b}\right)
\end{aligned}\right\} \tag{3-25}$$

双缸机的平衡方法如图 3-20b 所示，静平衡应满足

$$m_1 r_1 + m_4 r_4 = m_2 r_2 + m_3 r_3 \qquad (3\text{-}26)$$

动平衡应满足

$$m_1 r_1 L_1 \omega^2 + m_3 r_3 L_3 \omega^2 = m_2 r_2 L_2 \omega^2 + m_4 r_4 L_4 \omega^2 \qquad (3\text{-}27)$$

因为
$$m_1 r_1 = m_2 r_2$$
$$m_3 r_3 = m_4 r_4$$

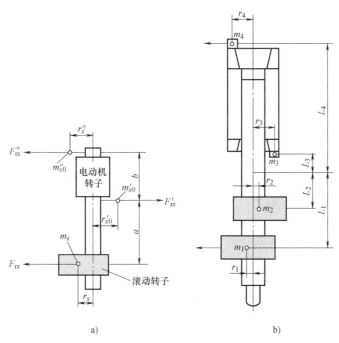

图 3-20 单缸机旋转惯性力及力矩的平衡方法

a）单缸机的平衡 b）双缸机的平衡

所以平衡块只需用于补偿两个转子偏心质量的位置差异所产生的力矩，故质量很小，其平衡质量为

$$m_3 = m_4 = \frac{m_1 r_1 (L_1 - L_2)}{r_3 (L_4 - L_3)} \qquad (3\text{-}28)$$

3.3.2 滑片的受力分析

1. 气体力

作用于滑片两侧面的气体压力差与滑片侧面面积的乘积形成气体力，它使滑片承受弯曲载荷而产生变形。其值为

$$F_g = xL(p_\theta - p_{s0}) \qquad (3\text{-}29)$$

式中 x——滑片伸入气缸中的长度，也就是滑片的往复位移，可用式（3-2）计算。

由式（3-29）可看出，作用于滑片上的气体力随转角而变化，作用方向由高压侧指向低压侧。

2. 纵向作用力

从图 3-21 看出，滑片承受的纵向作用力有滑片弹簧力 F_s、滑片往复运

图 3-21 滑片承受的纵向作用力

动惯性力 F_j、作用于滑片下部端面气体压力产生的气体力、滑片上部与机壳相通造成的背压力 p_b 产生的气体力等。

为了保证滑片始终与滚动转子接触，滑片弹簧的弹簧力必须满足

$$F_s > \frac{1}{2}Lb(p_\theta - p_{s0}) - Lbp_b - F_j \tag{3-30}$$

式中，右边第一项是滑片下部端面气体力，近似认为下部端面的气体压力 p_θ 和 p_{s0} 的作用各占一半，气体力的大小随转角而变化；第二项是背压力产生的气体力，背压力 p_b 的值与压缩机的结构有关，机壳为吸气压力时，p_b 等于 p_{s0}，机壳为排气压力时，p_b 等于 p_{dk}，滑片上部空间自成封闭空间时，在滑片侧面开一道槽，使滑片在上部空间某一转角范围内与气缸的压缩腔相通，则 p_b 等于某一常值压力 $p_{\theta=180°}$，p_b 越高，所需弹簧力越小，弹簧和气缸外形尺寸可以越小；第三项是往复惯性力 F_j，它的大小和方向均随转角而变化，当 F_j 的方向向上时，会造成滑片脱离转子的倾向，由于滑片的重量较轻，故惯性力的值不大，往往可以忽略。

另外还有滑片与滑片槽间的往复摩擦力及滑片与转子间的切向摩擦力，前者阻止滑片的往复运动，但数值很小，后者对滑片产生弯矩，但也很小。

3.3.3　主要结构参数

滚动转子式压缩机的主要结构参数有：气缸直径 D、气缸（或转子）的轴向长度 L、转子偏心距 e 及相对气缸长度 $\mu = L/D$。

1. 主要结构参数间的关系

由式（3-5）可推出气缸直径 D 的表达式为

$$D = \left[\frac{4V_p}{\pi\mu\tau(2-\tau)}\right]^{\frac{1}{3}} \tag{3-31}$$

上式反映了气缸直径 D 与量纲为一的参量 μ 和 τ 间的关系，相对偏心距 τ 的大小决定了气缸与转子直径比，相对气缸长度 μ 值决定了气缸的长径比，当已确定了压缩机的设计工况和制冷量时，通过热力计算可以求出压缩机的理论输气量，进而计算出气缸工作容积，再根据选取的 μ 和 τ 值，就可以得到所需要的气缸直径了。

2. 相对偏心距 τ 和相对气缸长度 μ 对压缩机性能的影响

相对偏心距和相对气缸长度对压缩机性能的影响主要表现在滚动转子和滑片受力的变化及压缩腔向吸气腔泄漏量的变化。μ 值大说明气缸的长度相对来说较长，因转子所受到的气体力 F_g 和滑片侧面所受到的气体力 F_{gl} 均与气缸长度 L 成正比，所以 F_g 和 F_{gl} 均随 μ 值的增加而增加，气体通过气缸和转子切点间隙及滑片和转子接触点间隙的周向泄漏也与气缸的轴向长度成正比，因此 μ 值越大，泄漏量越大。相对偏心距 τ 影响气缸的有效利用率，从气缸容积 V 与气缸工作容积 V_p 之比 B 的表达式可以清楚地看出，即

$$B = \frac{V}{V_p} = \frac{\pi R^2 L}{\pi(R^2 - r^2)L} = \frac{1}{\tau(2-\tau)}$$

τ 越大，B 值越小，即气缸有效利用率越高；另外，τ 值也影响气体力的大小，τ 值大说明偏心距大，则滑片的行程长，作用于滑片上的气体力就增加，但是从式（3-19）可以知道，作用于转子上的气体力却减少了；同时，对应于大的 τ 值可以有较短的泄漏圆周长，减少了周向泄漏。从以上分析中看出，选择较小的 μ 值和较大的 τ 值对于全封闭滚动转子式压缩机的性能是有好处的。

但是，τ 值也不宜选得过大，过大不但会使作用于滑片上的气体力增加，使滑片与滚动转子间的摩擦条件变坏，而且由于滑片行程增大而使振动和噪声增大，也会造成结构上的困难；μ 值也不宜过小，过小会使气缸直径增加，压缩机外形尺寸增加，结构上显得欠合理，且使滑片与转子间的滑移速度增加，磨损加剧。

3. 主要结构参数的选取

从滚动转子式压缩机的系列化、主要零件的通用化和某些典型尺寸的统一化考虑，μ 和 τ 的数值应该有一定的变化范围。通常 $\tau = 0.11 \sim 0.16$，$\mu = 0.25 \sim 1.0$，商用制冷设备 $\tau = 0.14 \sim 0.16$。由于压缩机使用工质和工况的差异、零部件的制造和安装精度及所用材料和处理工艺的区别，各厂家对 μ 和 τ 的选取仍存在千差万别，有资料给出 $\tau = 0.05 \sim 0.20$，$\mu = 0.5 \sim 1.0$。缸径 D 由式（3-31）求取。

滑片的结构尺寸可按下面提供的数据参考选取：滑片厚度 b 最好不小于 $2e$，以保证有足够的导向作用，防止滑片被卡住。滑片高度 $H = (5 \sim 10) e$。

4. 关于间隙

滚动转子式压缩机的主要间隙有：①滚动转子与端盖间的端面间隙；②滚动转子与气缸间的径向间隙；③滑片与端盖间的端面间隙；④滑片与滑片槽间的侧面间隙。这些间隙值直接关系到泄漏量、摩擦功率与磨损、运动部件的振动和噪声等。间隙大则泄漏量大，能效比就低，间隙小会使摩擦功率上升，磨损加剧，甚至会导致烧粘，因此存在最佳间隙值。图 3-22 所示是 100W 的滚动转子式压缩机间隙值对能效比影响的曲线，当滚动转子与端盖间的间隙值与气缸长度之比 δ_1/L 为 4×10^{-4} 时，能效比最大，滑片与滑片槽间的间隙值与气缸长度之比 δ_2/L 为 2×10^{-3} 时，能效比最高。通常这些间隙值由试验得出。另外，轴与轴承间的间隙也很重要，因为该间隙的大小会影响到端面间隙的变化。为了确保轴承间隙，往往建议轴和轴承的刚性不要过大。

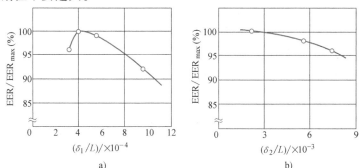

图 3-22　100W 的滚动转子式压缩机间隙值对能效比影响的曲线

a）转子与端盖间的间隙影响　b）滑片与滑片槽之间的间隙影响

3.4　振动与噪声

3.4.1　振动源与噪声源

1. 振动源

由于全封闭滚动转子式压缩机的主轴承或气缸体和电动机的定子均与全封闭机壳直接刚

性连接，因此曲轴转矩变化引起的曲轴扭转振动成为压缩机的振动源，并直接造成机壳的振动；曲轴包括转子的旋转不平衡惯性力也使轴产生振动，并直接导致压缩机和机壳的振动；另外，压力脉动产生的激振力通过气缸、轴承和滚动转子作用于曲轴等部件，进一步导致机壳的振动，特别是2kHz以上的高频振动部分更是压力脉动造成的。

2. 噪声源

全封闭滚动转子式压缩机的噪声却是各种源的噪声合成，按机理可分为：

1）电磁噪声。电磁噪声主要表现在500Hz以下的低频噪声，它是由电磁力引起的定子和转子间夹持机构的振动而产生的。而这种电磁力又因定子中的基波磁场和定子与转子中的谐波磁场的各种电磁失衡所加剧，低频噪声给人们带来极不舒服的感觉。

2）制冷剂气流噪声。它是1kHz以上的高频噪声。由于气流脉动导致压缩机的振动并直接造成机壳的振动，机壳振动的二次效应就是噪声。气体从排气阀排出时产生的流体噪声也占有很大的比重。

3）机械噪声。包括曲轴振动引起的噪声，其噪声频率是转子旋转频率的整数倍。排气阀片与阀座及升程限制器间的敲击声、滑片与滑片槽间的敲击声、滑片端部与滚动转子间的敲击声，它们均产生2kHz以上的突发性噪声，因为它们的频率高，只有耳朵很灵敏时才能听到，因此对整机噪声影响较小。

4）摩擦噪声。还有由于压缩机运动部件的相对滑动（如轴与轴承间、滚动转子与气缸间、滑片与滑片槽间等）产生的摩擦噪声，其频率范围为1.6~2kHz。

3.4.2 消减振动和噪声的措施

从振动源和噪声源的分析中可知，轴的振动是全封闭滚动转子式压缩机噪声和振动的主要来源，而机壳是振动与噪声的辐射面，因而首先应消除轴的振动，继而对机壳进行改造，是减振降噪的主要措施。此外，气流脉动的衰减也不容忽视。

1. 提高曲轴的动力平衡性能

曲轴的动力平衡性能除满足力的平衡及力矩的平衡外，还应满足一阶振型状态下的平衡，图3-23所示的平衡系统中，平衡质量m_1、m_2、m_3应满足下列方程

$$\left. \begin{aligned} \text{力平衡} \quad & -m_1 r_1 \omega^2 + m_2 r_2 \omega^2 + m_3 r_3 \omega^2 = mr\omega^2 \\ \text{力矩平衡} \quad & m_2 r_2 \omega^2 L_2 - m_1 r_1 \omega^2 L_1 = mr\omega L \\ \text{一阶振型平衡} \quad & -m_1 r_1 \omega^2 \delta_1 + m_2 r_2 \omega^2 \delta + m_3 r_3 \omega^2 \delta_3 = mr\omega^2 \delta \end{aligned} \right\}$$

按上述方程求得的平衡质量可以大大改善曲轴旋转时产生的变形，从图3-24中看出改善前曲轴转速为9000r/min时的最大挠度δ是140μm，改善后仅为3μm。

2. 严格控制曲轴的旋转不均匀度

尽量减少电动机驱动力矩与压缩机负荷力矩的差异，使压缩机负荷力矩的变化趋于均匀，增加旋转质量的惯性矩，从而控制曲轴的扭转振动。

3. 机壳的优化设计

可以用激光全息摄影及振幅和相位光谱测定仪对机壳表面振动进行详细研究，再在有限元计算机壳振动特性分析的基础上，对机壳的刚性、机壳的形状及机壳的材料做改进。例如采用非对称形机壳，为增加机壳的刚性，可将主轴承制成圆环形法兰与机壳全部固定焊接，

机壳封头改为球面，机壳中间筒体的边缘尽量靠近主轴承与机壳的连接处等。

4. 消减气流压力脉动

因脉动的气流不仅产生使机壳和管道振动的激振力，也是压缩机的噪声源，故设置排气脉动衰减器，消减压力脉动是降噪减振的有效手段之一。图 3-25 所示为较简单的脉动衰减器，它包括一个空腔 3 及一个连接排气孔 1 和空腔 3 的导入通道 2，构成亥姆霍兹共鸣器，增加空腔 3 的体积或改变导入通道 2 的尺寸，都可以改善衰减效果。图 3-26 所示为一种新型扩张室式衰减器，它被安装在图 3-7 中件号 12 的位置上，与辅轴承制成一体，其特点是添加了侧面消声孔，以消除 3600~6000Hz 高频带噪声，亥姆霍兹共鸣器消除 250~630Hz 的低频带噪声，与两级扩张室式衰减器共同完成全频带的消声效果。

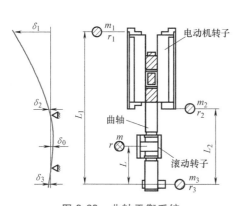

图 3-23 曲轴平衡系统

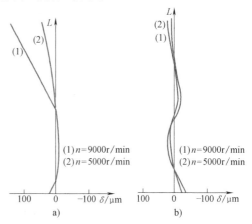

图 3-24 曲轴改进前后的变形
a）改进前 b）改进后

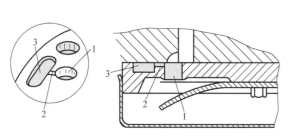

图 3-25 较简单的脉动衰减器
1—排气孔 2—导入通道 3—空腔

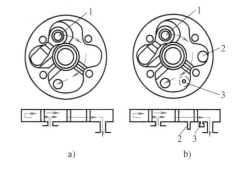

图 3-26 一种新型扩张室式衰减器
a）普通型 b）改良型
1—排气孔 2—侧面分孔式消声器
3—亥姆霍兹式消声器

5. 降低电磁噪声

对于 500Hz 以下的低频噪声，可以利用气隙间电磁失衡的均匀化来降低。气隙是由于曲轴与电动机定子之间的偏心和倾斜引起的，偏心量对电磁噪声的影响比倾斜量的影响大，故通过控制偏心量降低低频噪声；另外，电磁噪声与轴和电动机转子的固有频率有关，改变其固有频率以避开 500Hz 左右的共振频率，可改变电磁噪声的频谱，降低电磁噪声；也可通过改变定子槽数来改变频谱分布。

6. 降低机械噪声

除去减少轴的振动是降噪的关键外，如何降低突发性噪声和机械摩擦噪声也不应忽视。改进气阀结构、严格控制运动副间的间隙值、保持润滑面良好的润滑状态，也是降噪的有效手段。

7. 降低停机过程中的振动和噪声

人们希望压缩机的振动和噪声无论在稳定工作阶段还是停机过程中都是最低值。但是，在电动机电源切断后压缩机曲轴停止转动的过程中，会出现曲轴反转的情况，使振动和噪声增加。当曲轴开始第一次反转时，曲轴转角在190°~240°范围内，此时压缩侧的缸内气体压力较高，阻力矩较大，加之制冷剂又具有较高的压力，使曲轴强烈反转并使曲轴通过上止点位置，导致强烈的振动和噪声；当曲轴第一次反转的转角在240°~310°范围内时，因阻力矩较小，并且大部分制冷剂已排出气缸，故曲轴反转较弱，不能使轴通过上止点，振动和噪声较弱；当曲轴第一次反转时的曲轴转角为310°~360°时，曲轴在上止点位置前瞬时停止，摩擦状态由动摩擦转为静摩擦，此时反转力矩非常小，不足以克服曲轴的静摩擦力矩，曲轴突然停止转动，也就不会再有振动。通过上述分析可知，若想停机时振动小，就必须掌握好切断电动机电源时曲轴的瞬时转角，即应通过切断控制系统控制在弱反转或突然停止的转角范围内切断电动机电源，以减少振动和噪声。

8. 有源噪声控制降噪方法（Active Noise Control）

近年来迅速发展起来的有源噪声控制技术，以其在低频范围具有消声量大、体积小并且不会造成气体阻力损失等特点，受到声学界的重视，为低频噪声控制开辟了一条新途径。消声器、脉动衰减器等消声方法，通常被称为被动噪声控制（Passive Noise Control）。有源噪声控制也称主动噪声控制，是采用"反噪声"来抵消原发噪声，根据两列相干声波的混合产生干涉，使声能得到增强或减弱的原理，由一列与原声波幅值相等、相位相反的声波（即反声波），对原声波进行干涉抵消，达到降噪的目的。图3-27所示为有源噪声控制的基本系统，原发噪声经噪声传感器接收后送入信息处理器，未被抵消的噪声经残余信号传感器接收也被送入信息处理器，处理器对两个信号分析处理后，发出驱动信号给二次声源（反噪声源），使其产生能与原发噪声相干涉抵消的反噪声。图3-28所示是对压缩机机壳振动的有源控制试验系统，加速度计检测压缩机机壳的振动信号及麦克风拾得的噪声信号均被送入信号处理器，与音频发生器送来的正弦信号进行分析比较，发出的驱动信号经功率放大器送给压电陶瓷激发器，使其作为反振动源产生与机壳振动波相干涉抵消的反向振动波，消减振动。

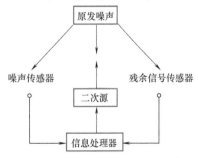

图3-27　有源噪声控制的基本系统

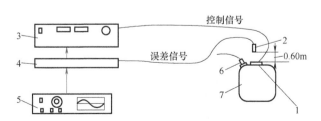

图3-28　对压缩机机壳振动的有源控制试验系统

1—压电陶瓷激发器　2—麦克风　3—功率放大器
4—信号处理器　5—音频信号发生器
6—压缩机　7—加速度计

3.5 摆动转子式压缩机

3.5.1 概述

在 20 世纪 70 年代，摆动转子式压缩机曾经一度被采用过。由于尺寸较大，加工较为复杂，20 世纪 80 年代以后，摆动转子式压缩机就很少使用。进入 20 世纪 90 年代，随着替代HCFC 的研究进一步深入，发现摆动转子式压缩机能够承受更大的压力差，在使用替代工质时，比滚动转子压缩机有明显的优势，又重新被重视。此外，摆动转子式压缩机还可用作空气压缩机。采用摆动转子机构的真空泵（即滑阀真空泵）也被普遍应用。

3.5.2 工作原理

摆动转子式压缩机与滚动转子式压缩机的主要区别是：滚动转子式压缩机中，滚动转子与滑板是两个独立的零件，滑板靠背部的作用力压在滚动转子上，而在摆动转子式压缩机中，滚动转子与滑板做成整体，是一个零件，称为摆动转子，其内部结构如图 3-29 所示。

在气缸体 1 内装有摆动转子 2，它由滚环和摆杆两部分组成，如图 3-30 所示。滚环套在主轴的偏心轮上，主轴的旋转中心与气缸的几何中心重合。摆杆能在圆柱形导轨 5 中自由地上下摆动，并且随导轨左右摆动。滚环与气缸之间的月牙形空间被摆动转子分成 A、B 两个气腔，圆柱形导轨 5 两侧的气缸体上分别配置有吸、排气孔 4 和 6，A 腔与吸气孔 4 相通，B 腔与排气孔 6 相通。当主轴逆时针转动时，滚环沿气缸内表面滚动，A 腔容积逐渐增大，气体不断被吸入；B 腔容积逐渐缩小，腔内气体被压缩，压力不断升高，当压力升高到一定值时，推开位于排气孔口之上的气阀开始排气，当滚环到达图 3-30 中气缸内表面最上位置（即上止点）时，A 腔容积最大，而 B 腔完成排气后瞬时消失，此时整个月牙形空间充满吸入的气体。转子再继续转动时，B 腔再次出现，容积不断增大而吸入气体；A 腔容积缩小，使上一转吸入的气体受到压缩，从而使压缩机的工作过程连续不断地进行。由于 A、B 两个腔同时工作，因此主轴每转一转，压缩机都完成一个工作循环。图 3-31 所示为摆动转子式

图 3-29 摆动转子式
压缩机内部结构图

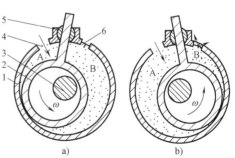

图 3-30 摆动转子式压缩机的工作原理

1—气缸体 2—摆动转子 3—偏心轮轴
4—吸气孔 5—圆柱形导轨 6—排气孔

压缩机一个工作循环过程示意图,图中的阴影部分是一个工作循环中压缩腔的变化过程。图3-32 所示是直流变速摆动转子式压缩机结构图。

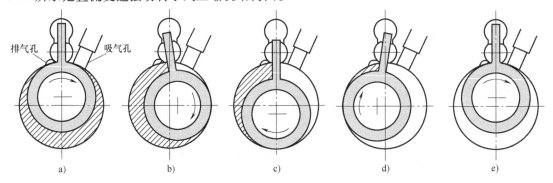

位置	a)	b)	c)	d)	e)
左侧	压 缩	压 缩	开始排气	排 气	与右侧连通
右侧	开始吸气	吸 气	吸 气	吸 气	吸气结束

图 3-31 摆动转子式压缩机一个工作循环过程示意图

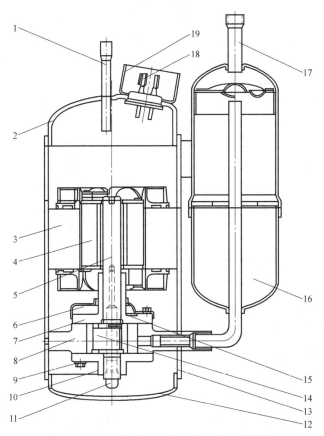

图 3-32 直流变速摆动转子式压缩机结构图

1—排气管 2—上外罩 3—电动机定子 4—电动机转子 5—曲轴 6—消声器 7—上盖
8—气缸 9—固定螺栓 10—下盖 11—油泵 12—下外罩 13—筒体 14—摆动转子
15—阀片 16—储液器 17—吸气管 18—接线端子 19—端子保护盒

3.5.3 特点

摆动转子式压缩机具有下列特点：

1）摆动转子式压缩机将滚环和摆杆做成一体后，使两者之间不存在密封和润滑问题，也不需要设置滑片弹簧。这种结构比较适合替代 CFC 和 HCFC 的 HFC 制冷工质，因为与 HFC 配用的聚二醇或聚酯油的润滑性能低于矿物油。

2）滚环和摆杆做成一体后，摆杆变成两侧支承，可以承受较大的压力差；同时导轨又能转动，减小了摆杆的侧向力，并消除了滚环和摆杆间的摩擦磨损，使压缩机的机械效率提高。

3）摆动转子的受力不会因气缸直径或主轴偏心距的增大而增加。因此这种压缩机可以采用较小的气缸高度，使其内部最严重的泄漏部位——滚环与气缸切点处径向间隙的面积减小，所以摆动转子式压缩机结构本身有利于减少内部泄漏，提高了容积效率。

4）摆动转子加工很困难，导向部分的加工也要求很精密。此外，滚环与偏心轴间难以实现油膜动压润滑。

5）理论分析和试验研究的结果表明：采用 R22 作为工质，当制冷量小于 15.5kW 时，摆动转子式压缩机的效率高于滚动转子式压缩机。但综合考虑效率、加工等因素，摆动转子式压缩机比较适用于制冷量在 7.7kW 以下的场合。

6）由于消除了滑片与转子之间的摩擦以及滑片上下的敲击声，运转噪声有所降低。

综上所述，摆动转子式压缩机更适用于高压力差的工况或者压力差较大的制冷剂，如 R410A、CO_2 等。

3.5.4 工作容积

吸气终了时，摆杆完全位于气缸内腔之外，因此，摆动转子式压缩机的工作容积即为气缸工作腔容积，与滚动转子式压缩机的计算公式相同，即

$$V_s = \pi(R^2 - r^2)H = \frac{\pi}{4}(D^2 - d^2)H \tag{3-32}$$

式中　R、D——分别为气缸的内半径和直径，单位为 m；

　　　r、d——分别为滚环的外半径和直径，单位为 m；

　　　H——气缸的高度，单位为 m。

在图 3-33a 中，任意转角时，滚环中心 O_1 与导轨中心 O_2 的距离 ρ_0 为

$$\rho_0 = \sqrt{e^2 + a_0^2 - 2ea_0\cos\theta} \tag{3-33}$$

式中　e——偏心距，$e = R - r$，单位为 m；

　　　a_0——气缸与导轨的中心距，单位为 m。

连心线 O_1O_2 偏离气缸与导轨的连心线 OO_2 的角度为

$$\sigma = \arcsin\left(\frac{e\sin\theta}{\rho_0}\right) \tag{3-34}$$

导轨的实际结构如图 3-33b 所示，由图中几何关系得

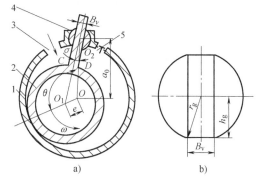

图 3-33　摆动转子式压缩机的几何关系
a）工作腔　b）导轨
1—气缸　2—摆动转子　3—吸气孔
4—导轨　5—排气阀

$$h_g = \sqrt{r_g^2 - (B_v/2)^2} \qquad (3\text{-}35)$$

式中　r_g——导轨的半径，单位为 m；

　　　B_v——摆杆的厚度，单位为 m。

吸气腔的容积为

$$V_x(\theta) = \frac{1}{2}H\left[R^2 f(\theta) - (\rho_0 - r)^2\sigma + h_g^2\sigma - (\rho_0 - r - h_g)B_v\right] \qquad (3\text{-}36)$$

其中

$$f(\theta) = (1-a^2)\theta - \frac{(1-a)^2}{2}\sin 2\theta - a^2\arcsin\left[\left(\frac{1}{a}-1\right)\sin\theta\right]$$

$$-a(1-a)\sin\theta\sqrt{1-\left(\frac{1}{a}-1\right)^2\sin^2\theta} \qquad (3\text{-}37)$$

式中　a——滚环的外半径与气缸的内半径之比，$a = r/R$。

压缩腔的容积为

$$V_y = V_s - \frac{1}{2}H\left[R^2 f(\theta) - (\rho_0 - r)^2\sigma + h_g^2\sigma + (\rho_0 - r - h_g)B_v\right] \qquad (3\text{-}38)$$

摆动转子式压缩机气腔内压力的计算同滚动转子式压缩机。

3.5.5　结构参数

摆动转子式压缩机的结构参数 $a(=r/R)$，或者相对偏心距 $\varphi(=e/R)$，及相对高度 $\lambda(=H/D)$，以及导轨与气缸的中心距 a_0。a 与 φ 的关系为

$$\varphi = 1 - a \qquad (3\text{-}39)$$

摆动转子式压缩机适宜的相对偏心距和相对高度范围，基本与滚动转子式压缩机相同，但也略有差异。例如：φ 的上限值可取到 0.35；相同条件下 λ 可以取得较小一些。但是因为滚环和摆杆一体后，增大 φ 或者减小 λ（容量和偏心距不变时，减小 λ 必须增大气缸直径 D），不会增加摆杆和滚环间的负荷。双缸结构的 λ 一般应比单缸结构的小。

偏心轮轴转动时，滚环中心 O_1 的运动轨迹是以气缸中心 O 为圆心，半径为 e 的圆周，如图 3-34 所示。当摆杆的摆动角最大时，连心线 OO_1 垂直于连心线 O_1O_2，于是导轨与气缸的中心距 a_0 为

$$a_0 = \frac{e}{\sin\sigma_{max}} \qquad (3\text{-}40)$$

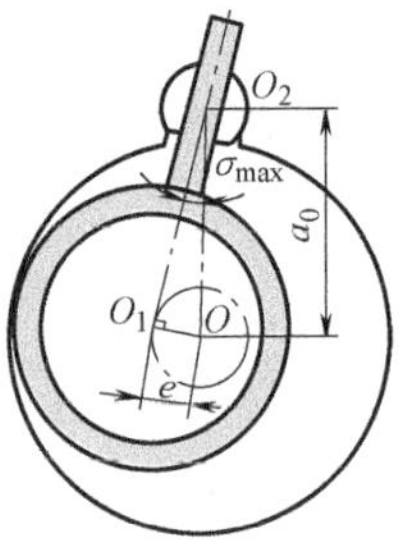

式中　σ_{max}——摆杆的最大摆角，一般取 $\sigma_{max} \le 15°$。

根据压缩机的容量、容积效率及转速确定出工作容积后，气缸直径为

$$D = \sqrt[3]{\frac{4V_s}{\pi(1-a^2)\lambda}} \qquad (3\text{-}41)$$

图 3-34　中心距的确定

其他结构尺寸可根据 D 来确定，公式基本与滚动转子式压缩机的相同。

思考题与习题

3-1 画图说明滚动转子式制冷压缩机的主要结构，概述其工作原理。

3-2 滚动转子式制冷压缩机的主要结构形式有哪些？各自的特点是什么？

3-3 从结构和工作过程两方面，简述滚动转子式压缩机的优缺点。

3-4 如何计算滚动转子式压缩机的输气量？其影响因素是什么？

3-5 滚动转子式压缩机的间隙主要有哪几种？在压缩机设计时，间隙是不是越小越好？

3-6 除了制冷量、COP等性能指标外，为什么还要关注压缩机的振动和噪声的问题？分析滚动转子式压缩机的振动和噪声来源，并从结构改进的角度给出降噪减振的方法。

参 考 文 献

[1] 吴业正，李红旗，张华. 制冷压缩机 [M]. 2版. 北京：机械工业出版社，2001.

[2] 马国远，李红旗. 旋转压缩机 [M]. 北京：机械工业出版社，2001.

[3] 周子成. 我国空调压缩机制造业的现状和发展方向 [J]. 制冷与空调，2004 (4)：1-7.

[4] 邓定国，束鹏程. 回转压缩机 [M]. 北京：机械工业出版社，1989.

[5] 郁永章. 容积式压缩机技术手册 [M]. 北京：机械工业出版社，2000.

[6] 马国远. 滚动活塞式压缩机的动力计算 [J]. 机械月刊，1995 (5)：214-220.

[7] 周子成. 全封闭滚动转子式制冷压缩机性能分析 [J]. 流体机械，1987 (10)：52-59.

[8] 李文林，等. 回转式制冷压缩机 [M]. 北京：机械工业出版社，1992.

[9] 余华明. 滚动转子压缩机消声器的改进研究 [J]. 流体机械，2008 (11)：44-46.

[10] 邱家修，李玉春，余华明，等. 两种滚动转子式压缩机降噪方案的试验及对比分析 [J]. 顺德职业技术学院学报，2007 (5)：13-16.

[11] 文航，谷波，奚东敏. 滚动转子式压缩机容积效率计算模型 [J]. 流体机械，2007，35 (8)：5-8.

[12] 余华明，邱家修，李锡宇. 滚动转子压缩机的噪声测试和分析 [J]. 顺德职业技术学院学报，2006，4 (2)：11-14.

[13] 晏刚，吴建华，吴业正，等. 滚动转子式压缩机内转子径向间隙泄漏的研究 [J]. 流体机械，2005 (9)：72-75.

[14] 刘宁，王太勇，尚志坚，等. 空调转子压缩机消声器实验分析及改进研究 [J]. 压缩机技术，2005 (4)：28-32.

[15] 郝杰，畅云峰，郭蔚. 滚动活塞压缩机的研究现状及发展趋势 [J]. 压缩机技术，2004 (2)：44-45.

[16] 杨伟明，屈宗长. 滚动转子式压缩机的噪声控制分析及降噪措施 [J]. 压缩机技术，2004 (2)：13-14.

[17] 晏刚，马贞俊，周晋，等. 滚动转子式压缩机的技术特性分析 [J]. 压缩机技术，2003 (1)：13-15.

[18] 全国家用电器标准化技术委员会. GB/T 15765—2014 房间空气调节器用全封闭型电动机—压缩机 [S]. 北京：中国标准出版社，2006.

第4章

涡旋式制冷压缩机

涡旋式制冷压缩机是 20 世纪 70 年代发展起来的一种新型容积式压缩机，以其效率高、体积小、重量轻、噪声低、结构简单且运转平稳等特点，广泛用于各类空调和制冷机组中。

涡旋式压缩机最早由法国人 Creux 发明并于 1905 年在美国取得专利，其发明实质上为一种可逆转发动机，因此可以用作压缩机。尽管其有明显的优势，但直到 20 世纪 70 年代，在长达 70 年的时间内一直停留在一种思想的阶段，未进入产业化应用。主要是由于加工、检验手段不能满足涡旋式压缩机的制造要求，以及轴向力平衡问题没有得到很好的解决。数控机床和计算机技术的发展为涡旋式压缩机带来了生机，20 世纪 70 年代美国研制出一台氦气涡旋式压缩机用于潜水艇推进试验系统，随后日本三电公司购买了此专利，于 1982 年生产出汽车空调用涡旋式压缩机。世界上各大压缩机公司也都相继开发出了自己的产品，涡旋式压缩机进入了产业化阶段，目前已成为中小容量应用范围内甚受青睐的制冷压缩机机型。

4.1 工作原理、工作过程及特点

4.1.1 涡旋式压缩机的工作原理和工作过程

1. 工作原理

涡旋式压缩机的关键工作部件包括一个固定涡旋体（简称静盘）和与之啮合、相对运动的运动涡旋体（简称动盘），如图 4-1、图 4-2 所示。动、静涡旋体的型线均是螺旋形，动盘相对静盘偏心并相差 180°对置安装，理论上它们会在轴向的几条直线上接触（在横截面上则为几个点接触），涡旋体型线的端部与相对的涡旋体底部相接触，于是在动、静盘间形成了一系列月牙形空间，即基元容积。在动盘以静盘中心为旋转中心并以一定的旋转半径做无自转的回转平动时，外圈月牙形空间便会不断向中心移动，使基元容积不断缩小，同时在其外侧未封闭的基元容积则不断扩大。每个基元容积的变化过程是类似的，仅有相位角的差异。因此，每个基元容积在动盘的旋转过程中均做周期性的扩大与缩小，从而实现气体的吸入、压缩和排出。制冷剂气体从静盘外侧开设的吸气孔进入动、静盘间最外圈的月牙形空间，随着动涡旋体的运动，气体被逐渐推向中心空间，其容积不断缩小而压力不断升高，从

图 4-1 运动涡旋体（动盘）

图 4-2 固定涡旋体（静盘）

而实现了气体的压缩。在静盘顶部中心部位开有排气孔，当月牙形空间与中心排气孔相通时，高压气体被排出压缩机。

2. 工作过程

图 4-3 所示为涡旋式制冷压缩机的工作过程，在图 4-3a 所示位置动盘中心 O_2 位于静盘

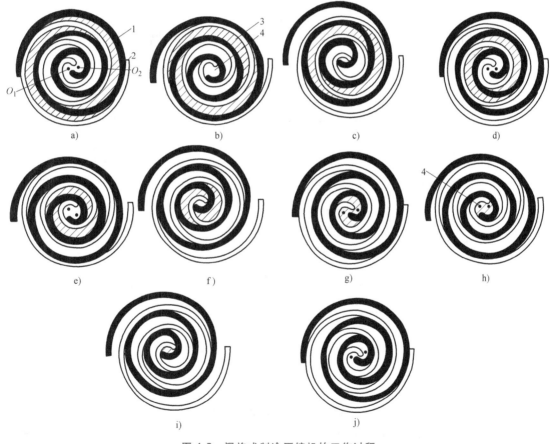

图 4-3 涡旋式制冷压缩机的工作过程

a）$\theta = 0°$ b）$\theta = 120°$ c）$\theta = 240°$ d）$\theta = 360°$ e）$\theta = 480°$

f）$\theta = 600°$ g）$\theta = 720°$ h）$\theta = 840°$ i）$\theta = 960°$ j）$\theta = 1080°$

1—动涡旋体 2—静涡旋体 3—压缩腔 4—排气孔

中心 O_1 的右侧，涡旋密封啮合线在左右两侧，涡旋外圈部分刚好封闭，此时最外圈两个月牙形空间充满气体，完成了吸气过程（阴影部分）。随着曲轴的旋转，动盘做回转平动，而动、静涡旋体仍保持良好的啮合，使外圈两个月牙形空间中的气体不断向中心推移，容积不断缩小，压力逐渐升高，进行压缩过程，图 4-3b~f 所示为曲轴转角 θ 每间隔 120°的压缩过程，当两个月牙形空间汇合成一个中心腔室并与排气孔相通时，压缩过程结束，如图4-3g所示，并开始进入图 4-3g~j 示出的排气过程，中心腔室的空间消失时，排气过程结束，如图 4-3j 所示。图 4-3 中示出的涡旋圈数为三圈，最外圈两个封闭的月牙形工作腔完成一次压缩及排气的过程，曲轴旋转了三周（即曲轴转角 θ 为 1080°），涡旋体外圈分别开启和闭合三次，完成了三次吸气过程，也就是每当最外圈形成了两个封闭的月牙形空间并开始向中心推移成为内工作腔时，另一个新的吸气过程开始形成。因此，在涡旋式压缩机中，吸气、压缩、排气等过程是相继在不同的月牙形空间中同时进行的，外侧空间与吸气口相通，始终进行吸气过程，中心部位空间与排气孔相通，始终进行排气过程，中间的月牙形空间则一直在进行压缩过程，所以涡旋式制冷压缩机基本上是连续地吸气和排气，并且从吸气开始至排气结束需经动涡旋体的多次回转平动才能完成。

4.1.2　涡旋式压缩机的特点

在制冷量相同的条件下，涡旋式压缩机与往复式压缩机及滚动转子式压缩机相比具有许多优点，可概括为效率高、振动小、噪声低、可靠性及寿命高（图 4-4）。

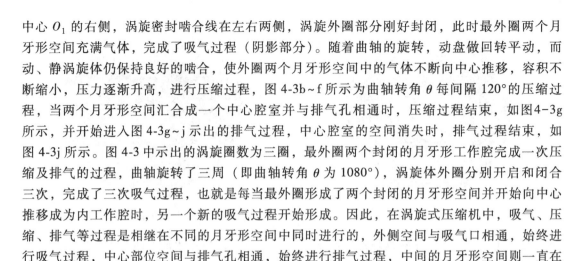

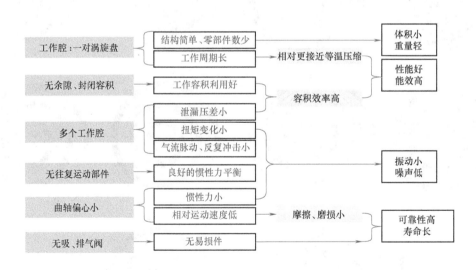

图 4-4　涡旋式压缩机的结构与工作特点

1. 效率高

涡旋式压缩机的吸气、压缩、排气过程是连续单向进行，因而吸入气体的有害过热小；相邻工作腔间的压差小，气体泄漏少；没有余隙容积中气体的膨胀过程，容积效率高，通常高达 95% 以上；动涡旋体上的所有点均以几毫米的回转半径做同步转动，所以运动速度低，摩擦损失小；没有吸气阀，也可以不设置排气阀，所以气流的流动损失小。涡旋式压缩机的效率比往复式约高 10%。

涡旋体型线。

1. 圆的渐开线方程

图 4-6 所示为圆的渐开线。直线 L 沿某圆周做纯滚动时，直线上任一点 A 的轨迹 AK，被称为圆的渐开线，称该圆是基圆，直线是发生线，r 为基圆半径，β 为渐开线展角，ϕ 为渐开角，α 为渐开线初始角，渐开线方程为

$$\left.\begin{array}{l} x = r\left[\cos(\phi+\alpha)+\phi\sin(\phi+\alpha)\right] \\ y = r\left[\sin(\phi+\alpha)-\phi\cos(\phi+\alpha)\right] \end{array}\right\} \quad (4-1)$$

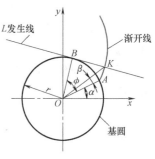

图 4-6　圆的渐开线

2. 涡旋体的渐开线方程

由于涡旋体应有一定的壁厚，涡旋内外壁由不同初始角 $+\alpha$ 和 $-\alpha$ 的渐开线构成，如图 4-7 所示，根据式（4-1）可写出涡旋体内外壁渐开线方程。

内壁渐开线方程为

$$\left.\begin{array}{l} x_i = r\left[\cos(\phi_i+\alpha)+\phi_i\sin(\phi_i+\alpha)\right] \\ y_i = r\left[\sin(\phi_i+\alpha)-\phi_i\cos(\phi_i+\alpha)\right] \end{array}\right\} \quad (4-2)$$

外壁渐开线方程为

$$\left.\begin{array}{l} x_o = r\left[\cos(\phi_o-\alpha)+\phi_o\sin(\phi_o-\alpha)\right] \\ y_o = r\left[\sin(\phi_o-\alpha)-\phi_o\cos(\phi_o-\alpha)\right] \end{array}\right\} \quad (4-3)$$

3. 涡旋参数

涡旋式压缩机主要的涡旋参数可归纳有

基圆半径　r

渐开线起始角　α

涡旋体壁厚　$t=2r\alpha$

涡旋体节距　$P=2\pi r$

涡旋体高　h

压缩腔室对数　N

涡旋圈数　$m=N+1/4$

根据渐开线的几何特征，其可以用创成法获得，如图 4-8 所示。在基圆 1 上任一点安装刀具 4，当工件 3（和图中的圆盘成一体）回转一周时，恰好工件（或刀具）也同时平移 $2\pi r$，将这种移动不断地进行下去，在工件上所得到的刀具中心的轨迹 2 便成为渐开线，刀具刀形的包络线也是渐开线。当圆盘做匀速转动，

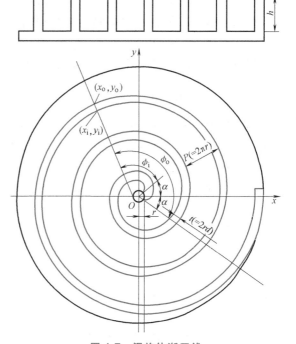

图 4-7　涡旋体渐开线

而刀具（铣刀）直径等于涡旋体节距与壁厚之差并沿 x 轴或 y 轴匀速移动时，即可切削出涡旋体。

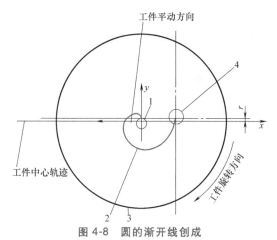

图 4-8 圆的渐开线创成

1—基圆 2—刀具中心在工件上的轨迹 3—工件 4—刀具

4.3 结构

4.3.1 涡旋式压缩机的总体结构

总体上，涡旋式压缩机分为高压腔和低压腔两大类，视壳体内处于排气压力还是吸气压力而定。两类压缩机各有其优势和缺陷，图 4-9、图 4-10 分别为这两类压缩机典型结构的示

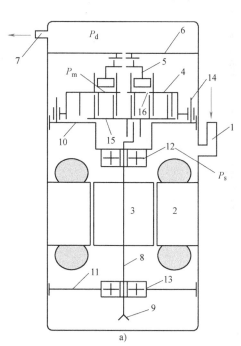

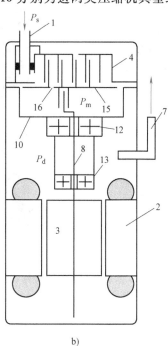

图 4-9 涡旋式压缩机典型结构示意图

a）低压腔结构 b）高压腔结构

1—吸气管 2—定子 3—转子 4—固定涡旋盘 5—轴向浮动结构 6—隔板 7—排气管 8—曲轴 9—油泵 10—机架 11—下轴承支架 12—上轴承 13—下轴承 14—滑动销 15—运动涡旋盘 16—中间压力孔 P_d—排气压力 P_m—中间压力 P_s—吸气压力

意图和实物图。

图 4-11 所示为在空调器中使用的全封闭涡旋式压缩机结构，其壳体内压力为排气压力。制冷剂气体从机壳顶部吸气管 1 直接进入涡旋体四周，被封在最外圈月牙形空间的气体，随着动涡旋体的回转平动而被内移压缩，压力逐渐升高，高压气体由静涡旋体 5 的中心排气孔 2 排入排气腔 4，并通过排气通道 6 被导入机壳下部去冷却电动机 11，并将润滑油分离出来，高压气体则由排气管 19 排出压缩机。采用排气冷却电动机的结构减少了吸气过热度，提高了压缩机的效率，又因机壳内是高压排出气体，使得排气压力脉动很小，因此振动和噪声都小。该机的主要结构仍然由静涡旋体、动涡旋体、曲轴、机座、十字连接环和机壳等组成。为了轴向力的平衡，在动涡旋体下方设有背压腔 8，背压腔由动涡旋体上的背压孔 17 引入处于吸排气压力之间的中间压力，由背压腔 8 内气体压力形成的轴向力和力矩作用在动涡旋体的底部，以平衡各月牙形空间内气体对动涡旋体所施加的轴向力和力矩，以便在涡旋体端部维持着最小的摩擦力和最小磨损的轴向密封。在曲柄销轴承处和曲轴通过机座处，装有转动密封 15，以保持背压腔与机壳间的密封。

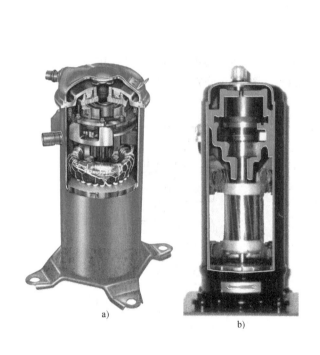

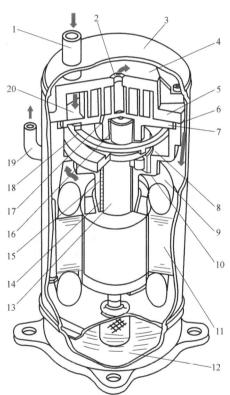

图 4-10 涡旋式压缩机典型结构实物图

a）低压腔结构 b）高压腔结构

图 4-11 在空调器中使用的全封闭涡旋式压缩机结构

1—吸气管 2—排气孔 3—机壳 4—排气腔
5—静涡旋体 6—排气通道 7—动涡旋体
8—背压腔 9—电动机腔 10—机座
11—电动机 12—润滑油池 13—曲轴
14、16—轴承 15—密封 17—背压孔
18—十字连接环 19—排气管 20—吸气腔

　　该机的润滑系统利用压差供油方式，封闭机壳下部润滑油池 12 中的润滑油，经过滤器从曲轴中心油道进入中间压力室，又随被压缩气体经中心压缩室排到封闭的机壳中，其间润滑了涡旋型面，同时润滑了轴承 14 和 16 及十字连接环 18 等，也冷却了电动机。润滑油经过油气分离后流回油池，因为润滑油与气体的分离是在机壳中进行，其分离效果好，而压差供油又与压缩机的转速无关，使润滑及密封更加可靠。

　　图 4-12 所示为一台立式全封闭涡旋式压缩机的剖视图，其机壳内压力为吸气压力。该

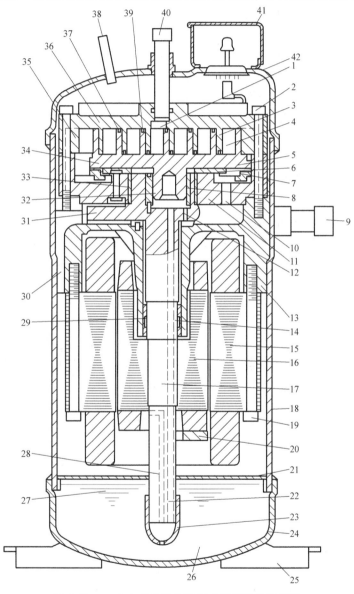

图 4-12　一台立式全封闭涡旋式压缩机的剖视图

1、28—排气孔　2—螺栓　3—静涡旋体　4—压缩室　5—动涡旋体　6—推力轴承　7—十字连接环　8—偏心套装置
9—吸气管　10—排油孔　11—主轴承座　12、14—油孔　13—辅轴承座　15—电动机定子　16—电动机转子
17—曲轴　18—机壳　19—螺栓　20—曲轴的平衡块　21—油雾阻止板　22—偏心油道　23—油泵　24—下盖
25—支脚　26—油池　27—润滑油　29—辅轴承　30—排油　31—曲轴的平衡块　32—动涡
旋体轴销　33—主轴承　34—底板　35—吸气孔　36—端板　37—密封条　38—工艺管　39—密封槽
40—排气管　41—接线箱　42—上盖

压缩机采用离心式油泵 23 供油，润滑油通过曲轴轴向的偏心油道 22 及曲轴 17 上的径向油孔分配到各润滑部位。为防止压缩机起动时油池中的油起泡形成的油雾大量进入压缩室，在机壳下部设有油雾阻止板 21，以保持油池的油量。采用轴向推力轴承 6 承受轴向力。偏心套装置 8 用以调整动静涡旋体的径向间隙。涡旋体轴向密封是通过在涡旋体端面安装的密封条 37 来完成。

图 4-13 所示是一台卧式全封闭涡旋式压缩机，它适用于压缩机高度受到限制的机组。制冷剂气体直接由吸气管 1 进入涡旋体外部空间，经压缩后由排气孔通过排气阀 15 排入机壳，冷却电动机后经排气管 8 排出。该机的特点是：①采用高压机壳以降低吸气过热并控制排气管中润滑油的排放；②为防止自转采用十字连接环机构，它安装在动涡旋体与主轴承之间，轴向柔性密封机构 10 由止推环和一个波形弹簧构成，波形弹簧置于十字连接环内部。该机构可以防止液击，也可使动涡旋体型线端部采用的尖端沟槽密封更可靠；③径向柔性密封机构 11 采用滑动轴套结构，在曲轴最上端端面开有长方形孔，其内装有偏心轴承（即滑动轴套），并在孔的内部压一个弹簧，弹簧也与曲轴接触，使涡旋体的径向间隙保持在最小值，减少气体周向泄漏；④润滑系统采用摆线型油泵 6 供油，通过曲轴中心上的孔供给各个需要润滑和密封的部位（偏心轴承、主轴承、涡旋体的压缩室等），解决了卧式压缩机润滑油进入各润滑部位的困难，也避免了排出的制冷剂含油过多；⑤装有双重排油抑制器 9，支承滚珠轴承 5 的隔板是带风扇形的板，含油雾的制冷剂气体高速撞击扇叶，油雾被分离，另外，在排气管上装有罩，制冷剂气体与罩相接触，油雾被黏附在罩上而被分离，进一步降低了排出气体的含油量；⑥曲轴由滑动轴承 2 支承在动涡旋体的一端，另一端由滚珠轴承 5 支承，确保了运行的平稳。

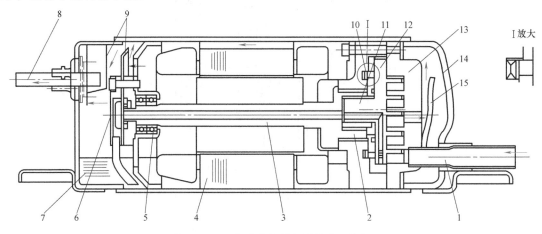

图 4-13　一台卧式全封闭涡旋式压缩机

1—吸气管　2—滑动轴承　3—曲轴　4—电动机　5—滚珠轴承　6—摆线型油泵　7—油池
8—排气管　9—双重排油抑制器　10—轴向柔性密封机构　11—径向柔性密封机构
12—动涡旋体　13—静涡旋体　14—机壳　15—排气阀

图 4-14 所示的汽车空调用涡旋式压缩机为开启式压缩机，由汽车的主发动机通过带轮驱动压缩机运转。制冷剂气体从吸气管进入由机壳 2、动涡旋体 4 和轴承座 12 组成的吸气腔，然后经动、静涡旋体 4、1 的外圈进入月牙形工作腔，被压缩后经排气阀 3 排入排气腔，再通过排气管排出压缩机。为了使压缩机的重量轻，两个涡旋体采用铝合金制造，动涡旋体

的涡旋体和内端面经硬质阳极发蓝处理，确保其耐磨性，静涡旋体的内端面镶嵌耐磨板，以防动涡旋体顶端密封将其磨损。采用径向柔性密封机构 5 调节两个涡旋体间的径向间隙，以确保径向密封减少周向泄漏；球形连接器 13 一方面承受作用于动涡旋体上的轴向力，一方面防止动涡旋体的自转；设置排气阀是为了防止高压气体回流导致效率降低，及防止电磁离合器 9 脱开时曲轴倒转，也可以适应变工况运行；轴封 11 为双唇式，位于两个轴承之间，辅轴承 10 采用油脂润滑，主轴承 7 和涡旋体的润滑是依靠吸入气体内所含的润滑油。

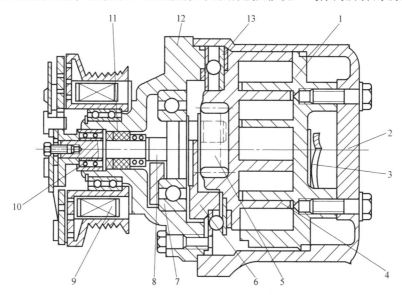

图 4-14　汽车空调用涡旋式压缩机

1—静涡旋体　2—机壳　3—排气阀　4—动涡旋体　5—径向柔性密封机构
6—平衡块　7—主轴承　8—曲轴　9—电磁离合器　10—辅轴承
11—轴封　12—轴承座　13—球形连接器

4.3.2　CO_2 涡旋式压缩机

进入 21 世纪以来，CO_2 制冷剂的应用成为研究热点，人们开发出了各种 CO_2 涡旋式压缩机用于汽车空调、热泵热水器等领域。

CO_2 压缩机吸气压力达 3.5～4.0MPa，排气压力高达 8.0～11.0MPa，因而是跨临界循环。

在跨临界循环中，虽然 CO_2 压缩机的工作压力高于一般制冷工质的工作压力，但其压缩比仅为2.7～3，低于一般工质的压缩比。由于 CO_2 压缩比小，在相同的压缩腔内，比普通制冷工质提前达到所需压力，因此对于适合大压缩比的压缩机需重新考虑结构设计，如吸排气阀的设计、由此带来的余隙容积的影响等。研究结果表明，与 R134a 压缩机比较，在相同的转速与容积效率下，CO_2 涡旋式压缩机的压缩内容积仅约为 R134a 的 25%，压缩机的大小可以减少许多，CO_2 压缩机的效率可提高。

由于 CO_2 压缩机的吸、排气压力差为 5～8MPa，在如此大压力差下运行，就要求压缩机适应这种环境，由于压力高产生的问题，如高压、大压力差导致零件的变形，以及小压缩比对压缩腔设计和压缩机尺寸的确定的影响，因此对一些参数需适当选择，如采用小的涡旋壁高度；对一些零部件和配套件，如气阀和高压冷却器，需专门设计。

图 4-15 所示为一台单级 CO_2 涡旋式压缩机。其壳体中为吸气压力，CO_2 制冷剂由机壳 10 上的吸气管 8 进入壳体，在壳体中冷却电动机 5，然后进入由固定涡旋体 2 和运动涡旋体 3 所组成的工作容积中被压缩，最后经排气管 1 排出压缩机。作用于运动涡旋体 3 上的轴向力由与运动涡旋体 3 一起运动的轴向推力轴承 9 承受，电动机 5 驱动曲轴，曲轴驱动运动涡旋体 3 运动，置于运动涡旋体 3 和固定涡旋体 2 之间的十字连接环 7 防止了运动涡旋体 3 的自转。由于机壳 10 中为吸气压力，压缩机由位于曲轴底端的油泵提供润滑。

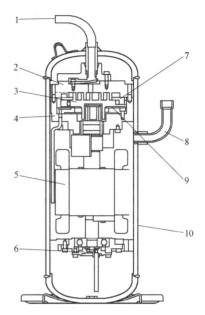

图 4-15 单级 CO_2 涡旋式压缩机

1—排气管 2—固定涡旋体 3—运动涡旋体
4—机架 5—电动机 6—油泵 7—十字连接环
8—吸气管 9—推力轴承 10—机壳

4.3.3 喷气增焓涡旋式压缩机

喷气增焓技术就是为了解决空调器在寒冷地区冬季制热时制热量不足、效率低下、排气温度过高等问题而开发出来的一种技术。图4-16 所示为谷轮公司开发的喷气增焓涡旋式压缩机结构图。这种压缩机上开有一蒸气喷气口（辅助进气口），位于压缩过程中间的某个位置，可以将处于某一中间压力和中间温度的制冷剂气体引入压缩机。

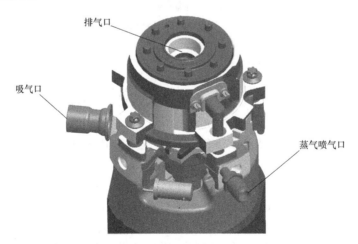

排气口

吸气口

蒸气喷气口

图 4-16 谷轮公司开发的喷气增焓涡旋式压缩机结构图

这种压缩机的制冷系统也需要做相应的改变。典型的喷气增焓系统有两种类型：经济器系统和闪发器系统，如图 4-17a 所示。

在使用经济器的系统中，从冷凝器出来的制冷剂分为两部分，一部分是制冷剂 m，另一部分是用于喷气增焓的制冷剂 i。制冷剂 m 直接进入经济器，而制冷剂 i 必须通过节流装置降压后进入同一经济器。两部分制冷剂在经济器中进行热交换之后，制冷剂 m 通过向制冷剂 i 释放热量成为过冷制冷剂，然后通过节流装置节流降压，再进入蒸发器蒸发后被压缩机吸气口吸入。制冷剂 i 在经济器中吸收制冷剂 m 释放的热量，温度升高，焓值增加，通过气态制冷喷气装置与制冷剂 m 混合，再一起被压缩后，进入冷凝器，进行下一个工作循环。

在使用闪蒸器的系统中，从冷凝器出来的制冷剂都进入一级节流装置降压后进入闪蒸器。在闪蒸器中制冷剂完成气液分离，气态制冷剂 i 通过气态制冷喷气装置进入压缩机，而液态制冷剂 m 再通过二级节流装置被进一步节流降压，然后进入蒸发器，随后被压缩机吸气口吸入。在压缩机内制冷剂 i 与制冷剂 m 一起被压缩，然后进入冷凝器，进行下一个工作循环。

从图 4-17b 中可以看出，由于喷气增焓，涡旋式压缩机排气口（即经过冷凝器）的流量为蒸发器流量 m 和用于喷气增焓制冷剂流量 i 之和，增加了制冷剂质量流量，增强了冷凝器的换热效率，提高了制热量。喷气增焓，在排气温度不高的情况下，可以控制节流阀优化中间经济器的换热性能，获得最大的制热量；在排气温度较高时，可以通过调节节流装置控制排气温度，保证压缩机可靠运行。

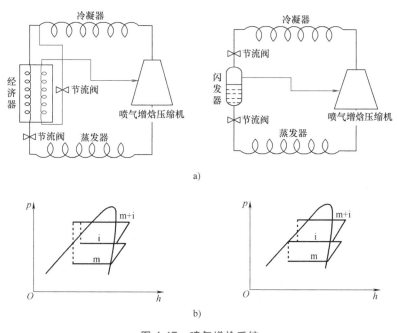

图 4-17 喷气增焓系统

a）喷气增焓系统图 b）喷气增焓系统压焓图

4.4 密封与防自转机构

4.4.1 泄漏与密封

压缩机的泄漏不但使输气量减少，而且也造成功率消耗的增加，涡旋式压缩机的泄漏还会导致排气温度的升高，因此，减少泄漏是提高涡旋式压缩机经济性和可靠性的有效方法。

1. 泄漏途径

涡旋式压缩机的泄漏途径有两条：①通过轴向间隙的径向泄漏；②通过径向间隙的周向泄漏，如图 4-18 所示。

2. 泄漏长度

当工况一定时，泄漏量的大小与压缩腔室间的压差、动静涡旋体间的密封间隙值以及泄漏长度有关。从图 4-18 看出，径向泄漏是由于动、静涡旋体端面间存在轴向间隙而产生沿涡旋线端部的泄漏，其泄漏长度应是涡旋线长度，而通过各压缩腔室动静涡旋体啮合点间隙产生的周向泄漏长度则与涡旋体高度有关。

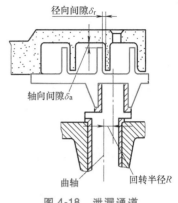

图 4-18　泄漏通道

图 4-19 所示是一对涡旋体的径向和周向泄漏质量流量的计算实例。由曲线可看出，当压缩腔转移至中心压缩室的转角位置时，泄漏量 q_1 达最大值，尽管轴向间隙只是径向间隙的一半，但在大部分转角范围内，径向泄漏比周向泄漏大，因为径向泄漏长度比周向泄漏长度长得多，故轴向密封机构更为重要。

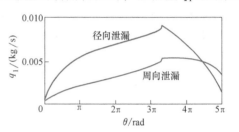

图 4-19　一对涡旋体的径向和周向泄漏质量流量的计算实例

3. 密封结构

涡旋式压缩机的密封分为轴向密封和径向密封两种，轴向密封机构阻止气体的径向泄漏，径向密封阻止气体的周向泄漏。主要的密封方式分为接触式密封和非接触式密封两种。

接触式密封用于轴向密封，在涡旋壁端面开涡旋槽，其内嵌密封元件，使之与另一涡旋体的底表面紧密接触，达到密封的目的。密封元件一般为热压塑料或工程树脂，也可以是层状耐磨金属等。这种密封结构的特点是结构简单，且可用一般的加工方法控制涡旋体高度和轴向端面间隙，但存在密封元件的磨损、变形、可靠性等问题。

非接触式密封也称间隙密封，对轴向密封和径向密封均适用。其基本思想是严格控制泄漏间隙的大小，当间隙小到泄漏量占总气体量的份额足够小时，就相当于实现了密封。这种方法对零件的加工精度、装配精度和检验要求很高，设备投资和制造成本也相应较高。

上述两种密封方式都不是十分理想，而完善解决泄漏问题的结构是涡旋式压缩机的轴向浮动结构和径向柔性结构（详见后续有关内容）。

4.4.2　轴向浮动结构和径向柔性结构

涡旋式压缩机原理与结构的动画，可扫码观看。该压缩机同时具有轴向浮动结构和径向柔性结构。

1. 轴向浮动结构

轴向浮动结构（详见后续本章轴向力平衡部分）是涡旋式压缩机能够进入大规模产业化的一个重要因素。它不但解决了轴向密封问题，而且也解决了轴向力的平衡问题，同时还具有较好的工况变化适应能力、磨损自补偿能力、抵御液击和杂质的能力，以及降低加工和装配精度、降低制造成本等一系列的优点。

2. 径向柔性结构

径向柔性结构不但解决了径向密封问题，而且还具有轴向浮动结构类似的诸多优点。其基本思想是可变化（具有柔性）的曲轴旋转半径，从而保证动盘壁面与静盘的良好接触，以达到密封的目的。但需要注意的是采用径向柔性的限制是动盘的旋转惯性力应大于气体力，否则动、静盘将在气体力的作用下克服惯性力而脱离啮合，导致压缩机不能正常工作。

实现径向柔性的结构各种各样，不同的产品各不相同。

（1）单圆曲柄轴径向密封机构 依靠曲柄销9与轴承8间的轴承间隙4控制动静涡旋体的接触情况如图4-20所示。曲柄销与轴承间的径向间隙较小时，动涡旋体的活动余地小，径向密

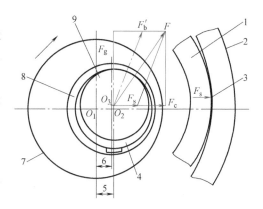

图 4-20 单圆曲柄轴径向密封
1—动涡旋体 2—静涡旋体 3—密封接触点
4—轴承间隙 5—运动半径 6—曲柄半径
7—曲柄轴 8—轴承 9—曲柄销

封全部依靠动静涡旋体间的装配间隙保证，因动静涡旋体不接触，故周向泄漏较大，但涡旋体间的摩擦小；当曲柄销与轴承间的间隙较大时，动涡旋体可在作用力下抵向静涡旋体，形成接触密封，阻止径向泄漏，但涡旋体间的摩擦大。因而这种密封机构存在选择最佳曲柄销轴承间隙的问题，即最佳曲柄销轴承间隙可使动静涡旋体处于部分接触状态，以保证泄漏和摩擦不致很大。为了有效传递转矩，往往将曲柄销的圆柱面切出一个平面，在曲柄销和动盘轴承内孔之间增加一过渡零件（其外圆柱面与轴承内孔配合，内孔与曲柄销的形状配合）。

（2）偏心轴套机构 图4-21所示的偏心轴套式径向密封机构是一种典型的径向柔性机构，由曲轴3和偏心轴套1构成，O_1 为曲轴的中心，O_2 为偏心轴套的中心，偏心轴套与动涡旋体同心，因此也是动涡旋体的驱动中心，O_3 为曲柄销的中心，R_1 为曲轴的偏心距（即曲柄半径），R_2 为动涡旋体的回转半径。当偏心轴套绕 O_3 摆动时，动涡旋体的回转半径会发生相应的变化，实现回转半径的微小调节。实际运行中，回转半径是随涡旋体径向啮合状态而改变的，从而导致偏心轴套的摆动，以适应回转半径的变化，确保涡旋体的径向啮合，达到周向密封的目的。为保证径向啮合密封，偏心轴套上曲柄销中心的位置应沿曲轴的回转方向超前于动涡旋体的驱动中心，即图4-21中的夹角 ξ（$\angle O_2O_1O_3$）在 40°~45° 范围内选取，且曲柄半径等于回转半径的 2.3~2.7 倍。由于偏心套的偏心方向可以处于轴承圆周的任何位置，这种结构往往需要一个偏心套的定位结构，否则可能因为偏心套的偏心方向与曲轴的偏心方向偏离正常位置而导致压缩机不能正常运转。

（3）滑动衬套机构 如图4-22所示，在装有动涡旋体的曲轴6的上端开有一长方形孔，其中装有滑动衬套1，衬套中心的轴承孔与动涡旋体的轴销相配，使之能自由运动，长方形孔内的弹簧5力图将衬套沿半径方向向外压，以维持动涡旋体与静涡旋体间的径向接触。这种结构属于一种原理性结构，在实际应用时将因弹簧的存在使压缩机的可靠性和寿命大大降低。

4.4.3 防自转机构

为了使动涡旋体相对于静涡旋体做回转平动，必须依靠防自转机构。防自转机构的形式

有多种，这里只介绍几种常用结构。

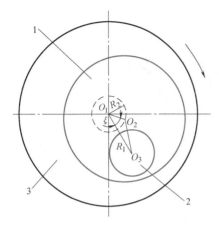

图 4-21 偏心轴套式径向密封机构

1—偏心轴套 2—曲柄销 3—曲轴

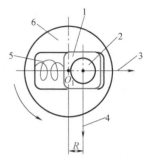

图 4-22 滑动衬套机构

1—滑动衬套 2—曲柄销 3—离心力
4—气体力 5—弹簧 6—曲轴

1. 十字连接环

图 4-23a 和 b 所示为一种得到广泛应用的十字连接环，底面的一对滑块 D、C 与机座上的一对滑槽 G、H 配合，上面的一对滑槽 A、B 与动涡旋体底面的一对滑块 E、F 配合，共形成四对摩擦副。图 4-23b 所示是十字连接环机构运动简图，O_1 是曲轴中心，O_2 是曲柄销中心，O_2 绕 O_1 旋转，O_1 与 O_2 间的距离是旋转半径 R，机座为静坐标系 O_1XY，十字连接环为动坐标系 $O_1'X'Y'$，O_1' 是两对滑块中心线交点，动涡旋体的牵连运动即是十字连接环相对于机座的运动，是沿 Y 轴方向的往复直线运动，动涡旋体的相对运动是动涡旋体相对于十字连接环的运动，为沿 X' 轴方向的往复直线运动，因此动涡旋体不能自转，只能相对于静涡旋体做平动。根据刚体平动的性质，动涡旋体上的任一点都与 O_2 有形状相同的运动轨迹（轨迹是旋转半径为 R 的圆）和相等的速度及加速度。该结构的缺点是，对十字滑块和

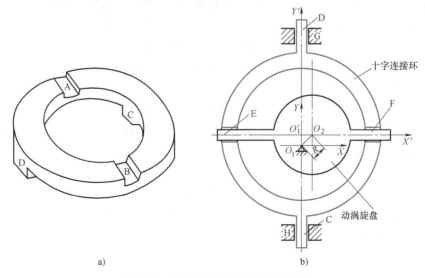

a)   b)

图 4-23 得到广泛应用的十字连接环

a）结构示意图 b）运动简图

十字滑槽的垂直度要求很高，又因存在四对滑动摩擦副，摩擦力和磨损也较大。

十字连接环是一种最常见的结构。

2. 球形联轴器

图 4-24a 所示的球形联轴器，是由两块几何形状完全相同的孔板以一定的偏心距将钢球卡嵌在一起组合而成，两孔板中的一块为可动孔板 3，它被紧固在动涡旋体的背面，另一块固定孔板 1 固定在机座上，钢球与两孔板形成的橄榄腔之间有微小间隙，使钢球在孔板内可以转动，钢球沿孔板布满一周，为提高联轴器的承载能力，在安装位置允许的情况下钢球数量尽可能多些。图 4-24b 所示是钢球运动简图，示出曲轴转角从 0° 转至 180° 的两个极限位置。从图中可看出，当曲轴偏心距为 R 时，钢球移动的距离也应是 R，那么动孔板移动的距

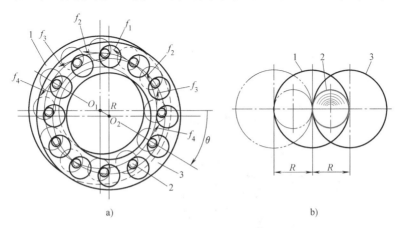

图 4-24　球形联轴器

a）结构简图　b）运动简图

1—固定孔板　2—钢球　3—可动孔板

离应为 $2R$，因此钢球直径应为 R，孔板的孔径应为 $2R$，才能实现正常的运动。该结构既有防自转功能，又起推力轴承的作用，但对其制造精度和装配精度要求极高。

3. 圆柱销联轴器

图 4-25 所示是圆柱销联轴器防自转机构的原理图。圆柱销 3 的上端插入动涡旋体的相应圆孔中，圆柱销的下部分则伸入到机座 2 相应的圆孔 6 中。曲轴 5 带动动涡旋体运动，圆柱销便限制在圆孔 6 中运动，起到防自转的作用。当曲轴半径为 R 时，通常取圆柱销的直径为 $2R$，机座圆孔的直径则为 $4R$，圆柱销的个数最少是三个，采用六个圆柱销可以使机构运转得更平稳。圆柱销在圆孔 6 中的运动可以是沿孔壁滚动，也可以沿孔壁滑动，主要取决于圆柱销上端与动涡旋体上插入孔的配合松紧程度，或者圆柱销上端紧固，下端在圆孔 6 中滑动，或者下端沿圆孔 6 内壁滚动，而上端在动涡旋体孔中滑动，因此圆柱销避免不了滑动，这会引起圆柱销与孔的磨损比较严重。

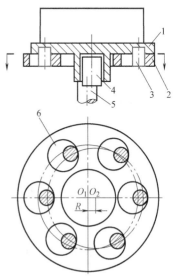

图 4-25　圆柱销联轴器防
自转机构的原理图

1—动涡旋体　2—机座　3—圆柱销

4—曲柄销　5—曲轴　6—圆孔

4.5 热力过程

4.5.1 基本几何关系与工作容积变化

将两个相同涡旋参数的涡旋体中的一个旋转180°，再平移 $R = 0.5（P-2t）= r（\pi-2\alpha）$ 的距离，使两涡旋体相互相切接触，可以形成若干对月牙形空间，这就是涡旋式压缩机的压缩室容积。图4-26所示的圈数为3.25时形成的三对月牙形面积，规定将三对月牙形面积构成的压缩室由最内向外排定序号为①、②、③室，压缩室容积应为其投影面积（月牙形面积）与涡旋体高度的乘积，故首先求投影面积。

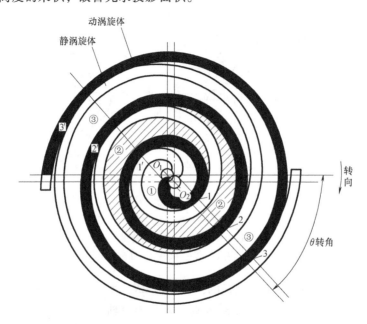

图4-26　两涡旋体构成的压缩室投影面积

1. 渐开线与基圆所围面积

圆的渐开线与基圆间的面积，可按图4-27所示用积分法求出，其微元面积 dA 可近似等于张角是 $d\phi$、半径是 $r\phi$ 的扇形面积，即

$$dA \approx \frac{1}{2}(r\phi)^2 d\phi$$

则渐开线与基圆所围面积为

$$A = \int_0^\phi dA = \int_0^\phi \frac{1}{2}r^2\phi^2 d\phi = \frac{1}{6}r^2\phi^3 \qquad (4\text{-}4)$$

2. 各压缩室的投影面积及压缩室容积

首先求编号为②的投影面积和压缩室容积，若动涡旋体相对于静涡旋体的回转角为 θ，如图4-28所示，

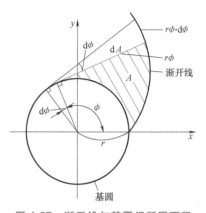

图4-27　渐开线与基圆间所围面积

②的投影面积 A_2 是面积 A_{L2} 和面积 A_{S2} 之差，其中

$$A_{L2} = \int_{\frac{5}{2}\pi - \alpha - \theta}^{\frac{9}{2}\pi - \alpha - \theta} \frac{1}{2}(r\phi)^2 d\phi = \frac{1}{6}r^2\left[\left(\frac{9}{2}\pi - \alpha - \theta\right)^3 - \left(\frac{5}{2}\pi - \alpha - \theta\right)^3\right]$$

$$A_{S2} = \int_{\frac{3}{2}\pi + \alpha - \theta}^{\frac{7}{2}\pi + \alpha - \theta} \frac{1}{2}(r\phi)^2 d\phi = \frac{1}{6}r^2\left[\left(\frac{7}{2}\pi + \alpha - \theta\right)^3 - \left(\frac{3}{2}\pi + \alpha - \theta\right)^3\right]$$

则②的投影面积 A_2 为

$$A_2 = A_{L2} - A_{S2} = 2\pi r^2(\pi - 2\alpha)(3\pi - \theta) \tag{4-5}$$

引入涡旋体节距 P 和涡旋体壁厚 t，编号为②的一对压缩室容积为

$$V_2 = 2A_2 h = \pi P(P - 2t)\left(3 - \frac{\theta}{\pi}\right)h \tag{4-6}$$

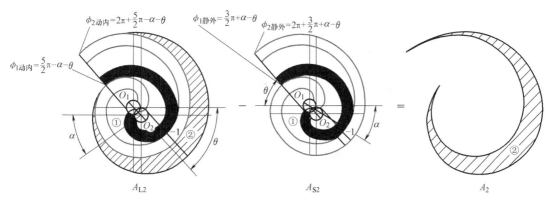

图 4-28　压缩室投影面积计算

同理可以求出编号为③的一对压缩室容积，即

$$V_3 = \pi P(P - 2t)\left(5 - \frac{\theta}{\pi}\right)h \tag{4-7}$$

当两涡旋体构成的压缩室大于三个，那么除①号一对压缩室以外的任一对压缩室容积的通用计算公式为

$$V_i = \pi P(P - 2t)\left(2i - 1 - \frac{\theta}{\pi}\right)h \quad (i = 2, 3, \cdots) \tag{4-8}$$

编号为①的压缩室通常被称为中心压缩室，它的投影面积的计算方法可借助图 4-29 进行，即

$$A_1 = 2A_{11} - A_{12} - 2A_{13} + 2A_{14} \tag{4-9}$$

其中，A_{11}、A_{12} 和 A_{13} 与动涡旋体的回转角 θ 及回转半径 R 有关：

当 $0 \le \theta < \theta^*$ 时（这里 θ^* 是排气开始角，将在后续节中介绍），可求出

$$A_{11} = \int_{\frac{3}{2}\pi - \alpha - \theta}^{\frac{5}{2}\pi - \alpha - \theta} \frac{1}{2}(r\phi)^2 d\phi = \frac{1}{6}r^2\left[\left(\frac{5}{2}\pi - \alpha - \theta\right)^3 - \left(\frac{3}{2}\pi - \alpha - \theta\right)^3\right]$$

$$A_{13} = \int_0^{\frac{3}{2}\pi + \alpha - \theta} \frac{1}{2}(r\phi)^2 d\phi - \int_0^{\frac{3}{2}\pi - \alpha - \theta} \frac{1}{2}(r\phi)^2 d\phi = r^2\alpha\left(\frac{3}{2}\pi - \theta\right) + \frac{1}{3}r^2\alpha^3$$

当 $\theta^* \le \theta < 2\pi$ 时，中心压缩室与压缩室②连通，则有

$$A_{11} = \frac{1}{6}r^2\left[\left(\frac{9}{2}\pi - \alpha - \theta\right)^3 - \left(\frac{7}{2}\pi - \alpha - \theta\right)^3\right]$$

$$A_{13} = r^2\alpha\left(\frac{7}{2}\pi - \theta\right) + \frac{1}{3}r^2\alpha^3$$

面积 A_{12} 是两基圆之间的阴影部分，如图 4-30 所示，它的值取决于两基圆中心的距离 R，R 是动涡旋体的回转半径，其值为

$$R = \frac{P}{2} - t \tag{4-10}$$

$R \geqslant 2r$ 时 $A_{12} = r^2(\pi - 4\alpha)$

$R < 2r$ 时 $A_{12} = r^2\left\{\pi - 4\alpha + \arccos\left(\frac{\pi}{2} - \alpha\right) - (\pi - 2\alpha)\sin\left[\arccos\left(\frac{\pi}{2} - \alpha\right)\right]\right\}$

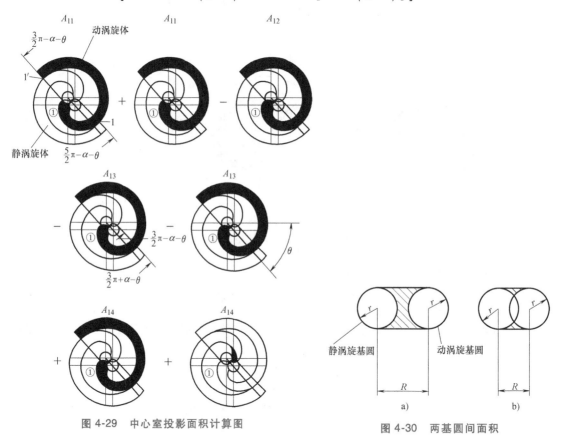

图 4-29 中心室投影面积计算图

图 4-30 两基圆间面积
a) $R \geqslant 2r$ b) $R < 2r$

面积 A_{14} 是指加工用的刀具和圆的渐开线相干涉或者为适应内容积比而多铣削掉的部分，因该值较小，可以忽略。

中心压缩室容积为

$$V_1 = A_1 h \tag{4-11}$$

3. 吸气容积 V_s

当动涡旋体转角 $\theta = 0°$ 时，最外圈压缩室容积定义为吸气容积，若涡旋式压缩机有 N 对压缩腔，吸气容积按式 (4-8) 计算，式中的 $i = N$，$\theta = 0$，则吸气容积为

$$V_s = \pi P(P - 2t)(2N - 1)h \tag{4-12}$$

4. 压缩室容积随转角变化曲线

由式（4-8）可看出，压缩室容积 V 是动涡旋体转角 θ 的函数，如图 4-31 所示给出 V-θ 曲线，再参看图 4-26 可知，$\theta = 0°$ 时第③室容积完全闭合（若压缩腔数不为整数时，$\theta = \theta'$ 时第③室容积完全闭合），$\theta = 2\pi$ 时第③室变为第②室，即 $V = V_2(\theta) = V_3(\theta = 2\pi)$，当 $\theta = \theta^*$ 时第②室与第①室连通，开始排气，此时的排气容积 $V^* = V_1(\theta^*) + V_2(\theta^*)$，但 $V_1(\theta^*)$ 是第①室残留气体的容积，即涡旋式压缩机的余隙容积，因它没有向吸气腔的膨胀过程，故不影响压缩机的容积效率。

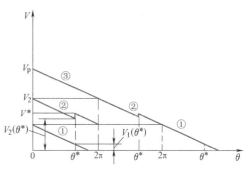

图 4-31 压缩室容积随转角的变化曲线

4.5.2 输气量

1. 理论容积输气量 q_{Vt}

理论容积输气量应为吸气容积与压缩机转速的乘积，其单位为 m^3/h，即

$$q_{Vt} = 60nV_s = 60n\pi P(P-2t)(2N-1)h \tag{4-13}$$

2. 实际容积输气量 q_{Va}

实际容积输气量应为理论容积输气量与容积效率的乘积，其单位为 m^3/h，即

$$q_{Va} = \eta_V q_{Vt} \tag{4-14}$$

3. 容积效率 η_V

涡旋式压缩机容积效率的定义与往复式压缩机相同，即

$$\eta_V = \lambda_V \lambda_p \lambda_T \lambda_1 \tag{4-15}$$

但是，涡旋式压缩机的余隙容积很小，位于最内腔的排气孔不与吸气腔连通，没有余隙容积中气体的膨胀过程，故容积系数 $\lambda_V = 1$；因为涡旋式压缩机没有吸气阀，吸气为吞吸式，吸气压力损失很小，所以压力系数 $\lambda_p = 1$；又因涡旋式压缩机的吸气腔在最外侧，吸气加热也不大，可近似认为温度系数 $\lambda_T = 1$；因此影响容积效率的因素只剩泄漏系数 λ_1 了，由于涡旋式压缩机各圈压缩室间的压力差不大，于是泄漏量较小且为内泄漏，在密封完善时泄漏更小。综上所述，可以看出涡旋式压缩机的容积效率均在 0.95 以上，这是其他容积式压缩机不能与之相比的优点。

4.5.3 内压缩

1. 压力随转角变化曲线及 p-V 图

从图 4-31 可知，压缩室容积随转角在变化，而压缩室容积的变化又导致室内气体压力的变化，即压力也随转角变化，图 4-32 所示为 p-θ 曲线和 V-θ 曲线。

图 4-32 中的 θ_1 是最外圈动静涡旋体间的月牙形空间形成最大容积时

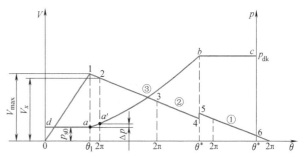

图 4-32 p-θ 曲线和 V-θ 曲线

的转角。当曲轴转角 θ 从 0 到 2π 时，最外圈敞开的月牙形空间逐渐封闭，完成吸气过程。在此过程中，敞开容积在 θ_1 时（$0<\theta_1<2\pi$）存在一个最大值 V_{max}，即当 $0\leqslant\theta\leqslant\theta_1$ 时，敞开容积由小变大，称为吸气阶段，用线段 0-1 表示，当 $\theta_1<\theta\leqslant2\pi$ 时，敞开容积由大变小直至闭合，称为吸气闭合阶段，用线段 1-2 表示，吸气过程中吸气压力应为常量，但由于敞开容积闭合时，容积的变化大于此时溢出的气体体积，故当 $\theta=2\pi$ 时，闭合容积内的气体压力略高于吸气压力（约高 4%），吸气过程压力线为 $d-a-a'$；θ 再转过 2π，③室容积被压缩并变为②室，用线段 2-3 表示，随着 θ 的增加，气体继续被压缩，用线段 3-4 表示，压力线是 $a'-b$，这是压缩过程，当 $\theta=\theta^*$ 时，②室与①室连通，压缩过程结束，将开始排气，容积曲线上的线段 4-5 是②室与①室中的残留气体混合所致；接下来是排气过程，容积线是 5-6，压力线是 $b-c$，排气过程一直延续至下一个 $\theta=\theta^*$ 时才结束，另一个排气过程又开始了。随着曲轴的旋转，吸气、压缩、排气周而复始进行，且吸气和排气过程是连续的。

2. 容积比与内容积比

容积比 $V_i'(\theta)$ 是指吸气容积 V_s 与任意转角下的各压缩室容积 $V_i(\theta)$ 之比，可表示为

$$V_i'(\theta)=\frac{V_s}{V_i(\theta)} \tag{4-16}$$

内容积比是指吸气容积与压缩终了时的容积之比，即

$$V_i(\theta^*)=\frac{V_s}{V(\theta^*)} \tag{4-17}$$

当没有排气阀时，压缩终了时的容积是 V_2（θ^*），将式（4-8）和式（4-12）代入式（4-17）可得内容积比的计算式，即

$$V_{i2}(\theta^*)=\frac{\pi P(P-2t)(2N-1)h}{\pi P(P-2t)\left(3-\dfrac{\theta^*}{\pi}\right)h}=\frac{2N-1}{3-\dfrac{\theta^*}{\pi}} \tag{4-18}$$

当有排气阀时，压缩终了时的容积是 V_1（θ^*），内容积比为

$$V_{i1}(\theta^*)=\frac{V_s}{V_1(\theta^*)} \tag{4-19}$$

式中　$V_1(\theta^*)$——$V_1(\theta^*)=Ah$，A 根据式（4-9）按 $\theta^*\leqslant\theta\leqslant2\pi$ 时的情况计算。

3. 压缩比与内压缩比

任意转角时各压缩室中气体压力与吸气压力之比为压缩比，压缩比与容积比的关系可根据过程方程得到，即

$$\varepsilon_i(\theta)=\frac{p_i(\theta)}{p_{s0}}=V_i'^{n}(\theta) \tag{4-20}$$

压缩终了压力与吸气压力之比为内压缩比，它与内容积比的关系是

$$\varepsilon_i(\theta^*)=\frac{p(\theta^*)}{p_{s0}}=V_{i1}^{n}(\theta^*) \tag{4-21}$$

式中　n——压缩过程多方指数。

将内容积比的计算式式（4-18）代入式（4-21）得到

$$\varepsilon_i(\theta^*)=\left(\frac{2N-1}{3-\dfrac{\theta^*}{\pi}}\right)^{n} \tag{4-22}$$

若压缩机的吸、排气压力已知，即压缩比已知，则可根据上式求出压缩腔室对数 N 及涡旋圈数 m（$m = N + 1/4$），且压缩比越高，圈数越多，涡旋体的加工越困难，因而通常单级压缩比不超过 8。

4. **排气开始角 θ^***

排气开始角是指转角 $\theta = \theta^*$ 时压缩机进入排气阶段。带有排气阀和不带排气阀时的 θ^* 值是不同的：

1）当冷却工艺过程要求制冷工况大致不变时，为了避免气阀中的压力损失，可以不设置排气阀，只有排气角为 θ^* 的排气孔，此时排气角应满足第②压缩室与中心压缩室连通时，②室的压力达到排气压力。排气角又取决于刀具对涡旋线的过切情况，图 4-33 所示为这种过切情况，图中 P' 点为刀具外圆与动涡旋内壁渐开线的交点，刀具将动涡旋切削了一部分，如图 4-33 中阴影线所围面积，P 点是刀具与动涡旋外壁渐开线的交点，刀具也将静涡旋切削了一部分，如图 4-33 中画有点的面积所示，当动涡旋体旋转过程中，动、静涡旋体的外壁与动、静涡旋体内壁的啮合点移至 P 及 P' 点时，则第②压缩室与中心压缩室连通，

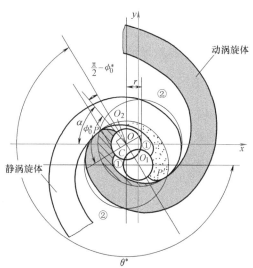

图 4-33 排气开始角的确定

这时的曲轴转角 θ 即为排气开始角 θ^*。根据几何方法可得到 θ^* 的计算式为

$$\theta^* = \frac{3}{2}\pi - \phi_0 + \alpha \tag{4-23}$$

式中 ϕ_0——干涉点处渐开线的展角，可通过求解下述超越方程得到

$$\phi_0^2 + 2\phi_0\sin(\phi_0 - \alpha) + 2\cos(\phi_0 - \alpha) = (\pi - \alpha)^2 - 2 \tag{4-24}$$

2）由于工艺过程要求制冷压缩机适应变工况运转，但定容积比的涡旋式压缩机不能适应变工况要求，因此需要设置排气阀，以防止变工况时产生过压缩或不足压缩造成的附加损失。有排气阀的排气角大小取决于冷凝压力（即排气压力）和气阀弹簧力，即可根据已知的内容积比按式（4-19）反算得出。

4.5.4 排气孔口的流速

排气孔口位于静涡旋体的中心，它的面积和形状与渐开线起始角、涡旋体起始端型线修正形状、涡旋体高度等有关。为了减少气体的流动损失，通常希望排气孔口气体马赫数在 0.3 左右，因此要求有足够的排气孔口面积。设排气孔口面积为 A，假定排气过程中气体不受压缩，并在匀速运转条件下，理想气体的流速可按不可压缩流体的连续方程求解，即应满足

$$\frac{\mathrm{d}V}{\mathrm{d}t} = -vA$$

式中 V——与排气孔口连通时压缩室的容积；

　　　v——排气孔口流速。

将容积 V 按式（4-11）代入上式即可得到排气流速

当 $0 \leqslant \theta < \theta^*$ 时 $\qquad v = \left(1 - \frac{2\alpha}{\pi}\right)\frac{P^2 h\omega}{A}\left(1 - \frac{\theta}{2\pi}\right)$ (4-25)

当 $\theta^* \leqslant \theta < 2\pi$ 时 $\qquad v = \left(1 - \frac{2\alpha}{\pi}\right)\frac{P^2 h\omega}{A}\left(2 - \frac{\theta}{2\pi}\right)$ (4-26)

式中 ω ——曲轴的角速度，单位为 rad/s。

由以上两式可看出，流速与涡旋线的几何参数有关，尤其是涡旋体高度 h 和渐开线起始角 α 影响较大、起始角大时，涡旋体高度对马赫数影响不敏感。但起始角小时，高度增加得快，会使马赫数增加。因此，合理选取几何参数不容忽视。

4.5.5 功率

1. 理论功率 P_{ts}

涡旋式压缩机理论循环的吸、排气过程均为可逆绝热的流动过程，压缩过程为等熵过程。理论比功为

$$w_{ts} = h(\theta^*) - h_{s0}$$

式中 $h(\theta^*)$、h_{s0} ——排气时和吸气时气体的比焓，单位为 J/kg；

$\qquad w_{ts}$ ——理论比功，单位为 J/kg。

理论功率为

$$P_{ts} = \frac{q_{ma}w_{ts}}{3.6} \times 10^{-6}$$ (4-27)

式中 q_{ma} ——理论质量输气量，单位为 kg/h；

$\qquad P_{ts}$ ——理论功率，单位为 kW。

2. 指示功率 P_i

大多数涡旋式压缩机没有排气阀，属于所谓的强制排气。这种情况下，就存在压缩机排气开始瞬间工作容积内的气体压力与排气腔或排气管道内的压力 p_{dk} 不相等的可能，出现所谓的等容积压缩（也称欠压缩）或等容积膨胀（也称过压缩）。由指示图 4-34 看出，由于 $p(\theta^*) \neq p_{dk}$，无论是等容压缩过程或等容膨胀过程都产生附加的能量损失（图中阴影部分的面积）。

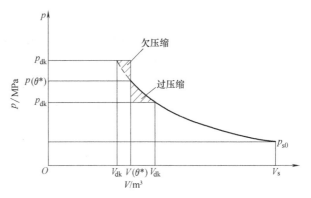

图 4-34 理论循环及欠压缩和过压缩

因实际循环中各个过程均为不可逆过程，还存在"过压缩"或"欠压缩"造成的附加能量损失，故涡旋式压缩机输入功率需增加 ΔP_i。指示功率为

$$P_i = P_{ts} + \Delta P_i$$ (4-28)

3. 轴功率 P_e 和电功率 P_{el}

P_e 是输入压缩机曲轴的功率，P_{el} 是输入压缩机电动机的功率，详细的计算可参阅第 2 章有关内容。

4.5.6 性能系数

性能系数为压缩机的制冷量 Φ_0 与压缩机的输入功率之比。对于开启式压缩机

$$\text{COP} = \frac{\Phi_0}{P_e} \tag{4-29}$$

对于封闭式压缩机

$$\text{COP} = \frac{\Phi_0}{P_{el}} \tag{4-30}$$

封闭式压缩机的 Φ_0/P_{el} 也可称为 EER，其单位为 W/W。

4.5.7 热力计算

涡旋式压缩机热力计算的目的、作用、计算过程与往复式压缩机是完全相同的，区别仅在于所使用的公式、经验数据（如各种系数、效率）不同。下面为一涡旋式压缩机热力计算实例。

例 有一台空调器用全封闭涡旋式制冷压缩机，使用的制冷工质为 R134a，计算其在空调工况下的热力参数。

1. 已知结构参数

涡旋体节距 $P = 18\text{mm}$

涡旋体壁厚 $t = 4\text{mm}$

涡旋体高 $h = 24\text{mm}$

涡旋体圈数 $m = 3.25$

压缩机转速 $n = 2880\text{r/min}$

2. 工况

制冷工质 R134a

蒸发温度 $t_0 = 7.2℃$

冷凝温度 $t_k = 54.4℃$

吸气温度 $t_{1'} = 35℃$

过冷温度 $t_4 = 46.1℃$

3. 计算制冷循环各特征点的状态参数

在 $p\text{-}h$ 图上的制冷循环如图 4-35 所示，各特征点的状态参数由 R134a 热物理性质图表查取。

（1）1 点状态参数 $t_1 = t_0 = 7.2℃$

$p_1 = p_0 = 0.377\text{MPa}$

$v_1 = 0.053\text{m}^3/\text{kg}$

$h_1 = 402.164\text{kJ/kg}$

（2）1' 点状态参数 $t_{1'} = 35℃$

$p_{1'} = p_0 = 0.377\text{MPa}$

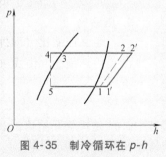

图 4-35 制冷循环在 $p\text{-}h$ 图上的表示

$$v_{1'} = 0.062 \text{m}^3/\text{kg}$$

$$h_{1'} = 427 \text{kJ/kg}$$

（3）3 点状态参数　　$t_3 = t_k = 54.4℃$

$$p_3 = p_k = 1.469 \text{MPa}$$

其中，p_0 为蒸发压力，p_k 为冷凝压力。

（4）2′点状态参数　　$p_{2'} = p_k = 1.469 \text{MPa}$

$$h_{2'} = 462 \text{kJ/kg}（按等熵压缩求取）$$

$$t_{2'} = 98℃$$

（5）4 点状态参数　　$t_4 = 46.1℃$

$$p_4 = p_k = 1.469 \text{MPa}$$

$$h_4 = 267 \text{kJ/kg}$$

4. 工质单位质量制冷量

$$q_0 = h_{1'} - h_4 = (427 - 267) \text{kJ/kg} = 160 \text{kJ/kg}$$

5. 工质单位质量理论功

$$w_{ts} = h_{2'} - h_{1'} = (462 - 427) \text{kJ/kg} = 35 \text{kJ/kg}$$

6. 输气量

（1）吸气容积　　$V_s = \pi P(P - 2t)(2N - 1)h$

$$= 3.14159 \times 0.018 \times (0.018 - 2 \times 0.004) \times (2 \times 3 - 1) \times 0.024 \text{m}^3$$

$$= 6.7858 \times 10^{-5} \text{m}^3$$

（2）理论容积输气量　　$q_{Vt} = 60 n V_s$

$$= 60 \times 2880 \times 6.7858 \times 10^{-5} \text{m}^3/\text{h}$$

$$= 11.726 \text{m}^3/\text{h}$$

（3）实际容积输气量　　$q_{Va} = \eta_V q_{Vt} = 0.95 \times 11.726 \text{m}^3/\text{h} = 11.1396 \text{m}^3/\text{h}$

（4）实际质量输气量　　$q_{ma} = q_{Va}/v_{1'} = 11.1396/0.062 \text{kg/h} = 179.67 \text{kg/h}$

7. 计算制冷量

$$\Phi_0 = q_{ma} q_0 / 3600 = 179.67 \times 160 / 3600 \text{kW} = 7.985 \text{kW}$$

8. 理论功率

$$P_{ts} = q_{Vt} w_{ts} / (3600 v_{1'}) = 11.726 \times 35 / (3600 \times 0.062) \text{kW} = 1.839 \text{kW}$$

9. 压缩比

（1）名义压缩比（即外压缩比）　　$\varepsilon_{dk} = p_{2'}/p_{1'} = 1.469/0.377 = 3.89655$

（2）内压缩比　　由式（4-22）可知内压缩比为

$$\varepsilon_i = \left(\frac{2N - 1}{3 - \theta^*/\pi}\right)^n$$

其中，θ^* 是排气开始角，根据式（4-23）可求出无排气阀时的排气角 $\theta^* = 246°$，取多方压缩指数 $n = 1.1$，得到

$$\varepsilon_i = \left(\frac{2 \times 3 - 1}{3 - 246/180}\right)^{1.1} = 3.4236$$

显然，内压缩比小于外压缩比，产生压缩不足。

10. 指示功率

根据等熵功率和指示效率 η_i 求得，并取 $\eta_i = 0.76$

$$P_i = P_{ts}/\eta_i = 1.839/0.76 \text{kW} = 2.419 \text{kW}$$

11. 轴功率

这里取机械效率 $\eta_m = 0.9$，则轴功率为

$$P_e = P_i/\eta_m = 2.419/0.9 \text{kW} = 2.688 \text{kW}$$

12. 电动机功率

这里取电动机效率 $\eta_{mo} = 0.88$，则电动机功率为

$$P_{el} = P_e/\eta_{mo} = 2.688/0.88 \text{kW} = 3.05 \text{kW}$$

13. 性能系数

$$COP = \Phi_0/P_e = 7.985/2.688 = 2.971$$

14. 计算能效比

$$EER = \Phi_0/P_{el} = 7.985/3.05 = 2.614$$

4.6 动力过程

压缩机动力计算的目的是在热力计算的基础上，计算、分析作用在压缩机关键零部件上的各种作用力，为后续的零部件结构设计和强度计算奠定基础。

作用于涡旋式压缩机涡旋体上的力有气体力、惯性力和摩擦力，这些力不但影响零部件的强度、刚度、摩擦与磨损，而且还影响压缩机的热力性能及动力特性。

4.6.1 切向力及阻力矩

作用于涡旋体上的气体力如图 4-36 所示，其最终效果是作用于曲轴等运动机构上，形成垂直于曲轴轴线并沿旋转方向的切向力 F_t 及力矩 M_t、垂直于曲轴轴线并沿旋转半径方向的径向力 F_r 及力矩 M_r、沿曲轴轴线方向的轴向力 F_a 及力矩 M_a。

1. 切向力

图 4-37 所示为①、②、③室中的气体压力对压缩室内外壁的作用分布情况，在①、②室间动涡旋体型线上受力而引起的在回转半径方向 1-1′ 截面上的作用力如图 4-37 所示，其作用力大小应等于压力差 p_1-p_2 和 1-1′ 截面积 A 的乘积，即

$$F_{t_1}(\theta) = (p_1 - p_2)A \tag{4-31}$$

式中 A——1-1′ 截面积，$A = R_{11'}h$。

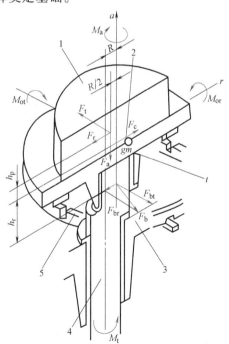

图 4-36 作用于涡旋体上的气体力

1—动涡旋体 2—动盘质心 3—支架
4—曲轴 5—十字连接环

由几何关系可知

$$R_{11'} = R_1 + R + R_{1'} = r\left(\frac{3}{2}\pi + \alpha - \theta\right) + r(\pi - 2\alpha) + r\left(\frac{3}{2}\pi + \alpha - \theta\right)$$

经进一步推导可得

$$F_{t_1}(\theta) = P\left(2 - \frac{\theta}{\pi}\right)h(p_1 - p_2)$$

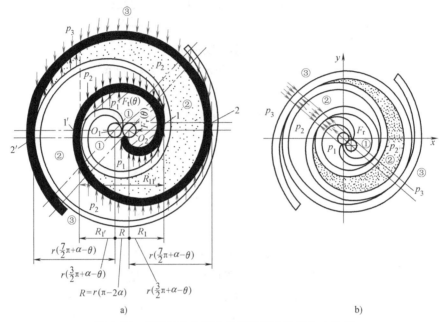

图 4-37　压缩室内外壁上的气体压力及径向力分布

a）压缩室内外壁上的气体压力　b）径向力分布

这就是在转角 θ 位置时，①、②室间压力差所产生的垂直于回转半径方向的切向力，以此类推，得到 i 和 $i+1$ 室间压力差所产生的垂直于回转半径方向的切向力（作用在 i-i' 截面）为

$$F_{t_i}(\theta) = P\left(2i - \frac{\theta}{\pi}\right)h(p_i - p_{i+1})$$

因此，总切向力为

$$F_t(\theta) = p_{s0}Ph\sum_{i=1}^{N}\left(2i - \frac{\theta}{\pi}\right)(\varepsilon_i' - \varepsilon_{i+1}') \qquad (4\text{-}32)$$

2. 切向力矩和自转力矩

因总切向力作用在 O-O' 连线的中点，而旋转中心在 O' 点，故总切向力对旋转中心 O' 产生切向力矩 $M_t(\theta)$，力矩的方向是逆旋转方向，所以称为阻力矩，它的大小为

$$M_t(\theta) = F_t(\theta)R \qquad (4\text{-}33)$$

摩擦力矩也属于阻力矩，但因数值较小可以忽略，故总阻力矩就等于切向力矩，将式（4-32）代入式（4-33）后得到总阻力矩为

$$M = M_t(\theta) = p_{s0}PhR\sum_{i=1}^{N}\left(2i - \frac{\theta}{\pi}\right)(\varepsilon_i' - \varepsilon_{i+1}') \qquad (4\text{-}34)$$

总切向力还会产生一个使动涡旋体绕其中心 O 自转倾向的力矩,在此称为自转力矩,其大小为

$$M_z(\theta) = \frac{1}{2} R F_t(\theta) \tag{4-35}$$

为了阻止动涡旋体的自转,涡旋式压缩机必须配备防自转机构(也称制动机构)。

3. 径向力

相邻压缩室之间的压差引起的沿曲柄半径方向的力是径向力,它仅作用在宽度为两倍基圆半径的中心带上,作用面积为 $2rh$,平行于曲轴偏心方向作用于曲柄销(图 4-37b),径向力的合力为

$$F_r(\theta) = 2p_{s0}rh(\varepsilon_i - 1) \tag{4-36}$$

由式(4-36)可以看出,因为作用面积小,故径向力也很小,可以忽略不计。

4.6.2 轴向力及其平衡

气体压力作用在涡旋体端板上产生的作用力是轴向力 F_a,因为每个月牙形压缩腔内的气体压力不同,作用面积也不同,所以轴向力也是转角的函数。

1. 轴向力计算式

关于轴向力的受力面积计算,可以参考热力过程一节中压缩室投影面积的求取方法,本节不再重复,但有所区别的是,考虑涡旋壁厚所受的轴向力,可取渐开线起始角为 0°。若动涡旋体背面压力为吸气压力时,其轴向力为

$$F_a(\theta) = p_{s0}\pi P^2 \left[\frac{A_1}{\pi P^2}(\varepsilon_1' - 1) + \sum_{i=2}^{N}\left(2i - 1 - \frac{\theta}{\pi}\right)(\varepsilon_i' - 1) \right] \tag{4-37}$$

若动涡旋体背面压力不是吸气压力,而是高压或某中间压力 p_b,则轴向力为

$$F_a(\theta) = p_b\pi P^2 \left[\frac{A_1}{\pi P^2}(\varepsilon_{1b}' - 1) + \sum_{i=2}^{N}\left(2i - 1 - \frac{\theta}{\pi}\right)(\varepsilon_{ib}' - 1) \right] \tag{4-38}$$

其中,A_1 应根据式(4-9)中 $0 \leqslant \theta < \theta^*$ 或 $\theta^* \leqslant \theta < 2\pi$ 和 $R \geqslant 2r$ 或 $R < 2r$ 的不同情况选用计算公式,而 $\varepsilon_i' = p_i/p_b$。

2. 轴向力的平衡

轴向力有使动涡旋体脱离静涡旋体沿轴向移动的趋势,造成泄漏增加,影响压缩机效率;轴向力也是造成涡旋体摩擦磨损加剧的原因,因此必须对轴向力进行平衡。其平衡方法有:

(1)采用推力轴承 在动涡旋体的背面装设推力轴承来承受轴向力,但在动涡旋体顶端应装有密封条以补偿端面的磨损,如图 4-12 中的 6 和 37 所示。

(2)采用背压可调推力机构 图 4-38 所示为背压可调推力机构原理:动涡旋体底板外周留有几十微米的间隙,使其处于机座与静涡旋体之间,于是动涡旋体的背面形成一个背压

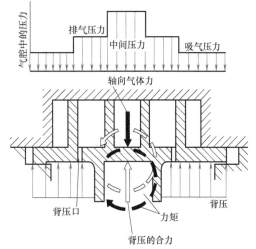

图 4-38 背压可调推力机构原理

腔，通过动涡旋体上开的小孔导入中压气体，在中间压力的作用下，动涡旋体被推向静涡旋体。因此涡旋体顶部间隙可被控制在很小的范围内，而不受公差和安装力矩的影响，并能随运转压力的变化适当地由中间压力来调节对静涡旋体的压力，以便在较宽的压力范围内减少机械摩擦损失；它还可以确保压缩机起动和停车时的稳定性；当压缩室内由于液体制冷剂或油等不可压缩流体进入使负荷突然增大时，动静涡旋体可立即在轴向分开，防止液击现象。

（3）在动涡旋体背面装弹簧　如图 4-13 中的 10 所示，该弹簧可以自动补偿磨损，但因弹簧力不能随工况的变化而改变，而使轴向力的平衡不能处于最佳状态。

（4）在动涡旋体背面施加油压　该方法也不能根据工况的变化适当地调整油压，以致轴向力的平衡不能处于最佳状态。

以上各种方法中，（1）和（2）使用较多。

4.6.3 倾覆力矩

由图 4-36 还可以看出，作用在动涡旋体上的切向力和径向力由作用于轴承上的支反力平衡，轴承径向支反力等于旋转惯性力 F_{rx} 与径向力 F_r 之差，即

$$F_{br} = F_{rx} - F_r$$

轴承切向支反力为
$$F_{bt} = F_t$$

于是 F_{br} 与 F_r、F_{bt} 与 F_t 均构成使动涡旋体产生倾斜运动的倾覆力矩 M_o，即

绕 t 轴的力矩为
$$M_{ot} = F_{br}h_r - F_r h_p$$

绕 r 轴的力矩为
$$M_{or} = F_{bt}h_r + F_t h_p + F_a \frac{R}{2}$$

倾覆力矩为
$$M_o = \sqrt{M_{or}^2 + M_{ot}^2} \tag{4-39}$$

4.6.4 旋转惯性力、惯性力矩及其平衡

涡旋式压缩机的动涡旋体绕曲轴旋转中心运动时，由于偏心的存在而产生旋转惯性力及惯性力矩，它们将导致压缩机的振动，故应给予平衡，以确保压缩机平稳运转。

1. 惯性力的一次平衡

因为动涡旋体的质量中心取决于涡旋体圈数的分布，并不在曲柄销中心上，为了能在曲轴上平衡动涡旋体的惯性力，必须首先用一部分平衡质量将动涡旋体的质心位置转移到曲柄销中心，即转移至动涡旋体的基圆中心，实现动涡旋体的静平衡。

（1）动涡旋体的质心位置　在图 4-39 中，动涡旋体的质心位置用积分方法求取，具体的求取过程书中给予省略，这里仅给出质心坐标 (x_m, y_m) 的计算式，即

$$x_m = 2r\left(-\sin\phi - 9\frac{\phi}{3\phi^2 + \alpha^2}\cos\phi + 9\frac{\sin\phi}{3\phi^2 + \alpha^2} \right) \tag{4-40}$$

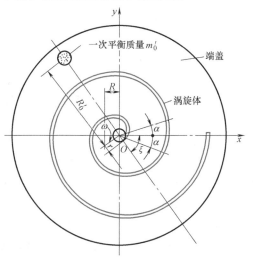

图 4-39　惯性力一次平衡示意图

$$y_m = 2r\left(-\cos\phi + 9\frac{\phi}{3\phi^2 + \alpha^2}\sin\phi + 9\frac{\cos\phi - \sin\alpha/\alpha}{3\phi^2 + \alpha^2}\right) \tag{4-41}$$

式中 ϕ——渐开线终端展角，单位为 rad。

（2）动涡旋体的质量 动涡旋体的质量应为涡旋体在 x、y 坐标轴上的投影面积 A 与涡旋体高度 h 和涡旋体材料密度 ρ 的乘积，其中投影面积等于

$$A = r^2\alpha\phi^2 + \frac{1}{3}\alpha^3 r^2$$

则可得涡旋体质量

$$m_1 = r^2\alpha h\rho\left(\phi^2 + \frac{1}{3}\alpha^2\right) \tag{4-42}$$

（3）一次平衡质量 一次平衡质量必须保证使涡旋体的质心位置移至动涡旋的基圆圆心，动涡旋体质心与动涡旋基圆圆心的距离是

$$R_1 = \sqrt{x_m^2 + y_m^2}$$

在图 4-39 中，设一次平衡质量为 m_0'，与基圆圆心的距离为 R_0'，则

$$m_0' = m_1\frac{R_1}{R_0'} \tag{4-43}$$

（4）旋转惯性力 经一次平衡后，动涡旋体的质心位置已在基圆圆心上（即在曲柄销中心），质心与旋转中心的距离为旋转半径 R，而动涡旋体的总质量应为涡旋体质量 m_1、一次平衡质量 m_0'、动涡旋体底板质量 m_2 及动涡旋体轴承质量 m_3 的和，即

$$m = m_1 + m_0' + m_2 + m_3 \tag{4-44}$$

则旋转惯性力为 $\quad F_{rx} = mR\omega^2 \tag{4-45}$

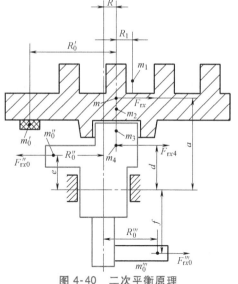

图 4-40 二次平衡原理

2. 二次平衡

动涡旋体的总质量由几部分质量形成，其各部分质量的旋转惯性力并不作用在同一平面内，为使整体运动机构得以平衡，可以采取设置两个平衡质量的方法，既能使惯性力平衡，又能使惯性力矩平衡，这就是二次平衡。

图 4-40 所示为二次平衡原理，平衡质量 m_0'' 和 m_0''' 应满足下列条件：

（1）惯性力平衡 $\quad F_{rx0}'' = F_{rx0}''' + F_{rx} + F_{rx4} \tag{4-46}$

其中

$$F_{rx0}'' = m_0''R_0''\omega^2$$

$$F_{rx0}''' = m_0'''R_0'''\omega^2$$

$$F_{rx4} = m_4R\omega^2$$

式中 F_{rx4}——曲柄销产生的惯性力；

$\quad m_4$——曲柄销的质量。

（2）惯性力矩平衡 $\quad F_{rx0}''e + F_{rx0}'''f = F_{rx}a + F_{rx4}d \tag{4-47}$

对平衡条件式（4-46）、式（4-47）联立求解，就可以求出二次平衡质量 m_0'' 和 m_0'''。

4.7 安全保护

压缩机保护的目的在于当出现过载（过热、过电流）、超压、缺相（三相压缩机）等各种异常情况时及时切断电源，确保压缩机不出现大的故障或报废。

涡旋式压缩机属于全封闭压缩机，其自身所具有的保护较少，多依靠设置在制冷系统中的保护装置或保护功能。有关压缩机的外部保护装置在活塞式压缩机部分已有详细介绍，本节仅介绍一些涡旋式压缩机的保护要求。

1. 电源保护

当出现以下情况时，保护系统应动作切断压缩机电源：

1）电源电压过高或过低，超出压缩机工作电压范围。

2）严重的相间不平衡，超出压缩机的许用范围。

2. 高低压保护

为保证压缩机的吸、排气压力不超标，应在系统中设置高低压压力开关，根据压缩机的工作压力范围设定其动作值。当运转中压力超出设定值时，压力开关动作，切断压缩机电源起保护作用。

应注意在起动时或制热运转时有可能造成压力开关误动作，影响压缩机的正常功能。因此，在电路设计时应采取相应的措施。

3. 过电流保护

过电流保护用于当电压过低或超载时保护压缩机不因电流过大而发生故障。

过电流保护一般采用过电流继电器，其中热继电器依靠电流产生的热量而动作，因其成本比较低而得到广泛应用。但其动作迟缓，精度及可靠性较差，使用时应特别注意其动作电流的设定。而水银式或电磁感应式继电器使用效果较好，但成本也较高。

对于三相压缩机要特别注意，过电流保护的设计应使三相中任意一相的电流过大时均能起保护作用，现实中不乏因保护不完善致使压缩机烧毁的先例。

4. 过热保护

某些压缩机出厂时自带有一外置式的温度保护器，装在壳体的上表面，保护压缩机不因过热而出现故障。

需要注意的是，壳体温度过高实际上是压缩机内部温度过高的表现，因此保护壳体温度实际上是对压缩机的间接保护。该保护器应稳妥地接入控制电路中，并确保温控器所感受到的壳体温度不受其他因素影响。

5. 再起动保护

压缩机起动时高、低压部分应处于压力平衡状态，其压力差应小于 0.05MPa，否则压缩机将可能因带载起动而出现故障。

因此，除除霜转至制热外，压缩机自停机至再次起动前必须有 3min 以上的延迟时间。

6. 缺相和逆相保护

本功能只适用于三相压缩机。

三相压缩机在缺相运转时将因三相间的严重不平衡导致压缩机的工作电流很大，特别是缺相起动时，因形不成旋转磁场使压缩机不能起动而类似于堵转。这两种情况下的电流将远远大于压缩机的许用工作电流，导致电动机的温度急剧上升而烧损。

压缩机的旋转方向是固定的，在反向旋转时将因润滑系统失效等原因造成一系列的问题。

因此，对于三相压缩机的缺相和逆相也均应有可靠的保护。可在系统中加装同时具备缺相和逆相保护功能的逆相保护器，也可在控制软件中予以考虑，但应注意这种情况下若软件只具备逆相保护的功能，对于缺相保护则应另行考虑。

应特别注意，多数压缩机均自带内置式的保护器，它同时具备过电流和过热保护功能，起到保护电动机不因异常情况而烧毁的作用，这是压缩机保护的最后一道防线。制冷系统设计时，应以任何情况下压缩机自身保护器不动作为原则。因此，不得以压缩机自身保护功能代替系统中应有的对压缩机的保护功能。

思考题与习题

4-1 涡旋式压缩机的型线是否一定要用渐开线？

4-2 涡旋式压缩机效率和可靠性较高的原因是什么？

4-3 涡旋式压缩机高压腔和低压腔结构的优点和不足分别是什么？

4-4 涡旋式压缩机轴向浮动结构的优势是什么？

4-5 径向柔性结构的涡旋式压缩机能否采用变频驱动？为什么？

4-6 从结构的角度考虑，涡旋式压缩机的压缩比由哪些因素决定？

4-7 涡旋式压缩机的保护应当考虑哪些因素？

4-8 涡旋式压缩机为何不像滚动转子式压缩机那样自带气液分离器？

参 考 文 献

［1］ 吴业正，李红旗，张华. 制冷压缩机［M］. 2版. 北京：机械工业出版社，2001.

［2］ 郁永章，孙嗣莹，陈洪俊. 容积式压缩机技术手册［M］. 北京：机械工业出版社，2000.

［3］ 李红旗，成建宏. 变频空调器及其能效标准［M］. 北京：中国标准出版社，2008.

［4］ 李红旗，马国远，刘忠宝. 制冷空调与能源动力系统新技术［M］. 北京：北京航空航天大学出版社，2006.

［5］ 马国远，李红旗. 旋转压缩机［M］. 北京：机械工业出版社，2001.

［6］ 畅云峰，朱杰，江波，等. 涡旋压缩机啮合理论及其通用型线控制方程［J］. 压缩机技术，1998（2）：12-13.

［7］ 畅云峰，江波，朱杰，等. 采用通用型线控制方程涡旋压缩机型线的基本几何理论及其应用［J］. 压缩机技术，1998（2）：16-17.

［8］ 李连生. 涡旋压缩机［M］. 北京：机械工业出版社，1998.

［9］ 廖全平，李红旗. 涡旋变频压缩机［J］. 流体机械，2002（2）：35-37.

［10］ John P, Norbert Kaemmer, Simon Wang. Proceedings of International Compressor Engineering Conference at Purdue［C］. West Lafayette：Purdue University，2008.

［11］ Ian Bell, Vincent Lemort, Jim Braun, et al. Development of Liquid-Flooded Scroll Compressor and Expander Models. Proceedings of International Compressor Engineering Conference at Purdue［C］. West Lafayette：Purdue University，2008.

［12］ Hongqi Li, Quanping Liao, Ruixiang Wang. Proceedings of International Compressor Engineering Conference at Purdue［C］. West Lafayette：Purdue University，2002.

［13］ Kenji Yano, Hideto Nakao, Mihoko Shimoji. Proceedings of International Compressor Engineering Conference at Purdue［C］. West Lafayette：Purdue University，2008.

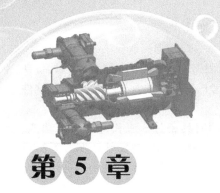

第5章

螺杆式制冷压缩机

螺杆式压缩机是一种高速回转的容积式压缩机，具有体积小、重量轻、运转平稳、易损件少、效率高、单级压缩比大、能量无级调节等优点。

双螺杆式压缩机由两个转子组成，简称螺杆式压缩机；单螺杆式压缩机由一个转子和两个星轮组成。螺杆式压缩机的制冷和制热输入功率范围已发展到10～1000kW。螺杆式压缩机最早由德国人 H. Krigar 在 1878 年提出，直到 1934 年瑞典皇家理工学院的 A. Lysholm 奠定了螺杆式压缩机 SRM 技术后，才取得了迅速的发展。20 世纪 50 年代，就有喷油螺杆式压缩机应用在制冷装置上，由于其结构简单，易损件少，能在大的压力差或压缩比的工况下，排气温度低，对制冷剂中含有大量的润滑油（常称为湿行程）不敏感，有良好的输气量调节特性，很快占据了大容量往复式压缩机的使用范围，而且不断地向中等容量范围延伸，广泛地应用在冷冻、冷藏、空调和化工工艺等制冷装置上。从 20 世纪 70 年代初螺杆式热泵便开始用于采暖空调，有空气热源型、水热泵型、热回收型、冰蓄冷型等。在工业方面，也采用螺杆式热泵作热回收。

目前，各种开启式和半封闭式螺杆式压缩机已形成系列，近几年全封闭系列螺杆式压缩机得到发展。由于螺杆制冷压缩机单级有较大的压缩比及宽广的容量范围，故适用于高、中、低温各种工况，特别在低温工况及变工况情况下仍有较高的效率。

5.1　基本结构和工作原理

5.1.1　螺杆式制冷压缩机组

在制冷循环中，作为循环四大部件之一的螺杆式压缩机往往以机组形式出现。由于螺杆式制冷压缩机以喷射大量的油来保持其良好的性能，因此，在机组中除主机-螺杆式压缩机外，往往还有辅机-油分离器、油过滤器、油泵、油冷却器、油分配管等。随着螺杆式压缩机向小型化封闭式发展，这些辅机有的不断地被简化或省略。螺杆式制冷机组的制冷剂循环过程如图 5-1 所示。

5.1.2 螺杆式制冷压缩机基本结构

螺杆式制冷压缩机组由螺杆式压缩机、电动机、联轴器、气路系统（包括吸气止回式截止阀和吸气过滤器）、油路系统（包括油分离器、油冷却器、油过滤器、油泵、油压调节阀和油分配管路等）、控制系统（包括操作仪表箱、控制器箱、电控柜等）和设备、系统间的连接管路等组成。用户按各自需要配备冷凝器、蒸发器等设备。由于螺杆式制冷压缩机的阴阳转子之间、转子与壳体之间靠间隙密封，

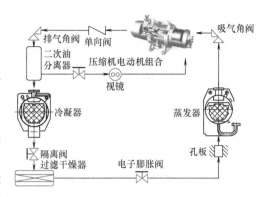

图 5-1 螺杆式制冷机组的制冷剂循环过程

故在运行中向压缩机工作腔喷入一定量的润滑油（为容积排量的 0.6%～13%，理论排量越大的螺杆式压缩机这个比例越小），以达到润滑、密封、提高压缩机工作效率、降低排气温度和噪声等目的，为此需要一套高效、可靠的油分离器、油冷却器、油过滤器、油泵等设备。双螺杆式制冷压缩机由机体（气缸体）、一对阴阳转子、吸排气端座、排气活塞、能量调节机构、轴承、联轴器等零部件组成。典型的半封闭螺杆压缩机结构如图 5-2a 所示，吸

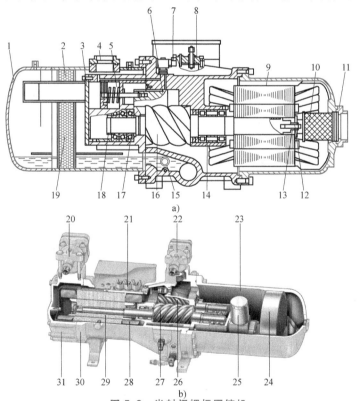

a)

b)

图 5-2 半封闭螺杆压缩机
a）结构图 b）实物图

1—油分离器 2—排气管 3—排气端盖 4—排气连接法兰 5—容量活塞组件 6—容量滑块组件 7—容量电磁阀
8—接线盒 9—电动机 10—进气过滤器 11—进气连接法兰 12—电动机转子固定挡块 13—阳转子电动机端间隙环
14—吸气端轴承 15—加热器 16—阳转子 17—排气端轴承 18—轴承螺母 19—滤网 20—吸气组件
21—接线端子 22—排气组件 23—油分离器外壳 24—除雾器 25—油过滤器 26—副螺杆
27—主螺杆 28—定子 29—转子 30—机体 31—端盖

气吸入机壳内，经过吸气过滤网，冷却电动机，然后进入吸气腔。在气缸体的内部，平行配置着两个螺旋形阴阳转子。其中具有凸齿的转子称为阳转子，与电动机相连，功率由此端输入，因此又称为主动转子；具有凹齿的转子称为阴转子，又称从动转子。两转子按一定的传动比（阳转子与阴转子的齿数一般为 4∶6）反向转动。在主动转子和从动转子的两端部，分别装有主轴承（滑动轴承），用来承受径向力。在排气端装有一对推力圆柱滚子轴承，用于承受轴向推力。主动转子的吸气端还装有平衡活塞，用来减轻由于排气侧和吸气侧之间的压力差所引起的轴向推力，从而减轻推力圆柱滚子轴承所承受的轴向力。气缸体的前后设有吸排气端座。吸气孔口开在吸气端座的上方，排气孔口开在排气端座的下方，制冷剂按对角线方向流动。阳转子伸出端的端盖处设置有摩擦环式轴封装置，以防制冷剂的外泄或外界空气漏入系统。在转子底部装有输气量调节机构——滑阀，通过油缸、活塞、传动杆，使滑阀能够轴向移动，在滑阀上还开有向气缸内喷油的喷油孔。压缩后气体进入排气腔，经过油过滤器后经过排气管排出机壳。

螺杆式压缩机同往复式压缩机相比较时，由于它没有吸、排气阀，故其 $p\text{-}V$ 图还可能出现过压缩现象和欠压缩现象。

5.1.3 工作原理

螺杆式（即双螺杆）制冷压缩机转子的齿相当于活塞，转子的齿槽、机体的内壁面和两端端盖等共同构成的工作容积，相当于活塞式压缩机的气缸。机体的两端设有呈对角线布置的吸、排气孔口。随着转子在机体内的旋转运动，使工作容积由于齿的侵入或脱开而不断发生变化，从而周期性地改变转子每对齿槽间的容积，来达到吸气、压缩和排气的目的。

互相啮合的转子，在每个运动周期内，分别有若干个相同的工作容积依次进行相同的工作过程，这一工作容积，称为基元容积。它由转子中的一对齿面、机体内壁面和端盖所形成。只需研究其中一个工作容积的整个工作循环，就能了解压缩机工作的全貌。

螺杆式制冷压缩机的运转过程从吸气过程开始，然后气体在密封的基元容积中被压缩，最后由排气孔口排出，因此，工作过程可以分为吸气、压缩和排气三个过程，如图 5-3 所示。阴、阳转子和机体之间形成的呈 V 字形的一对齿间容积（基元容积）的大小，随转子的旋转而变化，同时，其空间位置也不断移动。

1. 吸气过程

图 5-3a、b 和 c 所示为压缩机吸气过程即将开始、吸气进行和吸气结束时转子的位置。阳转子按逆时针方向旋转，阴转子按顺时针方向旋转，图中的转子端面是吸气端面。压缩机转子旋转时，阳转子的一个齿连续地脱离阴转子的一个齿槽，齿间容积逐渐扩大，并和吸气孔口连通，气体经吸气孔口进齿间容积，直到齿间容积达到最大值时，与吸气孔口断开，齿间容积封闭，吸气过程结束。图 5-3a 所示为吸气开始时刻，在这一时刻，这一对齿前端的型线完全啮合，且即将与吸气孔口连通；随着转子继续运转，由于齿的一端逐渐脱离啮合而形成了齿间容积，并进一步扩大，形成一定的真空，气体在压差作用下流入齿间容积，如图 5-3b 阴影部分所示。图 5-3c 所示状态是齿间容积达到最大，齿间容积在此位置与吸气口断开，吸气过程结束。

2. 压缩过程

图 5-3d、e 和 f 所示是压缩过程即将开始、压缩进行中和压缩结束时转子的位置，图中

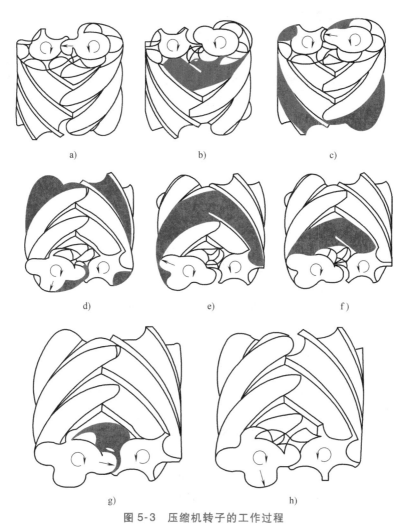

图 5-3 压缩机转子的工作过程

a）吸气过程即将开始 b）吸气进行中 c）吸气结束时的转子位置 d）压缩过程即将开始
e）压缩进行中 f）压缩结束时的转子位置 g）排气过程 h）排气过程即将结束

转子端面是排气端面。吸气结束，压缩机的转子继续旋转，在阴、阳转子齿间容积连通之前，阳转子齿间容积中的气体，受阴转子齿的侵入开始压缩，如图 5-3d 所示；经某一转角后，阴、阳转子齿间容积连通，形成"V"字形的齿间容积对（基元容积），随两转子齿的互相挤入，基元容积被逐渐推移，容积也逐渐缩小，实现气体的压缩过程，如图 5-3e 所示；压缩过程直到基元容积与排气孔口相连通时为止，如图 5-3f 所示，此刻排气过程开始。

3. 排气过程

图 5-3g、h 所示是压缩机的排气过程。齿间容积与排气孔口连通后，排气即将开始。随着转子旋转时基元容积不断缩小，将压缩后气体送到排气管，如图 5-3g 所示。此排气过程一直延续到该容积最小时为止，也就是齿末端的型线完全啮合，封闭的齿间容积为零。

随着转子的连续旋转，上述吸气、压缩、排气过程循环进行，各基元容积依次陆续工作，构成了螺杆式制冷压缩机的工作循环。

从以上过程的分析可知，两转子转向互相迎合的一侧，即凸齿与凹齿彼此迎合嵌入的一侧，气体受压缩并形成较高压力，称为高压力区；相反，螺杆转向彼此相背离的一侧，即凸齿与凹齿彼此脱开的一侧，齿间容积扩大形成较低压力，称为低压力区。此两区域借助于机壳、转子相互啮合的接触线而隔开，可以粗略地认为两转子的轴线平面是高、低压力区的分界面。另外，由于吸气基元容积内的气体随转子旋转，由吸气端向排气端做螺旋运动，因此吸气、排气孔口要呈对角线布置，吸气孔口位于低压力区的端部，排气孔口位于高压力区的端部。

5.2 螺杆转子齿形及结构参数

5.2.1 齿形设计原理

螺杆式压缩机的转子齿面也称型面，它是空间曲面。当转子相互啮合时，其型面的接触线为空间曲线，随着转子旋转，接触线由吸入端向排气端推移，完成齿间容积的吸气、压缩和排气三个工作过程，因此接触线是把齿间容积分成不同压力区的边界线。

垂直于转子轴线的端部平面与型面相交而得的平面曲线，称为型线。型线组成转子外廓的齿形，常用的型线都是二次曲线，如摆线、直线（退化的摆线）、圆弧、椭圆、抛物线和包络线等。转子型面的空间接触，表现在端面就是型线接触，两型线的接触点称为啮合点。同一时刻轴向型面接触点的集合是接触线，接触线在端平面上的投影即为啮合线。这样，在研究转子啮合时，可使空间的啮合问题简化为平面来讨论，即用平面的型线、啮合线代替处于空间的型面与接触线进行分析。在螺杆式压缩机发展史上，转子齿形一直是人们研究的核心，因此有必要掌握一些齿形设计的基本原理。

1. 啮合原理

为了保证转子连续稳定地运转，端平面上的型线必须符合啮合原理。

在图 5-4 中，转子型线 E_1 和 E_2 分别与阴阳转子固连，并且在 M 点相啮合，此时其点的线速度应该分别为

$$
\left.
\begin{aligned}
v_{m1} &= \omega_1 \overline{O_1 M} = \omega_1 l_1 \\
v_{m2} &= \omega_2 \overline{O_2 M} = \omega_2 l_2 \\
\frac{\omega_1}{\omega_2} &= \frac{v_{m1} l_2}{v_{m2} l_1}
\end{aligned}
\right\}
\qquad (5-1)
$$

式中　ω_1、ω_2——分别为阴、阳转子的瞬时角
　　　　　　　　速度；
　　　O_1、O_2——分别为阴、阳转子的旋转中心；
　　　l_1、l_2——分别为 O_1、O_2 至啮合点 M 的
　　　　　　　　距离；
　　　v_{m1}、v_{m2}——分别为阴、阳转子在啮合点的
　　　　　　　　线速度。

过 M 点作 E_1 与 E_2 的公法线 NN 交 O_1O_2 于 P

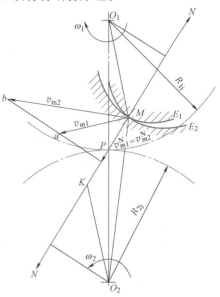

图 5-4　型线啮合运动关系

点，由于两型线连续啮合，故可导出 v_{m1}、v_{m2} 沿法线 NN 的分速度 v_{m1}^N、v_{m2}^N 必相等，这样 v_{m1}、v_{m2} 端点 a、b 的连线一定垂直于 NN，再作直线 O_2K 平行于 O_1M，由 $\triangle MO_2K \backsim \triangle bMa$ 和 $\triangle PO_2K \backsim \triangle PO_1M$ 得出

$$\frac{v_{m1}}{v_{m2}} = \frac{\overline{O_2K}}{\overline{O_2M}}$$

$$\frac{\overline{O_2P}}{\overline{O_1P}} = \frac{\overline{O_2K}}{\overline{O_1M}}$$

合并以上两式，并代入式（5-1）得

$$\frac{\omega_1}{\omega_2} = \frac{\overline{O_2P}}{\overline{O_1P}} \tag{5-2}$$

由以上可知，要使 $\omega_1/\omega_2 =$ 常数，必须使比值 $\overline{O_2P}/\overline{O_1P}$ 不变，P 点应为中心连线的定比分点，该定点 P 称为节点。以 O_1、O_2 为圆心，过节点 P 所作的两个圆称为节圆，以 R_{1j} 与 R_{2j} 分别表示节圆半径，则有 $\omega_1 R_{1j} = \omega_2 R_{2j}$，即两转子在节点 P 的线速度 v_P 相等，其节圆作纯滚动。

上述啮合原理是设计选择型线的依据，若已知阳转子的一条型线，可以根据啮合原理求出与之相应的阴转子上的另一条型线，这种符合啮合原理的型线称为共轭型线。

2. 型线的一般方程式

当螺杆式压缩机阴阳转子啮合运动时，瞬时传动比不变，两节圆做纯滚动，其相互滚动的节圆圆周是转子相对运动的中心轨迹线，如果设想一个转子不动，另一个转子的节圆相对于静止转子的节圆做纯滚动，则该动转子绕自身轴线旋转，又绕静转子轴线公转，不同时刻，动转子型线形成一族曲线，在正确啮合条件下，静转子上与其啮合的型线要始终保持与这一族线相切，这些切点的集合就是该曲线族的包络线，即为需求的共轭型线。根据这一原理，通过建立转子型线的一般方程式，用微分几何学的方法，即包络法设计各种型线。

在讨论转子型线和其共轭型线时，采用如图 5-5 所示坐标系，图中 Φ_1 是动坐标系 $O_1x_1y_1$ 相对静坐标系 $O_1x_0y_0$ 的逆时针旋转角；Φ_2 是动坐标系 $O_2x_2y_2$ 相对于静坐标系 $O_2x_0'y_0'$ 的顺时针旋转角。当两转子的节圆做纯滚动时，它们的传动比 i_{21} 可分别由转子转角 Φ、角速度 ω、节圆半径 R_j 和导程 h 表示

$$i_{21} = \frac{\Phi_2}{\Phi_1} = \frac{\omega_2}{\omega_1} = \frac{R_{1j}}{R_{2j}} = \frac{h_1}{h_2} \tag{5-3}$$

其倒数

$$i_{12} = \frac{1}{i_{21}} \tag{5-4}$$

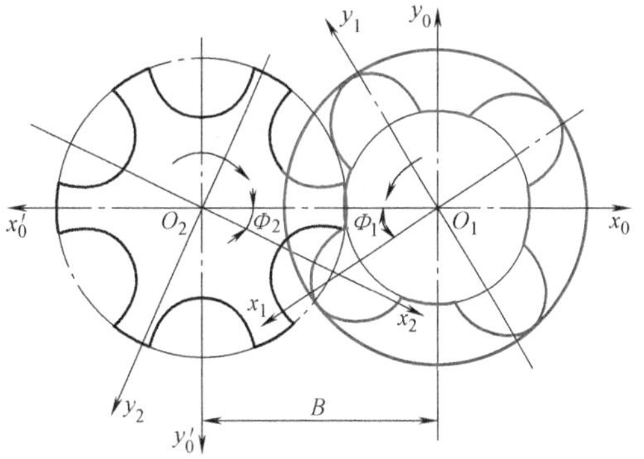

图 5-5 型线坐标系

阳转子型线在坐标系中的一般方程为

$$\left.\begin{array}{l} x_1 = x_1(t_1) \\ y_1 = y_1(t_1) \end{array}\right\} \tag{5-5}$$

式中　t_1——型线参数。

可利用啮合原理，求出阴转子在 $O_2x_2y_2$ 坐标系中的共轭型线方程。为此需应用动坐标系 $O_1x_1y_1$、$O_2x_2y_2$ 与静坐标系 $O_1x_0y_0$、$O_2x_0'y_0'$ 的转换关系，其方程式为

$$\left.\begin{aligned} x_0 &= x_1\cos\Phi_1 + y_1\sin\Phi_1 \\ y_0 &= -x_1\sin\Phi_1 + y_1\cos\Phi_1 \end{aligned}\right\} \tag{5-6}$$

$$\left.\begin{aligned} x_1 &= x_0\cos\Phi_1 - y_0\sin\Phi_1 \\ y_1 &= x_0\sin\Phi_1 + y_0\cos\Phi_1 \end{aligned}\right\} \tag{5-7}$$

$$\left.\begin{aligned} x_2 &= x_0'\cos\Phi_2 + y_0'\sin\Phi_2 \\ y_2 &= -x_0'\sin\Phi_2 + y_0'\cos\Phi_2 \end{aligned}\right\} \tag{5-8}$$

$$\left.\begin{aligned} x_0' &= x_2\cos\Phi_2 - y_2\sin\Phi_2 \\ y_0' &= x_2\sin\Phi_2 + y_2\cos\Phi_2 \end{aligned}\right\} \tag{5-9}$$

$$\left.\begin{aligned} x_0' &= B - x_1\cos\Phi_1 - y_1\sin\Phi_1 \\ y_0' &= x_1\sin\Phi_1 - y_1\cos\Phi_1 \end{aligned}\right\} \tag{5-10}$$

$$\left.\begin{aligned} x_0 &= B - x_2\cos\Phi_2 + y_2\sin\Phi_2 \\ y_0 &= -x_2\sin\Phi_2 - y_2\cos\Phi_2 \end{aligned}\right\} \tag{5-11}$$

$$\left.\begin{aligned} x_1 &= B\cos\Phi_1 - x_2\cos K\Phi_1 + y_2\sin K\Phi_1 \\ y_1 &= B\sin\Phi_1 - x_2\sin K\Phi_1 - y_2\cos K\Phi_1 \end{aligned}\right\} \tag{5-12}$$

$$\left.\begin{aligned} x_2 &= B\cos\Phi_2 - x_2\cos K\Phi_1 - y_1\sin K\Phi_1 \\ y_2 &= -B\sin\Phi_2 + x_1\sin K\Phi_1 - y_1\cos K\Phi_1 \end{aligned}\right\} \tag{5-13}$$

$$K = 1 + i_{21}$$

式中　B——两转子中心距，单位为 m。

按上述公式把阳转子方程式（5-5）利用坐标转换式（5-13）转换到坐标系 $O_2x_2y_2$ 中得到

$$\left.\begin{aligned} x_2 &= x_2(t_1,\ \Phi_1) \\ y_2 &= y_2(t_1,\ \Phi_1) \end{aligned}\right\} \tag{5-14}$$

方程式（5-14）包含了型线参数 t_1 和转角参数 Φ_1，所以是一个平面曲线族。由微分几何中包络线的概念可知，曲线族的包络线在其每个点处都与曲线族的一条曲线相切，此包络线就是要求的阴转子上的共轭型线。为此，要求式（5-5）阳转子型线在阴转子上的包络线，除了应用式（5-14）外，还必须找出两参数 t_1、Φ_1 之间的函数关系，即

$$t_1(\Phi_1) = 0 \tag{5-15}$$

将式（5-14）对 Φ_1 求导数，并顾及式（5-15）中 t_1 为 Φ_1 的函数，得到

$$\left.\begin{aligned} \frac{\partial x_2}{\partial \Phi_1} + \frac{\partial x_2}{\partial t_1}\frac{\partial t_1}{\partial \Phi_1} &= 0 \\[2ex] \frac{\partial y_2}{\partial \Phi_1} + \frac{\partial y_2}{\partial t_1}\frac{\partial t_1}{\partial \Phi_1} &= 0 \end{aligned}\right\}$$

上式简化整理后得到型线参数为转角参数函数的方程式为

$$\frac{\partial x_2}{\partial \Phi_1}\frac{\partial y_2}{\partial t_1} - \frac{\partial x_2}{\partial t_1}\frac{\partial y_2}{\partial \Phi_1} = 0$$

因此最后得到的阴转子共轭型线为

$$\left.\begin{aligned}
&x_2 = x_2(t_1, \varPhi_1) \\
&y_2 = y_2(t_1, \varPhi_1) \\
&\frac{\partial x_2}{\partial \varPhi_1}\frac{\partial y_2}{\partial t_1} - \frac{\partial x_2}{\partial t_1}\frac{\partial y_2}{\partial \varPhi_1} = 0
\end{aligned}\right\} \tag{5-16}$$

因型线与共轭型线相互包络，故上式可改写成

$$\left.\begin{aligned}
&x_2 = x_2(t_1, \varPhi_1) \\
&y_2 = y_2(t_1, \varPhi_1) \\
&\frac{\partial x_1}{\partial \varPhi_1}\frac{\partial y_1}{\partial t_1} - \frac{\partial x_1}{\partial t_1}\frac{\partial y_1}{\partial \varPhi_1} = 0
\end{aligned}\right\} \tag{5-17}$$

式中 $\dfrac{\partial x_1}{\partial \varPhi_1}$、$\dfrac{\partial y_1}{\partial \varPhi_1}$ ——分别为按式（5-12）求得的偏导数；

$\dfrac{\partial y_1}{\partial t_1}$、$\dfrac{\partial x_1}{\partial t_1}$ ——分别为按已知型线求得的偏导数。

3. 啮合线方程式

啮合线是两转子啮合时接触线在端平面上的投影。式（5-17）是已知式（5-5）型线的共轭型线，接触线实质上是一对共轭啮合型线啮合点在动坐标系的轨迹线，把这些动坐标系中啮合点转换到静坐标系上，就是一对共轭型线的啮合线。因此，求啮合线只需将曲线族的包络线转换到静坐标系，型线参数 t_1 和转角参数 $\varPhi_1$ 函数关系与求共轭型线时完全相同。若已知型线方程式为

$$\left.\begin{aligned}
&x_1 = x_1(t_1) \\
&y_1 = y_1(t_1)
\end{aligned}\right\}$$

则啮合方程式为

$$\left.\begin{aligned}
&x_0 = x_0(t_1, \varPhi_1) \\
&y_0 = y_0(t_1, \varPhi_1) \\
&\frac{\partial x_1}{\partial \varPhi_1}\frac{\partial y_1}{\partial t_1} - \frac{\partial y_1}{\partial \varPhi_1}\frac{\partial x_1}{\partial t_1} = 0
\end{aligned}\right\} \tag{5-18}$$

5.2.2 齿形选择

如前所述，组成齿形必须符合啮合原理，以保证螺杆转子连续平稳地运转。一个优良的好齿形，必须满足以下基本原理：既具有充分大的转子齿间容积，其基元容积气密性好，各种效率高，还要使转子有稳定的传动特性，热变形性能好以及足够的强度、刚度和良好的加工工艺性能。现从以下几方面予以讨论。

1. 面积利用系数 C_n

在计算螺杆式压缩机输气量时引入面积利用系数 C_n，其定义为

$$C_n = \frac{z_1(A_{01} + A_{02})}{D_0^2} \tag{5-19}$$

式中　　　z_1——阳转子齿数；

A_{01}、A_{02}——分别为阴阳转子齿间面积，如图 5-11 所示，单位为 m^2；

D_0——转子名义直径或称为公称直径，单位为 m。

C_n 是一个量纲为一的参数，表征转子端面充气的有效程度，同一输气量的机器，C_n 大，充气程度大，则压缩机外形就相对地缩小。面积利用系数 C_n 的大小与转子的几何参数有关，尤其是转子的齿数、齿形。一般地说齿数增加，则 C_n 减少，主要是阴阳转子齿间面积较少的缘故。但是随着对齿形型线的不断研究，目前阳转子齿数由 4 齿增加到 5 齿甚至是 6 齿，阴转子齿数由 6 齿增加到 7 齿，面积利用系数仍不变，甚至有所提高。

2. 气密性

根据螺杆式压缩机的工作原理，基元容积内的气体在压缩和排气过程中会发生泄漏，即较高压力基元容积内气体向较低压力基元容积或吸气压力区泄漏，其泄漏途径（图 5-6）由气体沿转子外圆与机体内壁间的 A 方向泄漏，气体沿转子端面与端盖间的 B 方向泄漏，气体沿转子接触线的 C 方向泄漏。接触线 C 方向的泄漏是型线设计中的一个核心问题，必须加以重点讨论。接触方向的泄漏如图 5-7 所示，图中 H、M 为机体内壁圆周交点，H′、M′ 为共轭型线啮合点，又称啮合顶点。若啮合顶点 H′ 与机体内壁圆周交点 H 不重合，将会产生高压基元容积内气体向较低压力基元容积泄漏，其泄漏面形状接近三角形，如图 5-8 所示，即泄漏三角形，由于它是沿转子轴线方向泄漏，故又称轴向泄漏。同时在图 5-7 中也可以看到，若接触线在 D 点中断，则气体要从中断处 D 由高压基元容积向低压基元容积产生横向泄漏。避免横向泄漏的条件是型面接触线连续，或啮合线封闭。在转子实际工作时，型面沿接触线存在一定的间隙值，它既是密封线，又是泄漏线。两转子间隙值一定时，接触线越短，泄漏量越小。

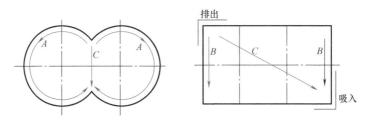

图 5-6　气体泄漏方向

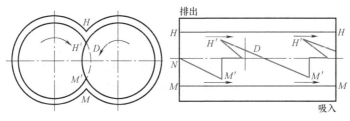

图 5-7　轴向泄漏与横向泄漏

转子型线的发展从 20 世纪 60 年代中期开始由如图 5-9 所示的对称圆弧型线发展成如图 5-10 所示的单边非对称型线，其出发点之一就是在高压区使啮合顶点 H′ 与机体内壁圆周交点 H 重合，以减小轴向泄漏，即泄漏三角形泄漏，提高螺杆式压缩机的气密性。在螺杆式压缩机中，齿形中心线两边型线相同的称对称型线（图 5-9），不同的称非对称型线（图 5-10），齿形型线都在节圆内或节圆外的称单边型线（图 5-10），否则称为双边型线（图 5-13）。图 5-9 中接触线 4'54324'上部是高压力区，下部是吸入压力区，由于点 4'与机体交点 H 不重合，形成泄漏三角形，但接触线较短，横向气密性好。相反，图 5-10 接触线 154321 上部高压区点 1 与机体交点 H 重合，避免了泄漏三角形的形成，轴向气密性好，但接触线较长。因此，泄漏三角形与接触线长度，对于某一对共轭型线在减小泄漏方面是相互矛盾、相互制约的。这一对矛盾会影响其正常运转。已有文献报道应用电子计算机对螺杆转子在工作工程中的热力、动力、温度场、受力和热变形等进行仿真计算，给齿形设计提供依据。

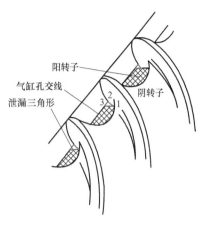

图 5-8 泄漏三角形

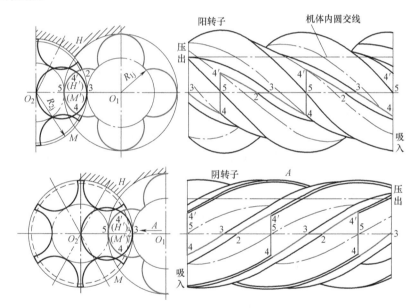

图 5-9 对称圆弧齿形的转子啮合线及接触线

5.2.3 典型齿形

螺杆转子按型线演变。第一代为对称性圆弧型线，型线由点、直线组成，设计、制造和测量方便，缺点是泄漏三角形的面积较大、效率较低。这类型线至今还被很多干式螺杆压缩机制造商广泛采用。

第二代为不对称性型线，型线由点、直线、摆线等组成，以 SRM-A 型线为代表，减小了泄漏三角形的面积。第三代为转子型不对称型线，最新的非对称螺旋转子，采用圆弧、椭圆、抛物线等曲线组合，由线密封变成为带密封，有利于形成油膜、减少磨损和降低噪声，有代表性的包括盖哈哈（GHH）、日立、SRM-D。

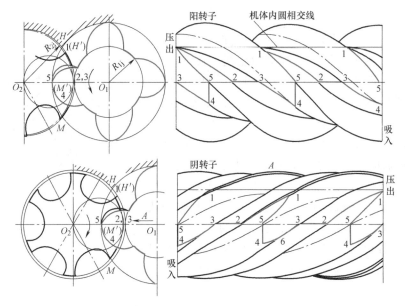

图 5-10 单边非对称齿形的转子啮合线及接触线

目前所有的实用的型线形式多样，得到了广泛应用。德国 Kaeser（凯撒）公司的为 SIGMA 型线，阳：阴（阳转子同阴转子的齿数比，下同）为 5：6；德国 GHH（盖哈哈）公司的为 ECOSCREW 型线，阳：阴为 5：6；德国 AERZEN（艾珍）公司的为 ECOSCREW 型线，阳：阴为 4：6；中国台湾复盛公司的为复盛型线，阳：阴为 5：6；瑞典 SRM（斯乐姆）公司的为 RM-D 型线，阳：阴为 4：6；瑞典 Atlas Copco（阿特拉斯·科普柯）公司的为 X-Ⅱ 型线，阳：阴为 4：6；美国 INGERSOLL-RAND（英格索兰）公司的为 JLB 型线，阳：阴为 4：6；芬兰 GD（登福）公司的为 SRM-D 型线，阳：阴为 4：6。在第三代的高效齿形中，其阳转子同阴转子的齿数比有 5：6，也有 4：6 的。在一般的线速度工作条件下，两种头数不同的转子，其性能上没有显著差别。现对具有代表性齿形作概貌性地介绍。

1. X 齿形

X 齿形如图 5-11 所示，其型线组成见表 5-1，它由瑞典 Atlas 公司提出。X 齿形是在圆弧摆线所组成的非对称单边型线的基础上形成，其齿数比为 4：6。由图 5-11 可见齿形结构参数选择比较新颖而大胆，概括地说有两个特点：其一是齿高半径 R 增大，中心距离 B 缩短；其二是阴转子齿形圆滑。齿高半径 R 增大，中心距离 B 缩短，减薄阴转子齿厚，它的齿厚约为常用的非对称型线中阴转子齿厚的一半，这样就增大了面积利用系数。阴转子齿形圆滑，减少齿形对气流的扰动阻力，降低了动力损失和噪声，用点生式摆线减小了泄漏三角形，因此，具有效率高等优点，但总的来说，它还没有突破 SRM 非对称单边齿形的范畴。

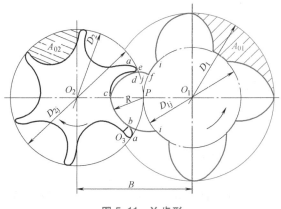

图 5-11 X 齿形

表 5-1　X 齿形型线组成

序号	阳转子型线		阴转子型线	
	代号	名　称	代号	名　称
1	ib	为 ab 圆弧包络线	ab_2	圆心在 O_3 的圆弧
2	b_1c_1	圆心在 P 点的圆弧	b_2c_2	圆心在 P 点的圆弧
3	c_1d_1	为 d_2 点的点生式摆线	c_2d_2	为 c_1 点的点生式摆线
4	jf	为直线 d_2e 的摆线	d_2e	径向直线
5	fi	齿根圆弧	ea	齿顶圆弧

2. Sigma 齿形

德国 Kaeser 公司创造了 Sigma 齿形，其齿形如图 5-12 所示，其型线组成见表 5-2。该型线出现对齿形发展起着推动作用，使螺杆式压缩机齿形的研究进入了新的阶段。其一，齿形采用 5：6 的齿数比，突破了传统的 4：6 齿数比的框框。螺杆式压缩机的性能在很大程度上取决于转子的最佳圆周速度，采用 5：6 齿数比使得阴阳转子的圆周速度比较接近，有利于提高机器的效率。其二，从端面型线图还可以发现 Sigma 齿形型线离开节圆有一定的距离，而一般双边或单边型线总是把型线部位设计在靠近转子节圆内部或外部，或者内外部位都有。这种设计的依据是转子之间存在着间隙，当转子高速旋转时所造成

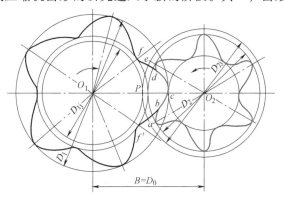

图 5-12　Sigma 齿形

的速度差对气体从间隙的泄漏会产生足够的气体阻力，以减少泄漏量，而两个相互啮合旋转的转子在节圆上有型线，则节圆上的速度相同，无速度差，而且速度方向与气体泄漏方向相一致，泄漏量较大，因此，Sigma 齿形型线设置在距离节圆一定距离的位置，造成接触线处始终有速度差，有助于提高气密性。其三，两转子之间中心距 $B = D_0$，而一般螺杆式压缩机转子中心距 $B = 0.8D_0$（D_0 为两转子的公称直径），这是 Sigma 型线离开节圆有一定的距离的缘故，为了保证面积利用率不致削弱过大，则需要转子具有一定的齿槽深度。但齿槽深了，又要减弱转子的刚度和强度，因此在这些前提下，只能以加大两转子的中心距来满足。

表 5-2　Sigma 齿形型线组成

序号	阳转子型线		阴转子型线	
	代号	名　称	代号	名　称
1	$f'b$	为椭圆 ab_2 包络线	ab_2	椭圆线
2	b_1c_1	圆弧线	b_2c_2	圆弧线
3	c_1d_1	圆弧线包络线	c_2d_2	圆弧线
4	d_1f	抛物线包络线	d_2e	抛物线

总之，Sigma 齿形是设计者作了各种方案多方面的比较而得到的，他们大胆的设想为今后设计各种型线开辟了广泛的思路。但它还存在较大的泄漏三角形，面积利用系数也有所减小的缺点。

3. CF 齿形

图 5-13 所示是德国 GHH 公司提出的 CF 齿形，它具有 X 齿形和 Sigma 齿形的特点，齿形结构比以上两种更为合理，其型线组成见表 5-3。

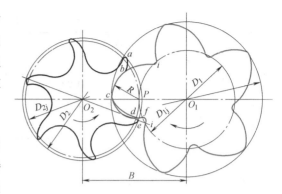

图 5-13　德国 GHH 公司提出的 CF 齿形

表 5-3　CF 齿形型线组成

序号	阳转子型线		阴转子型线	
	代号	名　称	代号	名　称
1	b_1i	椭圆包络线	ab_2	椭圆线
2	b_1c_1	圆心在 P 点的圆弧	b_2c_2	圆心在 P 点的圆弧
3	c_1d_1	d_2 点的点生式摆线	c_2d_2	c 点的点生式摆线
4	d_1f	外摆线	d_2	点
5	fi	小圆弧	d_2e	修正小圆弧

由图 5-13 可以看到，CF 齿形与 Sigma 齿形有明显的不同，前者充分重视泄漏三角形面积大小对轴向泄漏的影响，所以在型线的背段仍采用点生式摆线，而它又采用与 Sigma 齿形相同的齿数比 5∶6，使两转子的圆周速度都能接近最佳速度工作。它吸取了 X 齿形齿高半径 R 大的特点，有资料介绍 CF 齿形齿高半径接近 X 齿形，但面积利用系数大于 X 齿形，在刚开始应用 CF 齿形时，其能耗降低了 10% 左右。

4. SRM-A 型线

图 5-14 所示为另外一种不对称型线，称为双边不对称摆线-包络圆弧型线，简称 SRM-A 型线，其组成齿曲线和相应的啮合线见表 5-4。

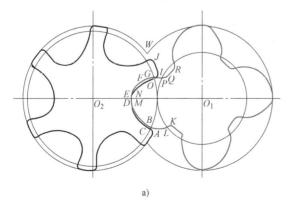
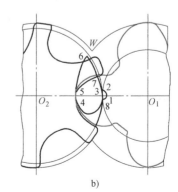

a)　　　　　　　　　　　　　　　b)

图 5-14　SRM-A 型线

a）型线　b）啮合线

表 5-4　SRM-A 型线的组成齿曲线和相应的啮合线

阴转子		阳转子		啮合线
齿曲线	曲线性质	齿曲线	曲线性质	
AB	圆弧	KL	圆弧	12
BC	摆线	L	点	23
CD	圆弧	LM	圆弧包络线	34
DE	圆弧	MN	圆弧	45
EF	摆线	N	点	56
F	点	NO	摆线	67
FG	直线	OP	摆线	73
GH	摆线	P	点	38
HI	圆弧	PQ	圆弧	81
IJ	圆弧	QR	圆弧	1

与原始不对称型线相比，SRM-A 型线的特点是：采用齿顶圆弧既保护了摆线形成的点，又便于测量阳转子外径。采用齿峰圆弧，把原来的"曲线对曲线"密封，改为更好的"曲线对曲线"密封。采用圆弧包络线，使接触线更短。去除了阳转子齿根上的尖点，改善了应力集中状态，有利于承受较大的载荷。此外，避免了原始不对称齿型线上整段曲线瞬时啮合和瞬时脱开的泵吸作用，有益于保护已形成的油膜和降低噪声。

5. SRM-D 型线

图 5-15 所示为瑞典 S.R.M 公司开发的另一种不对称型线，简称 SRM-D 型线，其组成齿曲线和相应的啮合线见表 5-5。

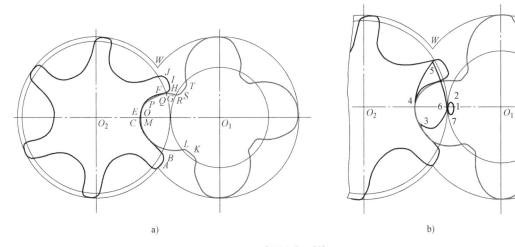

图 5-15　SRM-D 型线
a）型线　b）啮合线

从图 5-15 和表 5-5 可以看出，SRM-D 型线是对 SRM-A 型线的进一步改进。SRM-D 型线的组成均为圆弧及其包络线，在转子间完全实现"曲线对曲线"的密封，有助于形成流体动力润滑油膜，降低通过接触线的横向泄漏，提高压缩机效率。此外，还改善了转子的加工性能，便于采用滚削法加工。

表 5-5 SRM-D 的组成齿曲线和相应的啮合线

阴转子		阳转子		啮合线
齿曲线	曲线性质	齿曲线	曲线性质	
AB	圆弧	KL	圆弧包络线	12
BC	圆弧包络线	LM	圆弧	23
CE	圆弧	MO	圆弧	34
EF	圆弧包络线	OP	圆弧	45
FG	圆弧	PQ	圆弧包络线	56
GH	圆弧包络线	QR	圆弧	67
HI	圆弧	RS	圆弧包络线	71
IJ	圆弧	ST	圆弧	1

6. 日立型线

图 5-16 所示为日立公司开发的新型型线，其组成齿曲线和相应的啮合线见表 5-6。

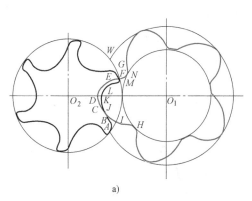 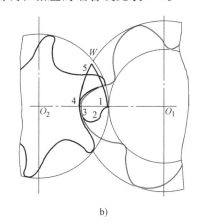

图 5-16　日立公司开发的新型型线

a）型线　b）啮合线

表 5-6　日立型线的组成齿曲线和相应的啮合线

阴转子		阳转子		啮合线
齿曲线	曲线性质	齿曲线	曲线性质	
AB	圆弧	HI	圆弧包络线	12
BC	圆弧	IJ	圆弧包络线	23
CD	圆弧	JK	圆弧	34
DE	圆弧包络线	KL	圆弧	45
EF	圆弧	LM	圆弧包络线	51
FG	圆弧	MN	圆弧	1

从图 5-16 和表 5-6 可以看出，日立型线综合了 SRM-D 型线和 GHH 型线的优点。在阴

阳转子齿数方面，日立型线与 GHH 型线相同，而在齿曲线组成方面，日立型线又类似 SRM-D 型线，均为圆弧及其包络线。因此，日立型线具有较好的综合性。

现在各种新的型线层出不穷，如日本神户 β 齿形（图 5-17a）、瑞典斯达尔（Stals）齿形（图 5-17b）等，极大地提高了螺杆式压缩机的性能。上述齿形的演变优化，主要在各种型线的组成、转子的中心距、齿数比、齿高半径等参数的选取上进行的，其目标是减少泄漏，提高面积利用系数，保持转子有足够的刚度和强度，便于加工等综合优化性能。根据型线设计原理和求共轭型线的方法，可以用样条函数得到光滑拟合曲线，再求此光滑曲线的包络线，进一步用计算机仿真由不同型线、齿形参数组成的齿形工作情况，从而得到齿形的优化方案。

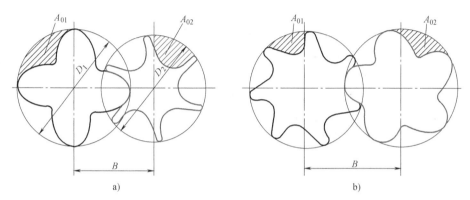

a)　　　　　　　　　　　　　　　　b)

图 5-17　两种新型齿形

几种常见齿形的有关参数比较见表 5-7。

表 5-7　几种常见齿形的有关参数比较

齿形名称	SRM 对称齿形	SRM 不对称齿形	单边不对称齿形	X 齿形	Sigma 齿形	CF 齿形
阴阳转子齿数比 $z_2 : z_1$	6：4	6：4	6：4	6：4	6：5	6：5
面积利用系数 C_n	0.472	0.52	0.521	0.56	0.417	0.595

5.2.4　结构参数

1. 齿高系数与齿数

图 5-11 中，螺杆式压缩机齿高系数 ζ 一般取

$$\zeta = \frac{R}{R_{1j}} = 0.5 \sim 0.7$$

式中　R——齿高半径；

R_{1j}——阳转子节圆半径。

齿高系数大，则阴转子的齿部变薄，齿的刚度下降。

几种主要齿形的 ζ 值见表 5-8。

按常规，转子齿数少，面积利用系数 C_n 增大，增加压缩机的输气量；而增加齿数，可以增强转子刚度和强度。通过型线的改进，目前较多的齿数也能挖掘出较高的 C_n 值。阴阳转子

齿数比已由传统的 6∶4，逐渐出现如 Sigma、CF 齿形的 6∶5。日立公司通过阴阳转子齿数比（对比的齿数比为 5∶4、6∶4、6∶5、8∶5）的对比研究，并经过试验证明齿数比为 6∶5 有较高的效率。但目前又出现瑞典斯达尔公司 S80 型压缩机的齿数比为 7∶5 和美国开利（Carrier）公司的 06T 型压缩机 7∶6 的齿数比，所以齿数比的研究还在继续深入。

表 5-8　主要齿形的 ζ 值比较表

齿形	国产齿形	X 齿形	Sigma 齿形	SRM 齿形	CF 齿形
ζ	0.640	0.750	0.456	0.550	0.566

2. 扭转角 θ 与扭角系数 C_Φ

转子的扭转角 θ 表示转子上的一个齿在转子两端端平面上投影的夹角，它表示转子上的一个齿的扭曲程度。转子的扭转角增大，使两转子间相啮合的接触线增大，引起泄漏量增加，同时较大的扭转角相应地使转子的型面轴向力加大，尤其是封闭式小型螺杆式压缩机，要去掉平衡转子上轴向力的平衡活塞时，转子不宜采用过大的扭转角。但是较大的转子扭转角可使吸、排气孔口开得大一些，减小了吸、排气损失。

螺杆阳转子扭转角 θ_1 一般在 270℃ 以上，属于大扭转角，所以当工作的阳转子一个齿槽在与吸气孔口隔开时，与其相啮合的阴转子的齿，在排气端尚未完全脱开这一齿槽，产生齿槽不能完全充气。设阳转子一个齿槽实际充气容积为 V'_{p01}，理论充气容积为 V_{p01}，则它们之比为扭角系数 C_Φ。

$$C_\Phi = \frac{V'_{p01}}{V_{p01}} = \frac{V_{p01} - \Delta V_{p01}}{V_{p01}} = 1 - \frac{\Delta V_{p01}}{V_{p01}} \qquad (5\text{-}20)$$

式中　ΔV_{p01}——阳转子一个齿槽在啮合中被阴转子侵占的容积。

经过多次试验测试，当阴转子齿在吸排气端侵占阳转子同一齿槽的容积相等时，阳转子这一齿槽被阴转子侵占的容积最小，即 C_Φ 值最大。单边非对称齿形扭转角 θ_1 与 C_Φ 的对应值见表 5-9。

表 5-9　扭转角 θ_1 与 C_Φ 对应值

扭转角 θ_1/(°)	240	270	300
扭角系数 C_Φ	0.999	0.989	0.971

3. 长径比和圆周速度

螺杆式压缩机转子长度 L 与其公称直径 D_0（转子名义直径）之比称为长径比 λ（$=L/D_0$）。当输气量不变时，增大长径比 λ，则转子公称直径 D_0 变小，可以减少气体力作用在转子螺旋面上产生的不平衡轴向力，从而可省去平衡活塞。一般 λ 值取 1~1.5 之间，下限称短导程，上限则称长导程，转子直径为 63~500mm 之间，适用广阔的输气量使用范围。

设计螺杆式压缩机时，正确选择阴阳转子外圆的圆周速度对压缩过程中泄漏量和动力损失有很大的影响。当工质的种类、吸气温度、压缩比以及转子啮合间隙一定时，都

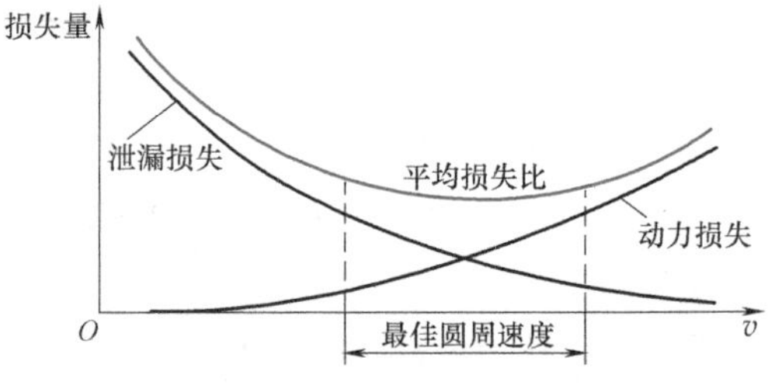

图 5-18　最佳圆周速度范围

有一个最佳圆周速度，从图 5-18 中可见，圆周速度增大，动力损失上升，而泄漏损失下降，通常喷油螺杆式压缩机阳转子齿顶的最佳圆周速度选择在 15～45m/s 之间；少油螺杆式压缩机在 25～70m/s；无油螺杆式压缩机为 65～120m/s。小直径的转子可以选用较高的旋转速度，因此全封闭式小型螺杆式压缩机，为了提高旋转速度，电动机通常直接驱动阴转子，或者如美国 06T 半封闭螺杆式压缩机使用增速齿轮。

螺杆直径是关系到螺杆压缩机系列化的零件标准化、通用化的一个重要参数。确定螺杆直径系列化的原则是：在最佳圆周速度的范围内，以尽可能小的螺杆直径规格满足尽可能广泛的排气范围。我国规定的制冷压缩机直径系列见表 5-10。

表 5-10　制冷用螺杆压缩机的直径系列

阳转子公称直径/mm	63	80	100	125	160	200	250	315	400	500
转子长径比					1、1.5					
制冷剂					R134a、R22、R717					

4. 级数与压缩比

对喷油螺杆式压缩机，一般采用一级压缩或二级压缩。

无油螺杆式压缩机主要是根据许可的排气温度决定压缩比和级数。

5. 间隙

螺杆式压缩机两转子之间、转子与机体之间要求留有适当的间隙。这不仅考虑制造和装配误差，也考虑了弯曲变形和热变形的因素。

5.3　热力性能

5.3.1　输气量

1. 理论输气量

螺杆式压缩机输气量的概念与往复式相同，也是把单位时间内排出的气体量折算为吸入状态下的气体容积值定义为输入量。

转子每分钟所转过的齿间容积总和为理论输气量，即

$$q_{Vt} = z_1 n_1 V_{p01} + z_2 n_2 V_{p02} \tag{5-21}$$

式中　　q_{Vt}——理论输气量，单位为 m^3/min；

z_1、z_2——分别为阴、阳转子的齿数；

V_{p01}、V_{p02}——分别为阴、阳转子的一个齿间容积，单位为 m^3；

n_1、n_2——分别为阴、阳转子转速，单位为 r/min。

设两转子齿槽在端平面上的齿间面积为 A_{01} 和 A_{02}（图 5-11），则在转子轴向长度 dL 内，阴阳转子齿间容积为

$$dV_{p01} = A_{01} dL$$

$$dV_{p02} = A_{02} dL$$

当转子长度为 L 时，阴阳转子一个齿间容积为

$$V_{p01} = \int_0^L A_{01} \, dL = A_{01} L$$
$$V_{p02} = \int_0^L A_{02} \, dL = A_{02} L \tag{5-22}$$

又按啮合原理

$$z_1 n_1 = z_2 n_2 \tag{5-23}$$

把式（5-22）、式（5-23）代入式（5-21），则

$$q_{Vt} = z_1 n_1 L (A_{01} + A_{02}) = [z_1 (A_{01} + A_{02}) / D_0^2] D_0^2 L n_1$$

考虑上节所讨论过的面积利用系数 $C_n = z_1 (A_{01}+A_{02})/D_0^2$ 和转子扭转角对吸气容积的影响，而需引入扭角系数 C_Φ，所以上式应写成

$$q_{Vt} = C_n C_\Phi D_0^2 L n_1 \tag{5-24}$$

式（5-24）表明了螺杆式压缩机理论上可以充气的最大容积，在转子直径、长度和转速相同的条件下，C_n 和 C_Φ 是影响 q_{Vt} 的重要因素，尤其是面积利用系数 C_n，它是评价转子齿数比和齿形及其组成的型线优劣的重要指标。

几种齿形 C_n 值的比较见表5-7。

2. 实际输气量和容积效率

螺杆式压缩机的实际容积输气量 q_{Va} 也与往复式压缩机一样，是理论容积输气量 q_{Vt} 与容积效率 η_V 的乘积，即

$$q_{Va} = q_{Vt} \eta_V \tag{5-25}$$

影响螺杆式压缩机容积效率的因素虽然与往复式压缩机有不同程度的相似，但是由于螺杆式压缩机没有余隙容积，所以几乎不存在再膨胀的容积损失，容积效率随压缩比增大并无很大的下降，这对制冷用压缩机，尤其是热泵用压缩机是十分有利的。

值得指出的是影响 η_V 的重要因素是螺杆式压缩机中转子间啮合间隙，转子与气缸内壁、端盖间的间隙处的泄漏。螺杆式压缩机工作过程中的气体泄漏有两种情况：一为外泄漏，基元容积中压力升高的气体向吸气通道或正在吸气的基元容积中泄漏，直接影响容积效率；二为内泄漏，是具有较高压力的基元容积中的气体向具有较低压力的并正在压缩的基元容积中泄漏，它只影响压缩机的功耗，对容积效率几乎没有影响。泄漏与两转子接触线长度和间隙面积有关，而且还同螺杆喷油的温度和喷油量有关，温度低，油黏度加大，则密封效果好（图5-50）。试验证明，接触线长度短，间隙值小，油温低和增加一定喷油量，有利于容积效率的提高。

5.3.2　内压缩过程

螺杆式压缩机在等熵压缩过程中内压缩比 ε_i 与内容积比 V_i 的关系式为

$$\varepsilon_i = V_i^\kappa \tag{5-26}$$

即

$$\frac{p_{i\Phi}}{p_{s0}} = \left(\frac{V_p}{V_\Phi} \right)^\kappa \tag{5-27}$$

式中　　V_p——独立一对基元容积；

p_{s0}——吸气压力；

κ——等熵指数；

$p_{i\Phi}$、V_Φ——分别为基元容积内的瞬时压力、容积。

瞬时基元容积 V_Φ 与转子转角 Φ 的函数关系为 $V_\Phi = V_\Phi(\Phi)$，通常用填塞容积法求取，瞬时基元容积 V_Φ 写成

$$V_\Phi = V_p - \Delta V_\Phi \tag{5-28}$$

$$\Delta V_\Phi = \Delta V_{\Phi_1}(\Phi_1) + \Delta V_{\Phi_2}(\Phi_2) \tag{5-29}$$

式中　　　ΔV_Φ——基元容积中瞬时填塞容积，其值同转子转角间的函数关系也为 $\Delta V_\Phi = \Delta V_\Phi(\Phi)$，它应为阴阳转子相互填塞容积之和，即式（5-29）；

$\Delta V_{\Phi_1}(\Phi_1)$——阳转子独立基元容积被阴转子填塞的瞬时填塞容积；

$\Delta V_{\Phi_2}(\Phi_2)$——阴转子独立基元容积被阳转子填塞的瞬时填塞容积。

$\Delta V_{\Phi_1}(\Phi_1)$ 和 $\Delta V_{\Phi_2}(\Phi_2)$ 可以按端面齿间面积的变化关系计算而得。设阴转子填塞阳转子齿间端面面积 A_{01} 和阳转子填塞阴转子齿间端面面积 A_{02}，它们与转子转角 Φ 的函数关系式为

$$A_{01} = A_{01}(\Phi_1)$$

$$A_{02} = A_{02}(\Phi_2)$$

对于等轴节距的转子，轴向长度 $\mathrm{d}L$ 与转子转角 Φ 的函数关系为

$$\mathrm{d}L = \frac{h}{2\pi}\mathrm{d}\Phi$$

式中　h——转子导程。

因此，瞬时填塞式容积 $\Delta V_{\Phi_1}(\Phi_1)$ 和 $\Delta V_{\Phi_2}(\Phi_2)$ 可写成

$$\Delta V_{\Phi_1}(\Phi_1) = \frac{h_1}{2\pi}\int_0^{\Phi_1} A_{01}(\Phi_1)\,\mathrm{d}\Phi_1 \tag{5-30}$$

$$\Delta V_{\Phi_2}(\Phi_2) = \frac{h_2}{2\pi}\int_0^{\Phi_2} A_{02}(\Phi_2)\,\mathrm{d}\Phi_2 \tag{5-31}$$

1. 阳转子内压缩过程

图 5-19a 所示为非对称阳转子在吸气端面上的齿形，阴影面积 A_{01} 表示阳转子上所讨论的独立基元容积。当吸气端阳转子齿 I_s 和齿 I_s' 到达机体内壁周围的相交点 H，即是填塞的开始点，此时，阳转子齿顶中心线正好和 HO_1 线重合，规定此位置对应的阳转子转角 $\Phi_1 = 0°$，HO_1 与中心线连线 O_1O_2 的夹角为 β_{01}。必须指出，对称圆弧齿形如图 5-20 所示，阳转子齿的 I_s 的齿顶要经过 H 点之后，填塞才能开始，对应齿 I 的转角 $\Phi_1 = 0°$ 的位置应该是齿的中心线与 O_1O_2 线成角度 β_1。从此位置开始，随着阴转子齿不断伸入阳转子基元容积，阳转子独立的基元容积被填塞而逐渐变小，造成容积内气体压力上升。通常把填塞分为两个阶段进行。

第一阶段，阳转子齿 I_s 由图 5-19a 所示位置经过图 5-19b 位置到图 5-19c 所示位置，从吸气端面看，阴转子扫过阳转子的齿间面积正好是 A_{01} 面积，从转子轴线上看（图 5-19c），阳阴转子形成了完整的连续接触线 123451，填塞过程第一阶段到此结束。此时，令阳转子转角为 Φ_{01}，则

$$\Phi_{01} = \Phi_1 = \beta_{01} + \frac{2\pi}{z_1} \tag{5-32}$$

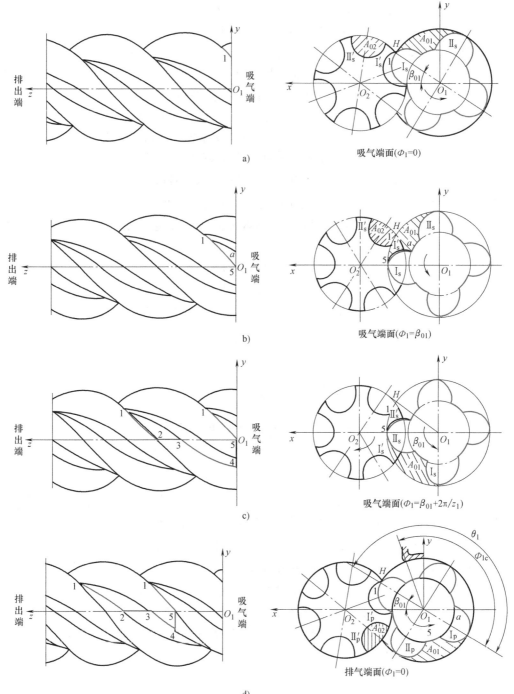

图 5-19 阳转子齿间容积被填塞过程图

式中 z_1——阳转子齿数。

此阶段中，阳转子被填塞的容积为

$$\Delta V_{\Phi_1} = \frac{h_1}{2\pi} \int_0^{\Phi_{01}} A_{01}(\Phi_1) \mathrm{d}\Phi_1 \qquad (5\text{-}33)$$

式中 h_1——阳转子的导程。

第二阶段，阳转子填塞为常值填塞，转子转角 Φ_1 应从第一阶段结束时的转角开始，到阳转子基元容积与排气孔口连通的瞬间为止（图 5-19d）。从吸气端面看，阴转子的齿完全覆盖阳转子在端面上的齿间面积 A_{01}（图 5-19c），从转子的轴向看，它是完整的接触线 123451 由吸气端向排气端推移，好像往复式压缩机气缸内的活塞一样，使阳转子独立基元容积减少。

此阶段中，阳转子被填塞的容积为

$$\Delta V_{\Phi_1} = \frac{h_1}{2\pi} A_{01}(\Phi_{1c} - \Phi_{01}) \tag{5-34}$$

式中 Φ_{1c}——阳转子从填充开始到与排气孔口连通时内压缩转角，如图 5-19d 所示。由式（5-33）、式（5-34）得阳转子总的填塞容积 ΔV_{Φ_1} 为

$$\Delta V_{\Phi_1} = \frac{h_1}{2\pi} \int_0^{\Phi_{01}} A_{01}(\Phi_1)\mathrm{d}\Phi_1 + \frac{h_1}{2\pi} A_{01}(\Phi_{1c} - \Phi_{01})$$

经整理后得

$$\Delta V_{\Phi_1} = \frac{h_1}{2\pi}\Big[\int_0^{\Phi_{01}} A_{01}(\Phi_1)\mathrm{d}\Phi_1 + A_{01}(\Phi_{1c} - \Phi_{01}) \Big] \tag{5-35}$$

2. 阴转子内压缩过程

阴转子独立基元容积填塞应在图 5-19a 中与阳转子独立基元容积沟通开始，如图5-21 所示，此时阳转子填塞阴转子基元容积的内压缩角 $\Phi_2 = 0°$。由图可以得到阴转子独立基元容积比阳转子延迟开始的角度 $\Phi_{2a} = 2\gamma$，γ 即为阴转子齿宽中心角。按阳阴转子啮合原理可以得到

$$\Phi_2 = i_{21}\Phi_1 - 2\gamma \tag{5-36}$$

式中 i_{21}——阳阴转子传动比。

但是，有的阴转子无齿宽中心角 γ，上式即为

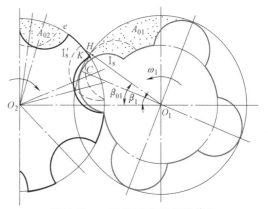

图 5-20 对称圆弧齿形开始填塞
（$\Phi_1 = 0°$）时的转子位置

$$\Phi_2 = i_{21}\Phi_1 \tag{5-37}$$

按求阳转子齿间填塞容积 ΔV_{Φ_1} 同样的方法，可得阴转子齿间填塞容积 $\Delta V'_{\Phi_2}$、$\Delta V''_{\Phi_2}$ 和 ΔV_{Φ_2}。

$$\Delta V'_{\Phi_2} = \frac{h_2}{2\pi} \int_0^{\Phi_{02}} A_{02}(\Phi_2)\mathrm{d}\Phi_2 \tag{5-38}$$

$$\Delta V''_{\Phi_2} = \frac{h_2}{2\pi} A_{02}(\Phi_{2c} - \Phi_{02}) \tag{5-39}$$

$$\Delta V_{\Phi_2} = \frac{h_2}{2\pi}\Big[\int_0^{\Phi_{02}} A_{02}(\Phi_2)\mathrm{d}\Phi_2 + A_{02}(\Phi_{2c} - \Phi_{02}) \Big] \tag{5-40}$$

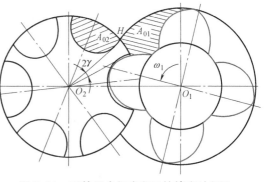

图 5-21 阴转子齿间容积开始填塞过程图

式中符号含义与阳转子填塞容积计算式（5-33）、式（5-34）、式（5-35）相同，只是阳转子用下标"1"表示，阴转子用下标"2"表示。

3. 内容积比 V_i、内压缩比 ε_i 和内压缩转角 Φ_{1c}

由式（5-26）、式（5-27）、式（5-28）并顾及扭角系数 C_Φ 引起基元容积充气减少，可得内压缩比 ε_i 表达式为

$$\varepsilon_i = \left(\frac{C_\Phi V_p}{V_p - \Delta V_\Phi} \right)^\kappa \tag{5-41}$$

其中，瞬时填塞容积 ΔV_Φ 也可分两阶段，第一阶段按阳转子转角 Φ_1 从 0 到 Φ_{01}，填塞容积 $\Delta V'_\Phi$ 为

$$\Delta V'_\Phi = \frac{h_1}{2\pi} \int_0^{\Phi_{01}} A_{01}(\Phi_1) \, d\Phi_1 + \frac{h_2}{2\pi} \int_0^{\Phi_{02}} A_{02}(\Phi_2) \, d\Phi_2$$

因阴转子独立基元容积填塞延迟开始角度 Φ_{2a} 与阳转子啮合会有关系式

$$\left. \begin{array}{l} \Phi_{1a} = i_{12} \Phi_{2a} \\ \Phi_2 = i_{21} \Phi_1 \\ i_{21} = \dfrac{h_1}{h_2} \end{array} \right\} \tag{5-42}$$

所以

$$\Delta V'_\Phi = \frac{h_1}{2\pi} \left[\int_0^{\Phi_{01}} A_{01}(\Phi_1) \, d\Phi_1 + \int_{\Phi_{1a}}^{\Phi_{01}} A_{02}(\Phi_2) \, d\Phi_2 \right] \tag{5-43}$$

第二阶段阳阴转子共同填塞，转子转角 Φ_1 从 Φ_{01} 到 Φ_{1c}，填塞容积 $\Delta V''_\Phi$ 为

$$\Delta V''_\Phi = \frac{h_1}{2\pi} A_{01}(\Phi_{1c} - \Phi_{01}) + \frac{h_2}{2\pi} A_{02}(\Phi_{2c} - \Phi_{02})$$

$$= \frac{h_1}{2\pi} (A_{01} + A_{02})(\Phi_{1c} - \Phi_{01}) \tag{5-44}$$

由式（5-43）、式（5-44）得到瞬时填塞容积 ΔV_Φ 为

$$\Delta V_\Phi = \frac{h_1}{2\pi} \left[\int_0^{\Phi_{01}} A_{01}(\Phi_1) \, d\Phi_1 + \int_{\Phi_{1a}}^{\Phi_{01}} A_{02}(\Phi_2) \, d\Phi_2 \right] + \frac{h_1}{2\pi} (A_{01} + A_{02})(\Phi_{1c} - \Phi_{01}) \tag{5-45}$$

令

$$\int_0^{\Phi_{01}} A_{01}(\Phi_1) \, d\Phi_1 + \int_{\Phi_{1a}}^{\Phi_{01}} A_{02}(\Phi_2) \, d\Phi_2 = S$$

则式（5-45）为

$$\Delta V_\Phi = \frac{h_1}{2\pi} \left[S + (A_{01} + A_{02})(\Phi_{1c} - \Phi_{01}) \right] \tag{5-46}$$

把式（5-46）代入式（5-41）得

$$\varepsilon_i = \left\{ \frac{C_\Phi V_p}{V_p - \dfrac{h_1}{2\pi} \left[S + (A_{01} + A_{02})(\Phi_{1c} - \Phi_{01}) \right]} \right\}^\kappa$$

又

$$V_p = (A_{01} + A_{02})\frac{h_1}{2\pi}\theta_1, \quad A_{01} + A_{02} = A_0$$

经整理得

$$\varepsilon_i = \frac{p_{i\Phi}}{p_{s0}} = \left(\frac{C_\Phi V_p}{V_p - \Delta V_\Phi}\right)^\kappa = \left(\frac{C_\Phi \theta_1}{\theta_1 - \Phi_{1c} - \dfrac{S}{A_0} + \Phi_{01}}\right)^\kappa \tag{5-47}$$

或写成

$$\Phi_{1c} = \theta_1\left(1 - \frac{C_\Phi}{\varepsilon_i^{1/\kappa}}\right) + \Phi_{01} - \frac{S}{A_0} \tag{5-48}$$

式（5-47）、式（5-48）表示了内容积比、内压缩比和阳转子内压缩角 Φ_1 的关系式，可画出基元容积内瞬时压力 $p_{i\Phi}$ 与转角 Φ_1 的关系图。对于实际螺杆压缩机，还要考虑压缩时气体的泄漏、喷油、油在压缩过程中雾化等因素，因此式（5-47）还需要修正成

$$\varepsilon_i = \frac{p_{i\Phi}}{p_{s0}} = \left(\frac{C_\Phi V_p \eta_V}{K_1 V_p - \Delta V_\Phi - K_2 q C_p \eta_V}\right)^\kappa \tag{5-49}$$

式中　q——喷射和润滑的油量进入基元容积中，同制冷剂气体混合后一起由排气管排出，其值通常取 $C_\Phi V_p \eta_V$ 乘积的 $0.6\% \sim 1\%$；

K_1——计算内压缩比时的修正值，通常取 $K_1 = 0.9$；

K_2——油在压缩过程中雾化和减少气体泄漏的影响值，通常取 1；

η_V——容积效率，如图 5-22 所示，设计时取 $0.8 \sim 0.9$。

5.3.3　功率和效率

螺杆式压缩机功率和效率的定义及计算均与第 2 章中所述相同。影响螺杆式压缩机轴效率 η_e 的主要因素是指示效率 η_i 和机械效率 η_m。η_i 受到气体与壁面热交换和气体流动所造成的损失以及压缩机内泄漏的影响。图 5-22 所示的实线给出了使用 R22 和 R717 工质的螺杆式压缩机在不同内容积比 V_i 时等熵效率 η_{ts} 与内压缩比 ε_i 的关系，虚线表示可变内容积比 V_i、η_{ts} 与 ε_i 的关系。

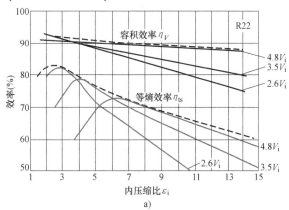

a)

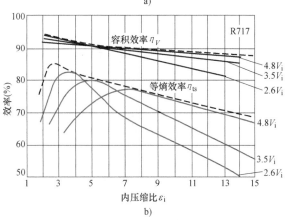

b)

图 5-22　螺杆式压缩机的效率曲线图

-------- 可变内容积比　——— 固定内容积比

5.4 吸排气孔口和内容积比调节

5.4.1 吸排气孔口设计

螺杆式压缩机与往复式压缩机明显区别之一是无吸、排气阀,因此,如何合理开设吸、排气孔口,对压缩机制冷量、耗功和噪声的影响是至关重要的。在内压缩过程一节里,已讨论了内压缩压力与转子内压缩转角的关系,这为吸排气孔口设计提供了依据。

螺杆式压缩机通常有两个吸气孔口和两个排气孔口,其中轴向吸气孔口设置在吸气端盖上,径向吸气孔口开设在机体上,而轴向排气孔口设置在排气端盖上,径向排气孔口开设在滑阀上。

1. 吸气孔口

(1)吸气孔口的设计要求

1)为了获得尽可能高的容积效率,必须保证压缩机基元容积最大限度地充气。

2)严禁在轴向端面的啮合区开设吸气孔口,避免高低压区串通而产生严重气体泄漏。

3)吸气孔口的形状应确保气体流动阻力小和工艺性好。

(2)吸气孔口位置和形状

1)轴向吸气孔口。在内压缩过程一节讨论中,已确定了阳阴转子吸气结束,即压缩开始时的起始位置,当阳转子的齿顶转到机体内壁圆周交点 H 时,$\Phi_1 = 0°$,阳转子齿槽基元容积开始受阴转子填塞(图5-19a),此时,端面吸气孔口应该与该基元容积隔开,基元容积停止吸气。阳转子轴向吸气角 α_{1s} 大小按下式计算,即

$$\alpha_{1s} = 2\pi\left(1 - \frac{1}{z_1}\right) - \beta_{01} \tag{5-50}$$

对阴转子齿宽角 $2\gamma \neq 0°$ 的型线,阴转子的独立基元容积开始压缩要迟一段时间,如图5-21、图5-23所示,当阳阴转子转过 2γ 的角度后两个独立基元容积才互相沟通。为了避免沟通时的回流损失,考虑阳转子轴向吸气孔口时,吸气角 α_{1s} 应为

$$\alpha_{1s} = 2\pi\left(1 - \frac{1}{z_1}\right) - \beta_1 \tag{5-51}$$

式中 β_1——阳阴转子的基元容积互相沟通时,阳转子齿顶中心线与两转子中心线连线 O_1O_2 之间的夹角(图5-23)。

对于阳转子有较大扭转角的情况,如 $\theta_1 = 300°$,按式(5-50)、式(5-51)计算阳转子轴向吸气孔口就不能符合转子基元容积按最大充气原则开设,应按图5-24开设,即按最大扭角系数原则,就是阴转子齿在吸排气端占据阳转子独立基元容积体积相等,此时,端面吸气孔口才与该基元容积隔开。按照图5-24,阳转子轴向吸气角 α_{1s} 为

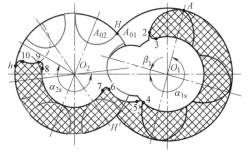

图5-23 轴向吸气孔口

$$\alpha_{1s} = 2\pi\left(1 - \frac{1}{z_1}\right) + \Delta\beta \tag{5-52}$$

式中　$\Delta\beta$——阴转子齿侵占阳转子独立基元容积在吸排气端体积之和最小时，阳转子在吸气端面前齿齿顶中心线与两转子中心线 O_1O_2 的夹角。$\Delta\beta$ 值可以由作图法求出，或按转子型线方程式和内压缩过程（参见本章5.3.2节）计算公式计算。

阴转子的扭转角 θ_2 一般不大，因此它的独立基元容积均能完全充气，其轴向吸气角 α_{2s} 在 $200° \sim 250°$ 之间（图5-23、图5-24）。

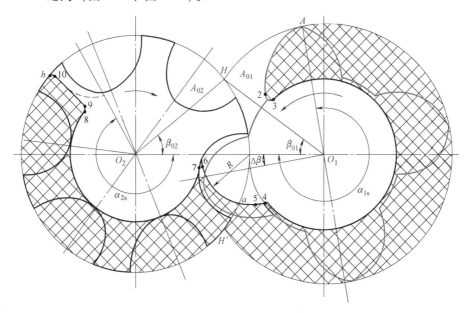

图5-24　大扭转角时的轴向吸气孔口

轴向吸气孔口开设在吸气端座上，它的形状分别由阳阴转子部分型线或若干曲线组成，如图5-23和图5-24所示。

2）径向吸气孔口。为了尽可能扩大吸气孔口的面积，除了在吸气端面开设轴向吸气孔口外，还通过机体内壁切深进行径向吸气，切深位置按轴向吸气角 α_{1s} 和 α_{2s} 而定，因此

$$HA = \frac{D_1}{2}(2\pi - \alpha_{1s} - \beta_{01}) \tag{5-53}$$

$$Hh = \frac{D_2}{2}(2\pi - \alpha_{2s} - \beta_{02}) \tag{5-54}$$

式中　D_1、D_2——分别为阳、阴转子外圆直径。

阳、阴转子外圆螺旋角 β_1 和 β_2 分别为

$$\left.\begin{aligned} \beta_1 &= \arctan\frac{\pi D_1}{h_1} \\ \beta_2 &= \arctan\frac{\pi D_2}{h_2} \end{aligned}\right\} \tag{5-55}$$

图5-25中，$H'H''$ 作为机体内孔测量基准，一般取 $10 \sim 15\mathrm{mm}$，L 是转子轴向长度，l_1 为滑阀固定端长度，当带有内容积比调节时，则 l_1 在内壁展开图上是空白的，以便安装内容积比调节滑阀。

2. 排气孔口

（1）排气孔口的设计要求

1）保证设计工艺所需要的内压缩比，对于有内容积比调节的螺杆式压缩机，轴向排气孔口应该按设计工况中压缩比最大工况设计。

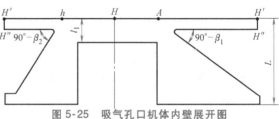

图 5-25 吸气孔口机体内壁展开图

2）严禁轴向孔口开设在啮合线范围内，以免高低压区沟通，保证气密性。

3）排气孔口要平滑，减少气体扰动。

（2）排气孔口位置和形式

1）轴向排气孔口。根据内压缩过程一节讨论，可以由图 5-26 求出阳转子在排气端轴向排气角 α_{1p} 与内压缩转角 Φ_{1c} 之间的关系式，即

$$\alpha_{1p} = \theta_1 - \Phi_{1c} + \beta_{01} \tag{5-56}$$

式中　θ_1——阳转子扭转角。

按照设计工况提出的内压缩比要求，由式（5-48）进行计算，求得 Φ_{1c}，此时，阳转子排气角 α_{1p} 就是排气端上 I_p 阳转子齿中心线与两转子中心连线 O_1O_2 之间的夹角（图 5-26）。

同样由图 5-26 看出，阴转子轴向排气角 α_{2p} 为

$$\alpha_{2p} = \theta_2 - \Phi_{2c} + \psi_1 + 2\gamma + \beta_{02} \tag{5-57}$$

式中　θ_2——阴转子扭转角。

按照设计工况提出的内压缩比要求，由式（5-48）进行计算，求得 Φ_{1c}，然后按关系式 $\Phi_{2c} = i_{21}\Phi_{1c} - 2\gamma$ 求得 Φ_{2c}，此时，阴转子排气角 α_{2p} 就是排气端面上 A_{02p} 阴转子齿槽的中心线与两转子中心线 O_1O_2 之间的夹角（图 5-26）。

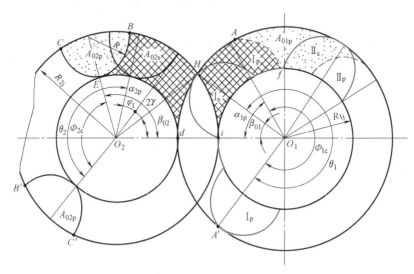

图 5-26 轴向排气孔口图

对阴转子无齿宽的齿形，式（5-57）可写成

$$\alpha_{2p} = \theta_2 - \Phi_{2c} + \psi_1 + \beta_{02} \tag{5-58}$$

轴向排气孔口开设在排气端座上，它的形状分别由阳阴转子部分型线或若干曲线组成（图5-26打网格的阴影面积）。

轴向排气孔口图中的尖角，如 E 点、d 点、i 点和 f 点，必须采用圆角过渡，以减少气体流动损失和满足铸造工艺要求。

需要指出的是对于一些非对称转子点生式摆线齿形，当阳转子齿顶经过机体内壁圆周交点 H 后，如图 5-27 所示，继续转动时，阳转子齿 II_s 下面形成由阳转子齿形前端与阴转子齿形前端所围成的面积 A_d，称为封闭容积，在运转中，该容积由大变小，内部压力剧增，耗功增大，一般通过漏气槽解决。同样，阳转子齿 II_s 上部形成封闭容积 A_s，它由小变大，与吸气侧相通，所以排气孔口不能开设在 Hid（图 5-26）范围内，否则高低压区沟通形成泄漏。

2）径向排气孔口。一般情况下，开设在排气端盖上的轴向排气孔口大小和位置是固定的，而开设在滑阀上的径向排气孔口位置和大小可以改变，所以轴向排气孔口按设计工况中的内容积比最大设计，孔口最小，而径向排气孔口按设计工况中的容积比最小设计，或分几档内压缩比来设计。

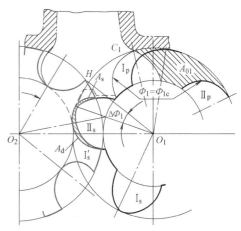

图 5-27 封闭容积

径向排气孔口也根据内容积比确定 Φ_{1c}，由 Φ_{1c} 便可以决定径向排气孔口在滑阀上的轴向位置。径向排气孔口结构设计图形如图 5-28 所示。

图 5-28 中，l_1 为滑阀固定端长度，在有内容积比调节时，该固定端也可以移动。l_1 长度计算式是

$$l_1 = L \frac{360}{\theta_1 z_1} \tag{5-59}$$

式中 L——转子长度，单位为 m。

阳转子侧 Δl_1 可按下式求得

$$\Delta l_1 = \frac{h_1}{360}(\alpha_{1p} - \beta_{01}) \tag{5-60a}$$

阴转子侧 Δl_2 为

$$\Delta l_2 = \frac{h_2}{360}(\alpha_{2p} - \beta_{02} - \alpha_2) \tag{5-60b}$$

式中的 α_2 如图 5-26 所示，即 $\alpha_2 = \psi_1$，其计算式为

$$\alpha_2 = 2\arcsin \frac{R}{2R_{2j}}$$

式中 R——齿高半径；

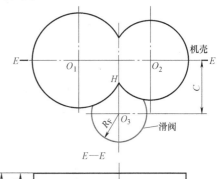

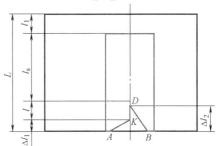

图 5-28 径向排气孔口结构图

R_{2j}——阴转子节圆半径。

在图 5-28 中

$$C = 0.65 \frac{D_1 + D_2}{2} \qquad (5\text{-}61)$$

$$R_F = \overline{HO_3} + \Delta R \qquad (5\text{-}62)$$

$$\Delta R = 3 \sim 5\text{mm}$$

滑阀行程 l_s 为

$$l_s = L - l_1 - l - \Delta l_1 \qquad (5\text{-}63)$$

$$l = \frac{h_1}{360}\beta_{01} \qquad (5\text{-}64)$$

式中 l——阳转子转过 β_{01} 所对应的轴向长度。

根据上述计算，结合由较小内容积比计算的 Φ_{1c}，求出 α_{1p} 和 α_{2p}，找出 B 点和 A 点，然后按阳、阴转子螺杆线方向来确定径向排气孔口大小。

5.4.2　内容积比调节

与涡旋式压缩机一样，螺杆式压缩机内压缩终了的缸内气体压力 p_{cyd} 往往同排气管道的压力 p_{dk} 不相等，带来等容压缩或等容膨胀的额外功耗。为此，就有必要进行内容积比调节来实现 p_{cyd} 等于 p_{dk}，以适应螺杆式压缩机在不同工况下的运行。

内容积比的调节对螺杆式压缩机来说种类很多，早期生产厂根据压缩机应用中的工况要求，提供不同内容积比的机器供选择，即通过更换不同的径向排气孔口的滑阀，或同时更换排气端座。但是对于工况变化范围大的机组，如一年中夏天制冷、冬天供暖的热泵机组，有必要实现内容积比随工况变化进行无级自动调节。

在实际设计中，滑阀上都开有径向排气孔口，它随着滑阀做轴向移动，如图 5-29 所示。这样，一方面压缩机转子的有效工作长度在减少，另一方面径向排气孔口也在减少，以延长内压缩过程时间，加大内压缩比。当把滑阀上的径向排气孔口与端盖上的轴向排气孔口做成不同的内压缩比时，就可在一定范围的调节过程中，保持内压缩比与满负荷时一样。

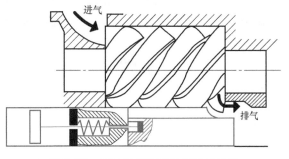

图 5-29　通过滑阀改变排气孔口位置

内容积比自动调节，可以避免过压缩及欠压缩过程；可以根据系统工况要求使机组始终能在最节能、最高效率容积比上运行，进而为用户节约大量的运行费用。

5.5　转子受力分析

螺杆式压缩机转子在压缩制冷剂气体时主要受到气体力的作用，其他还有摩擦力等。因此，研究作用在转子上气体力的大小和方向，以便进行转子强度、刚度计算，从而为确定平衡活塞大小和选配轴承提供必要的设计依据。

为了研究方便，通常将作用在转子复杂型面上的气体力分成轴向分力、径向分力和切向分力来讨论。

5.5.1　卧式螺杆压缩机受力分析

1. 轴向力

作用在转子上的轴向力主要由气体力产生，其总的轴向力 F_z 表达式为

$$F_z = F_a + F_b \tag{5-65}$$

式中　F_a——气体压力作用在转子两端面上产生的轴向力；

　　　F_b——气体压力作用在转子型面上产生的轴向力。

（1）端面轴向力　端面轴向力是转子在两端面受到的气体力。其中吸气端面均受吸气压力，方向指向排气端；而排气端面情况较复杂，在简化计算处理时，看作一半面积受到的作用力为吸气压力 p_{s0} 和排气压力 p_{dk} 的平均值，另一半面积受到吸气压力 p_{s0} 作用，其方向指向吸气端。这样转子端面轴向力 F_a 为

$$F_a = \frac{1}{4}(p_{dk} + p_{s0})(A_a - A_b) + \frac{1}{2}p_{s0}(A_a - A_b) - p_{s0}(A_a - A_b)$$

简化成

$$F_a = \frac{1}{4}(p_{dk} - p_{s0})(A_a - A_b) \tag{5-66}$$

式中　A_a——阳阴转子在端面上的齿的总面积；

　　　A_b——阳阴转子在端面上轴颈的总面积。

F_a 的方向应由排气端指向吸气端。

（2）型面轴向力　气体压力作用于转子齿面上的轴向力称为型面轴向力。对于每一个基元容积的齿面，无论是阳转子还是阴转子，齿面由前段型线齿面、背段型线齿面和齿根圆弧面（阳转子）或齿顶圆弧面（阴转子）几部分组成。在无接触线存在的基元容积内，气体压力作用于齿根或齿顶圆弧面，其型面轴向力为零，而前段型线齿面和背段型线齿面，由于它们在端平面上投影面积相等，所以气体压力作用在型面上的轴向力大小相等，但它们方向相反，因而相互抵消。这样在研究型面轴向力时只需在基元容积中有接触线存在的一段，即在图 5-30 中，对阴转子为 I-I 与 II-II 截面之间，对阳转子则为 I-I 与 II-II 截面和 II-II 与 III-III 截面之间。

阴转子在截面 I-I 与 II-II 段中，基元容积被接触线 a-1-5-4-3 分隔，型面被阳转子的齿覆盖，在背段型线的型面上，相当于 a-1-5-a 的面所受力是处于吸气压力 p_{s0}，它在端平面上面积为 A_H（图 5-30）的阴影面积。

因此，阴转子一个基元容积的型面轴向力 F_{2bi} 的方向指向排气端，大小为

$$F_{2bi} = A_H \Delta p_i \tag{5-67}$$

式中　Δp_i——基元容积内气体压力与吸气压力之差。

阳转子在 I-I 与 II-II 截面之间的基元容积被接触线 1-3-4-5-1 分隔，型面被阴转子覆盖，在端平面上投影为 1-3-4-5-1，即为 A_H 与阴转子齿面面积 A_{02} 之和，此面积处于基元容积内气体压力 p_{cyi} 下，作用力方向指向吸气端。

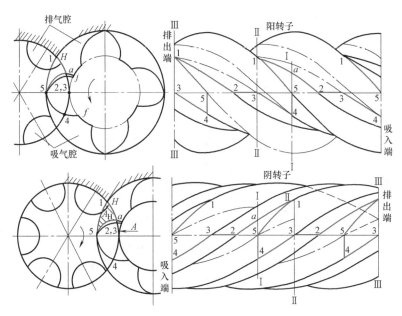

图 5-30　转子内压缩接触线图

同时，阳转子在Ⅱ-Ⅱ与Ⅲ-Ⅲ截面之间的基元容积被接触线 1-2-3-1 分隔，其端平面上投影恰好为阳转子齿面面积 A_{01}，此面积也处于基元容积内气体压力 p_{cyi} 下，作用力方向指向吸气端。

因此，阳转子一个基元容积型面轴向力 $F_{1\text{bi}}$ 为

$$F_{1\text{bi}} = (A_{\text{H}} + A_{01} + A_{02})\Delta p_i \tag{5-68}$$

$F_{1\text{bi}}$ 的方向指向吸气端。

螺杆式压缩机工作过程中存在着若干对齿相互接触，在转子长度 L_{z_1} 范围内，同时存在啮合的齿数 K_{cp} 为

$$K_{\text{cp}} = \frac{L_{z_1}}{h_i} \tag{5-69}$$

式中　z_1——阳转子齿数；

　　　h_i——阳转子导程。

一般情况下 K_{cp} 不可能是整数，而为带分数，这就意味着 K_{cp} 有若干整数和分数部分，因此阳阴转子总的型面轴向力按完整部分计算分别为

$$F_{1\text{b}} = \sum_{i=1}^{i=K_{\text{cp}}} (A_{\text{H}} + A_{01} + A_{02})\Delta p_i \tag{5-70}$$

$$F_{2\text{b}} = \sum_{i=1}^{i=K_{\text{cp}}} A_{\text{H}}\Delta p_i \tag{5-71}$$

而对于部分型面轴向力也可按照投影关系计入。

从以上型面轴向力分析可知，阳转子型面轴向力大而且都指向吸入端，因此有必要用平衡活塞来抵消转子指向吸气端的型面轴向力。平衡活塞大小通常按平衡阳转子型面轴向力的一半来设计。

2. 切向力和转矩

电动机输给螺杆式压缩机的功率主要是克服螺杆转子压缩气体时产生的转矩，在讨论切向力和转矩时，为了计算气体力对转子作用的转矩，在转子型面上取一微元面积 dA，该面积离转子轴线距离为 R_i，如图 5-31a 所示。把作用在微元面积 dA 上的气体力 dF_i 分成与转子轴线平行的型面轴向力 dF_{bi}，与转子轴线垂直的型面径向力 dF_{ri}，以及与转子轴线距离为 R_i 的圆柱表面相切的型面切向力 dF_{ti}。

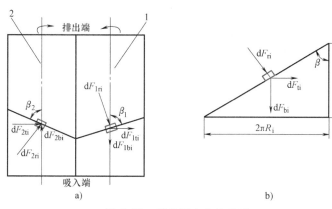

图 5-31　微元面上力的关系

1—阳转子（右旋）　2—阴转子（左旋）

根据微元面积 dA 所在圆柱螺旋面的展开图 5-31b，可以对型面切向力 dF_{ti} 找出如下关系，即

$$\frac{dF_{ti}}{dF_{bi}} = \cot\beta = \frac{h}{2\pi R_i}$$

则

$$dF_{ti} = \frac{h}{2\pi R_i}dF_{bi} \tag{5-72}$$

式中　R_i——微元面积 dA 所在圆柱面半径；

　　　　β——微元面积 dA 所在圆柱面上螺旋角；

　　　　h——转子导程。

从式（5-72）得微元面积 dA 上气体所产生的转矩 dM_{bi} 为

$$dM_{bi} = dF_{ti}R_i = \frac{h}{2\pi}dF_{bi} \tag{5-73}$$

对式（5-73）进行积分得气体力在转子上产生的转矩 M_b 为

$$M_b = \int_A \frac{h}{2\pi}dF_{bi} = \frac{h}{2\pi}F_b \tag{5-74}$$

式中　F_b——型面轴向力。

式（5-74）仅仅表明气体力产生的转矩和型面轴向力 F_b 的数值关系。进一步分析得到转矩 M_b 正负符号与型面轴向力 F_b 方向有密切的关系，如 F_b 指向吸气端时，F_b 为正值，此时 M_b 也为正值；反之，F_b 指向排气端，F_b 为负值，M_b 也为负值。对图 5-29 所示型面的轴向力进行分析可知，作用在阳转子型面上的轴向力 F_{1b}，无论电动机驱动阳转子或阴转子，恒指向吸气端，所以作用在阳转子上的转矩 M_{1b} 始终为正，而且与阳转子旋转方向相反，是阻力矩，必须由外界施加驱动力来平衡。而作用在阴转子型面上的轴向力 F_{2b} 恒指向排气端，作用在阴转子上的转矩 M_{2b} 始终为负，并与转子旋转方向相同，是驱动力矩，因此，阴转子在正常工作时不需要外加驱动力矩，反而在气体压力作用下产生驱动力矩 M_{2b}。除克服自身摩擦力矩外，还出现将其剩余的转矩作为驱动力矩传递给阳转子的现象。

按图 5-27 可推出阴阳转子转矩之比的绝对值为

$$\left| \frac{M_{2b}}{M_{1b}} \right| = i_{12} \left(\frac{A_H}{A_H + A_{11} + A_{02}} \right) \tag{5-75}$$

根据有关资料介绍的实测统计数据和按式（5-74）计算的气体力所产生的阳阴转子转矩 M_{1b}、M_{2b} 与螺杆压缩机轴功率 P_e 和转子速度的关系为

$$M_{1b} = (0.90 \sim 1.05) 9550 \frac{P_e}{n_1} \tag{5-76}$$

$$M_{2b} = - (0.10 \sim 0.20) 9550 \frac{P_e}{n_2} \tag{5-77}$$

式中 n_1、n_2——分别为阳、阴转子转速，单位为 r/min。

由于螺杆式压缩机两转子相互啮合运动时，接触线连续地向排气端推移，各基元容积内气体压力不断地变化，其变化周期与转子转角 $2\pi/z_i$ 相对应，由此而引起的气体力产生的转矩也为 $2\pi/z_i$ 周期性变化。阳阴转子气体力产生的转矩 M_{1b}、M_{2b} 变化周期分别为 $2\pi/z_1$ 和 $2\pi/z_2$，后者比前者周期短，而且波幅也较小。

从上面分析阳阴转子转矩中看到，电动机直接驱动阴转子，这样会产生阴阳转子齿面摩擦力加大，摩擦加剧，这是因为阴转子本身不会消耗功率，而是把动力由阴转子齿面传递给阳转子。

还需要指出的是从式（5-75）中看到阴阳转子转矩的比值取决于两转子啮合时相互覆盖面积 A_H、A_{01}、A_{02}（图 5-30），如果 A_H 较小，则比值很小，使得阴转子在正负转矩之间摆动，造成阳阴转子齿面发生碰撞，这一点在齿形设计时必须考虑。

两转子在啮合时除了气体力产生的转矩外，还有摩擦力造成的阻力矩 M_r。M_r 的影响因素较多，目前尚无准确的计算方法，只能通过试验得出。一般认为阳阴转子用来克服摩擦阻力矩所消耗功率相同，其值等于压缩机轴功率 P_e 的 5%~15%，因此，阳阴转子的摩擦力矩 M_{1r} 和 M_{2r} 为

$$M_{1r} = (0.05 \sim 0.15) 9550 \frac{P_e}{n_1} \tag{5-78}$$

$$M_{2r} = (0.05 \sim 0.15) 9550 \frac{P_e}{n_2} \tag{5-79}$$

3. 径向力

作用在转子齿面上并垂直于转子轴线的那部分气体力称为径向力。径向力是选择轴承和校核转子强度、刚度的基本数据，一般转子重量是不计入径向力的，只有当转子较大时才顾及。

螺杆式压缩机的一对基元容积是扭曲的，在工作过程中，它被接触线分隔成压力不同的两个区域，而且基元容积随着转子旋转在不断地变化，因此，作用在转子齿面上的径向力是一组空间力系，计算十分复杂。

在转子轴向取单位长度距离的两个端平面，则在一个单位长度的闭合容积内气体压力 p_{cyi} 比吸气压力 p_{s0} 高出 Δp_i 的压差，如图 5-32 所示。沿单位容积的封闭面积 A 的积分值（除两端面外）显然为 0，即

$$\int_A \Delta p_i \mathrm{d}A = 0 \tag{5-80}$$

并且可以得到径向力 F_{ri} 为

$$F_{ri} = \int_{A_V} \Delta p_i \mathrm{d}A_V = \int_{A_o} \Delta p_i \mathrm{d}A_o \tag{5-81}$$

式中　　A_V——齿面容积表面；

A_o——外圆柱表面。

式（5-81）表明：气体压力作用在齿面容积表面 $D-A-F-D-D'-F'-A'-D'$ 上的力，等于气体压力作用在外圆柱表面 $D-D-D'-D'$ 上的力，其方向相反。因此，基元容积内径向力可用外圆柱表面上径向力计算。

由于两转子啮合时，基元容积被接触线分隔，齿间面积相互覆盖，求径向力比较复杂。根据上述讨论，在两转子组成的基元容积中，设想一条径向载荷线，找出一种近似的径向力计算方法。如图 5-33 所示，在 OqZ 平面内，沿转子轴线方向 OZ 分布的单位径向载荷 q 的规律为

当 $0 \leqslant Z \leqslant L_c$ 时　$q = q_0 \left(\dfrac{Z}{L_c} \right)^2$ （5-82）

当 $L_c \leqslant Z \leqslant L$ 时　　　　　　　$q = q_0$ （5-83）

而　　　　　　　　　　　$q_0 = \xi D_0 (p_{dk} - p_{s0})$ （5-84）

$$L_c = \frac{h_1}{2\pi} \Phi_{1c} \tag{5-85}$$

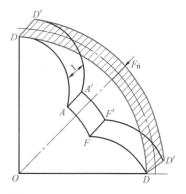

图 5-32　等值圆柱体受力分析

式中　　　　q_0——最大单位径向载荷，单位为 kPa/m；

L_c——内压缩转角 Φ_{1c} 所对应的转子轴向长度，单位为 m；

ξ——修正系数，一般取 0.5~0.8；

Z——转子任一截面至吸气端的距离，单位为 m；

p_{s0}、p_{dk}——分别为吸排气压力，单位为 kPa；

D_0——转子公称直径，单位为 m；

h_1——阳转子导程，单位为 m；

Φ_{1c}——阳转子内压缩转角，单位为 rad。

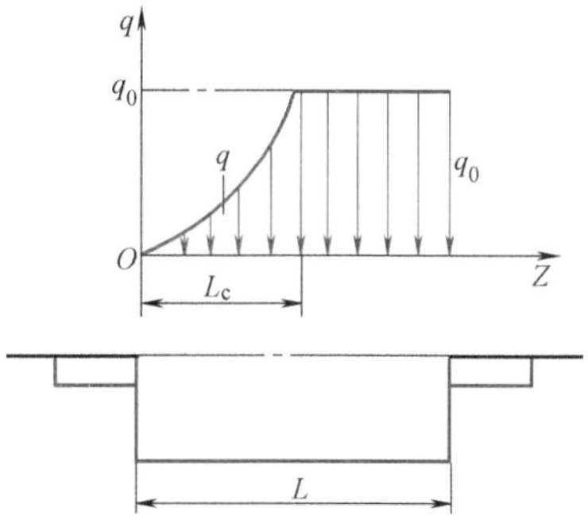

图 5-33　转子单位径向载荷分布规律

5.5.2　立式螺杆压缩机受力分析

立式双螺杆压缩机的结构如图 5-34 所示。在立式压缩机中，阴阳转子均为竖直放置，排气端向下，角接触轴承设计在排气座上。进气口及补气口均在中间设置。轴向吸气口和径向吸气口在空间上是连成一体的，所以吸气设计为横向进气。油箱设计在机体下部。电动机

的定子安装在机体上，电动机的转子则用键与阳螺杆转子直连。油气分离器可以根据需要设计成环形和平板形状，但由于环形的油分离效果较好，所以一般设计成环形。具体工作过程为：气体从吸气口进入压缩腔，经压缩后向下排出，并折返通过电动机来冷却电动机，经过电动机的气体最后通过油分离器排出压缩机。

螺杆式压缩机设计时的主要问题之一是轴向力过大，给排气端的设计带来不便。常用的解决办法是加平衡活塞来减少轴向力。对于制冷机来讲，则是采用多个角接触轴承串联来承受较大的轴向力。采用多个角接触轴承串联，一方面会使成本增加，并且由于多轴承连用，会造成装配工艺性差及对转子的加工精度要求的提高。而立式螺杆压缩机的结构则可以很好地解决这个问题。从图 5-35 可以看出，立式螺杆压缩机采用横向吸气，气体经螺杆压缩后向下排气，然后气流经过排气通道、电动机及油分离器后从顶部排出。从受力分析看，压缩机在正常运行过程中，转子将受到向上的力 F_1，设计中的角接触轴承也正是承受这个力的，但由于立式压缩机的特殊结构，电动机侧的轴颈将受到向下的力 F_2，起到一个平衡活塞的作用。同时转子的重力 F_3 也会抵消一部分作用。所以最后转子的受力 F 为：$F = F_1 + F_2 + F_3$，F_2、F_3 与 F_1 的方向相反，取负值。F_2 为 $60 \sim 80mm$ 的轴径由气体压力差产生的力，而 F_3 则是由螺杆阳转子与电动机转子的重力组成的重力。

以某型号的立式压缩机为例，螺杆转子自重为 343N，电动机转子自重为 392N，计算的气体轴向力为 11125N，轴颈处的受力为 5585N，从而可得：$F = F_1 + F_2 + F_3 = 4805N$。因此压缩机最终轴向受力为 4805N，受力减少了 57%，也就是说对于相同工况及转子的制冷压缩机来讲，立式螺杆压缩机的受力是卧式压缩机受力的 43%，所以其轴承寿命会延长。

图 5-34 立式螺杆
压缩机的结构示意图

图 5-35 转子
受力示意图

5.6 开启式和封闭式螺杆式压缩机结构

5.6.1 开启式螺杆式压缩机

制冷装置上最先应用的螺杆式压缩机是开启式，以后再发展到半封闭式和全封闭式。

1. 开启式螺杆式压缩机的优点

同往复式相比较,螺杆式压缩机突出的优点是:

1) 螺杆转子压缩气体的运动为旋转运动,转子转速可得到提高,因此当输气量相同时,螺杆式压缩机与往复式相比较,体积显得小,重量轻,占地面积小,运动中无往复惯性力,对地面基础要求不高。

2) 机器结构简单,其零件数仅为往复式压缩机的1/10,而且易损件少,尤其是它无吸排气阀,无膨胀过程,单级压缩比大,对液击不敏感。

3) 能适应广阔的工况范围,尤其是用于热泵机组上,其容积效率并不像往复式压缩机那样有明显的下降。

4) 输气量能无级调节,并且在50%以上的容量范围内,功率与输气量成正比关系。

2. 开启式螺杆式压缩机的发展

开启式螺杆式压缩机设计制造方面的改进概括起来有以下几个方面:

(1) 普遍采用内容积比调节结构　除了内容积比自动调节外,还有如图5-36所示的日本前川制作所MYCOM中V系列机器的一种手动内容积比调节机构,它是通过调节杆1的转动,移动内容积比调节滑阀3,使得输气量调节阀2(调节原理见第6章)和内容积比调节滑阀3一起向排气端移动,造成径向排气口变小,由于内容积比调节滑阀3仍紧靠输气量调节阀2,所以能进行无级内容积比调节。

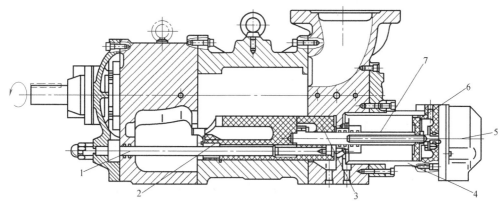

图 5-36　前川螺杆式压缩机内容积比无级调节图

1—内容积比调节杆　2—输气量调节阀　3—内容积比调节滑阀
4—油压缸　5—负荷指示器　6—液压活塞　7—输气量调节杆

内容积比可调,能减少螺杆式压缩机的过压缩或欠压缩损失。图5-37所示是按三种内容积比 $V_i = 2.6$、3.6、5 开设的排气口,在工况变化时,通过内容积比调节所得到的全负荷时的轴功率提高率。因此具有内容积比可调的螺杆式压缩机能在广阔的工况变化范围内依然高效地运行,这对于多种用途的冷冻冷藏制冷系统和受外界气温影响的空气热源热泵等机组尤为适用。

(2) 采用单机两级压缩　制冷装置采用两级压缩系统,设备费用较高,因此,如烟冷、大冷、日本日立制作所、瑞典斯达尔等公司研制了单机双级螺杆式压缩机,如图5-38所示。用电动机直接驱动低压级的阳转子,通过它再驱动高压级的阳转子。一般冷冻冷藏用的机器,高、低压级容积比为1∶3,也可以为1∶2,根据工况运转要求,还可有多种组合。

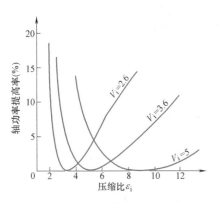

图 5-37 满负荷时的轴功率提高率

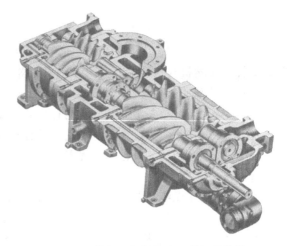

图 5-38 单机双级螺杆式压缩机的结构

（3）开启式螺杆式压缩机的小型化 目前，制冷装置的单机容量规模趋于缩小，同时为了改善部分负荷性能，朝着多机组化发展，所以小型开启式螺杆式压缩机研制也取得了长足发展，如瑞典斯达尔公司研制了 Stals-mini 微型开启式 RV-53-59 系统，输气量为 245～412m³/h。概括地说，这方面主要成果如下：

1）改进齿形。如前所述出现了阴阳转子齿数比 5：6、5：7，齿形的型线也不断更新，这样增加了齿间面积，在相同转子和长度下，增加输气量，并且减少泄漏，提高容积效率。

2）优化供油量和油质。喷入螺杆压缩机各部位的润滑油，随同高压气体排出，在油分离器中分离，油经过油冷却器，再喷入压缩机中，在普通工况下，高压油中大约溶解 15% 以上制冷剂（图 5-39）。当压力降低时，溶解度减少到 2%～5%，因而产生大量的闪发气体，导致机器性能降低。图 5-40 所示是在 20kW 单级螺杆式压缩机中供油量为 20cm³/min 下运行情况，曲线表示闪发气体量与输气量的比值随蒸发温度下降而增加。可以理解，该曲线相当于容积效率的下降率，蒸发温度越低，损失越大，这一现象对小型开启式尤为明显。采取的对策是机器吸气侧轴承润滑油利用机械密封排出的油，而排气侧轴承排出的油则直接返回螺杆转子的基元容积中，这样使得润滑油的用量控制在较低的需求量。另一方面，对油的品质提出要求，润滑油应具有使制冷剂在螺杆压缩机润滑油中的溶解量少，产生的闪发气体量小，油的黏度高，密封性好的特点；但在蒸发器里，要求油具有较低的黏度，满足这些要求的润滑油正在开发。

3）采用滚动轴承和无油泵系统。传统的螺杆式压缩机使用滑动轴承，径向间隙达 7～100μm，而使用滚动轴承径向间隙仅为 0～10μm，这样阴阳转子齿形间隙缩小，降低了泄漏，同时可减少起密封作用的喷油量，并且使用滚动轴承时它本身的用油量也减少。国内有些螺杆式压缩机采用瑞典 SKF（斯凯孚）公司的滚动轴承，运转 40000h 后，转子轴颈部位几乎无磨损。

4）采用水冷式电动机。水冷式电动机是将冷凝器冷却后的部分冷却水通入电动机水套内对电动机进行冷却，试验表明，用风冷却电动机，风扇功率也要占总功率的 2%～3%。

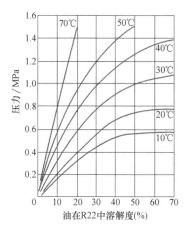

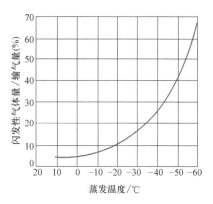

图 5-39 润滑油和 R22 制冷剂
的温度-压力-溶解度曲线

图 5-40 在 20kW 单级螺杆式压缩机
中供油量为 20cm³/min 下运行工况

5) 采用经济器系统。中大型开启式压缩机采用经济器系统（其原理将在下一节叙述）后，节能效果十分明显，一般制冷量能增加 14%～34%，而功率仅增加 8%～13%。瑞典斯达尔公司研制的 SVA 和 SVR 系列压缩机带经济器系统和不带经济器系统的制冷量比较，如图 5-41 所示。图 5-42 所示为国产 LG16 Ⅱ A/F 型开启式螺杆压缩机的性能曲线。

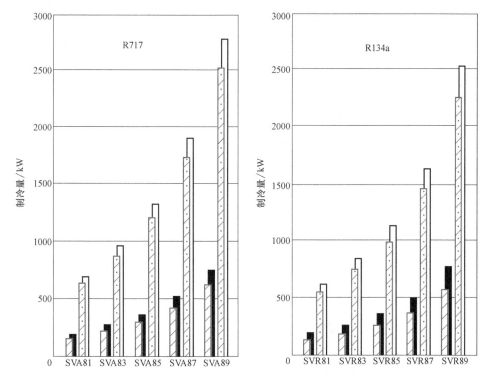

图 5-41 SVA 和 SVR 系列螺杆式压缩机带和不带经济器系统的制冷量比较
工况：冷凝温度 35℃ 液体过冷度 5℃
蒸发温度-40℃ 蒸发温度-10℃

5.6.2　半封闭式螺杆式压缩机

由于螺杆式压缩机在小容量机型中也能获得好的热力性能，又能适应苛刻的工况变化，在冷凝压力和排气温度很高的工况下也能可靠地运行，因此很快向往复式所占的半封闭式领域发展。

半封闭式螺杆式压缩机原理的动画，可扫码观看。该动画说明了其典型结构和喷液冷却、中间补气、油分离与润滑、容量调节等工作原理。

半封闭式螺杆式压缩机的功率一般在 $10\sim100\text{kW}$ 之间。图 5-43 和图 5-44 所示是比泽尔（Bitzer）公司开发的单级半封闭式螺杆式压缩机结构图。使用 R134a 工质时，其冷凝温度可达 70℃，使用 R404 或 R507 工质时，蒸发温度最低可达-45℃。

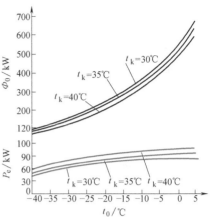

图 5-42　国产 LG16Ⅱ A/F 型开启式螺杆压缩机的性能曲线

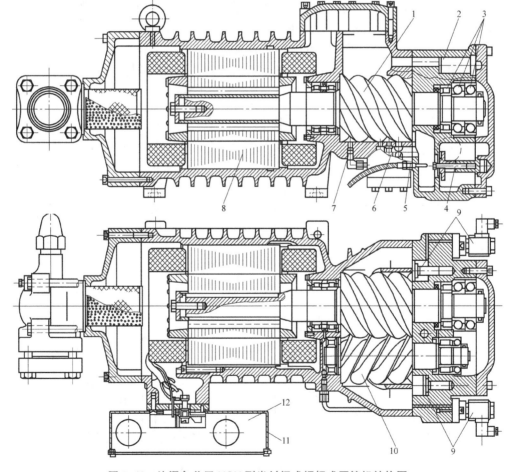

图 5-43　比泽尔公司 HSK 型半封闭式螺杆式压缩机结构图

1—阳转子　2—安全卸载阀　3—滚动轴承　4—止逆阀　5—排温控制探头　6—内容积比控制机构

7—喷油阀　8—电动机　9—输气量控制器　10—阴转子　11—接线盒　12—电动机保护装置

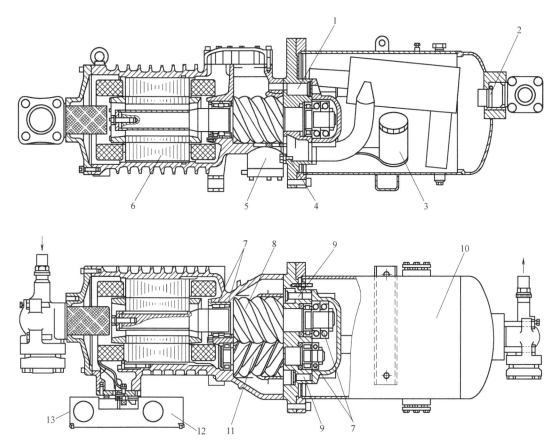

图5-44　比泽尔公司HSKC型半封闭式螺杆式压缩机结构图

1—压差阀　2—单向阀　3—油过滤器　4—排温控制探头　5—内容积比控制机构　6—电动机　7—滚动轴承
8—阳转子　9—输气量控制器　10—油分离器　11—阴转子　12—电动机保护装置　13—接线盒

　　上述半封闭式压缩机的阳阴转子都采用5∶6或5∶7齿数比。同全封闭式一样，阳转子与电动机共用一根轴，滚动轴承采用圆柱轴承，推力轴承比滑动轴承小，可保持阳阴转子轴心稳定，从而能减少转子啮合间隙，减少泄漏，同时使用润滑油量也减少，如前所述，对容易溶解于油的氟利昂压缩机能提高容积效率。图5-44所示压缩机油分离器设置在机体内，以分离油和气体，使得机组装置紧凑，而不像如图5-43所示结构，在机体外仍要设置一个油分离器。压缩机供油都采用压差供油，它是利用排气压力和轴承压力差供油，最小压差控制在200~300kPa，无油泵，大大简化了供油系统。图5-43和图5-44中，低压制冷剂进入过滤网，通过压缩机再到压缩机吸气孔口，因此内置电动机靠制冷剂气体冷却，电动机效率提高，而且电动机有较大的过载能力，其尺寸可相应缩小。

　　半封闭式螺杆式压缩机使用新开发的合成润滑油。如比泽尔公司对R22使用B320SH油，对R134a使用BSE170油，即使压缩机排气温度较高，这种油也能维持润滑和密封所要求的黏度，省去了油冷却器，装置结构更加简单紧凑。

　　除了少量微型半封闭式螺杆式压缩机，大多数压缩机都设置了内容积比有级调节机构。

　　风冷及热泵机组，使用工况较恶劣。在高的冷凝压力和低的蒸气压力下，排气和润滑油的温度或者内置电动机的温度会过高，造成保护装置动作，压缩机停机。为了保证压缩机能在工作界限范围内运行，可采用液体制冷剂喷射冷却进行降温。图 5-45 所示为德国比泽尔公司的半封闭式螺杆式压缩机的喷液冷却，其最高限制温度设定在 80~100℃ 之间，当排气温度传感器 1 传来的信号达到限制温度时，立即打开温控喷液阀 2，让液体制冷剂从喷油入口 5 喷入，以降低排气温度。

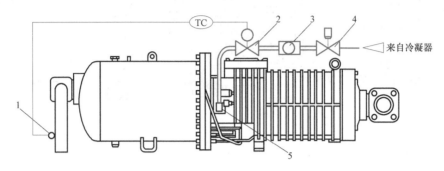

图 5-45　德国比泽尔公司的半封闭式螺杆式压缩机的喷液冷却
1—排气温度传感器　2—温控喷液阀　3—视镜　4—电磁阀　5—喷油入口

5.6.3　全封闭式螺杆压缩机

美国顿汉-布西（Dunham-Bush）公司用于储水、冷冻冷藏和空调的全封闭式螺杆式压缩机，如图 5-46 所示，型号为 MARKⅡ型，图中转子为立式布置。为了提高转速，电动机主轴与阴转子直连，整台压缩机全部采用滚动轴承，以保证阴阳转子获得最小间隙。轴承应用了特殊材料和工艺，来承受较大载荷与保证足够的寿命，使运转可靠。润滑系统改用排气压差供油，省去了油泵。用温度传感器采集压缩机排气温度，当排温较高时，用液体制冷剂和少量油组成的混合液喷入压缩腔。压缩机内置电动机由排气冷却，不设置专门的油分离器，所以排出的高温高压制冷剂气体，通过电动机和外壳间的通道，经过油分离器 12，由排气孔口 1 排出，整个机壳允满高压制冷剂气体。目前由单机组成的全封闭螺杆式冷水机组的制冷量可达到 186kW。

图 5-47 所示是比泽尔公司 VSK 型系列的全封闭式螺杆式压缩机结构，电动机配用功率为 10~20kW，它的结构特点是卧式布置，输气量调节不设置滑阀，采用电动机变频调节。

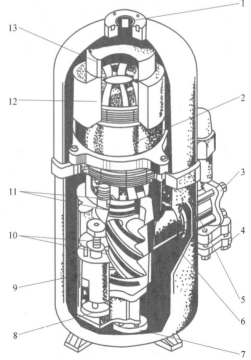

图 5-46　顿汉-布西（Dunham-Bush）公司用于储水、冷冻冷藏和空调的全封闭式螺杆式压缩机
1—排气孔口　2—内置电动机　3—吸气截止阀
4—吸气口　5—吸气单向阀　6—吸气过滤网
7—过滤器　8—输气量调节油活塞　9—调节滑阀
10—阴阳转子　11—主轴承　12—油分离器　13—挡油板

图 5-48 所示为比泽尔公司 VSK3161—15Y 型封闭式螺杆式压缩机的性能曲线。

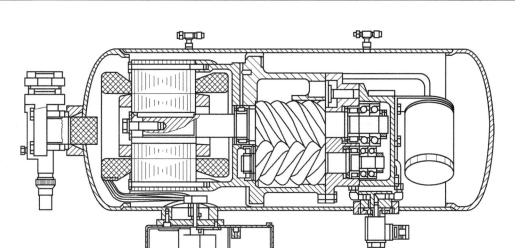

图 5-47　比泽尔公司 VSK 型系列的全封闭式螺杆式压缩机结构

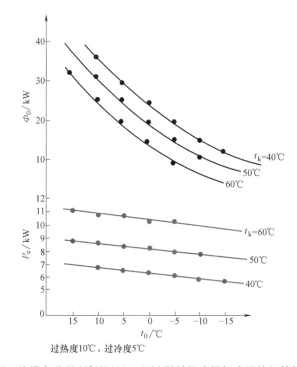

过热度10℃，过冷度5℃

图 5-48　比泽尔公司 VSK3161—15Y 型封闭式螺杆式压缩机的性能曲线

5.7　螺杆式压缩机装置系统

5.7.1　螺杆式压缩机机组

螺杆式制冷压缩机在压缩气体时要喷入大量润滑油，因此，其机组中辅机要比其他类型的压缩机多。图 5-49 所示为开启式螺杆式制冷压缩机系统。

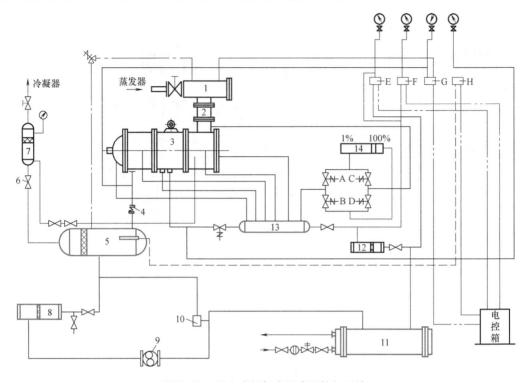

图 5-49　开启式螺杆式制冷压缩机系统

1—过滤器　2—吸气止逆阀　3—螺杆式压缩机　4—排气止逆阀　5——次油分离器　6—阀　7—二次油分离器
8—粗过滤器　9、14—油泵　10—油压调节阀　11—油冷却器　12—精过滤器　13—油分配总管
——油路　----电路　---气路　---温度

由蒸发器来的制冷剂气体，经过滤器 1、吸气止逆阀 2 进入螺杆式压缩机 3 的吸入口，在气体压缩过程中，油在滑阀或机体的适当位置喷入，然后气油混合物经压缩后，由排气口排出，通过排气止逆阀 4 进入一次油分离器 5，气油分离后，气体则通过阀 6 进入二次油分离器 7，继续油分离，气体排入冷凝器。

储存在一次油分离器 5 下部的较高温度的润滑油，经粗过滤器 8，被油泵 9 吸入，再排至油冷却器 11，在油冷却器 11 中被水冷却后进入精过滤器 12，再进入油分配总管 13，将油再分别送入轴封装置、滑阀喷油孔、前后主轴承、平衡活塞，即四通电磁换向阀 A、B、C、D 和输气量调节装置——油泵 14 等。二次油分离器的油一般定期放入压缩机低压侧。在一次油分离器和油冷却器之间通常设置油压调节阀 10，目的是保持供油压力较排气压力高100～300kPa，多余的油返回一次油分离器油管。

压差控制器 G 控制系统高低压力，温度控制器 H 控制排气温度超值，压差控制器 E 控制油过滤器压差，压力控制器 F 控制油压。

1. 油分离器

螺杆式压缩机由于喷入大量的润滑油，制冷剂气体与油的混合物会由压缩机排出。不经过油分离器的油气混合物进入冷凝器和蒸发器后，使这些热交换器传热效率降低，从而降低了性能系数，所以油分离器对螺杆式压缩机来说是必备的辅助设备。

螺杆式压缩机的排气温度与往复式压缩机相比相对较低，一般在 80~100℃ 之间，因此分油效果较好。对于中大型开启式机器，为了提高分离效果，通常设置一级油分离器后，再增设二级油分离器。一级油分离器通常采用惯性、洗涤、离心、填料和过滤等方法，而二级油分离器利用特别的填充物，如不锈钢丝网、玻璃纤维、聚酯纤维和陶瓷等，油分离后的质量分数可达 $(5~50)×10^{-6}$，气流速度一般在 $1~6m/s$ 之间。小型封闭式螺杆制冷压缩机，油分离器内置在螺杆式压缩机上。全封闭压缩机排出的高压油气混合物通过电动机时进行了油分离，然后气体通过挡油板（或称油分离环），进入排气管。半封闭螺杆式压缩机内部排气端设置四周为螺旋形通路的多孔油缸，当高温高压油气混合物排入螺旋形通路的多孔油压缸的油分离器时，油被甩向油压缸壁而积聚其上，并经过壁上的孔流到油压缸外壁面，然后油流向机体底部储油槽，而制冷剂气体则排入冷凝器。

2. 油冷却器

油分离器分离出来的油，其温度接近于排气温度，因此大中型的螺杆式压缩机必须设置油冷却器，降低油温，使油具有合适的黏度，以便再次循环利用。油冷却方式可采用水冷、热虹吸、喷液冷却及加大油冷却器四种方式。水冷油冷却器是一种卧式壳管式热交换器，油在管外，水在管内。管束固定于两端管板上，油冷却器筒体内有折流板，可以改善油和冷却水的热交换。由于水中杂质会在冷却器水管内结垢而降低传热系数，因此必须定期进行检查和清洗。冬季机组不运行时，还需拧开水盖上的放水阀，将油冷却器内的水放掉，以防止结冰，损坏设备。图 5-50 所示为油温和容积效率的关系。喷入螺杆式压缩机的油温一般推荐值为：氨制冷剂是 25~55℃，氟利昂制冷剂是 25~45℃。油冷却器有两种，即图 5-51a 所示的水冷却型和图 5-51b 所示的制冷剂冷却型。对于封闭式机器，由于系统采用喷液冷却，加上高温润滑油的使用，一般可以省去油冷却器。

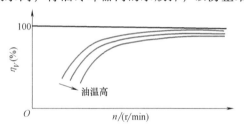

图 5-50 油温和容积效率的关系

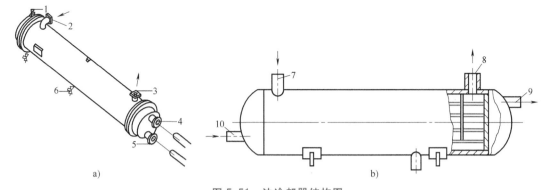

图 5-51 油冷却器结构图

a）水冷却型油冷却器 b）制冷剂冷却型油冷却器

1—排空阀 2、7—进油口 3、8—出油口 4—冷却水出口 5—冷却水入口

6—排油阀 9—制冷剂出口 10—制冷剂入口

3. 止逆阀

在螺杆式压缩机气路系统中，往往设置吸排气止逆阀。吸气止逆阀的作用是防止在停机

后，由于气体倒流造成制冷剂在吸入管道内凝结。排气止逆阀是防止停机后，高压气体由冷凝器等处倒流入机体内，使转子倒转，造成螺杆型面的严重磨损。

5.7.2 带经济器的螺杆式压缩机系统

1. 带经济器的螺杆式压缩机的流程

螺杆式压缩机的特点之一是在气缸的适当位置开设补气孔口，与设置在机组上的经济器相连，组成带经济器的螺杆式制冷压缩机系统。图 5-52 所示为各种形式的带经济器的螺杆式压缩机制冷系统，图 5-52a 是带干式热交换器经济器，图 5-52b 是带满液式热交换器经济器，图 5-52c 是带闪发式热交换器经济器。采用带经济器的螺杆式压缩机系统的目的是增加

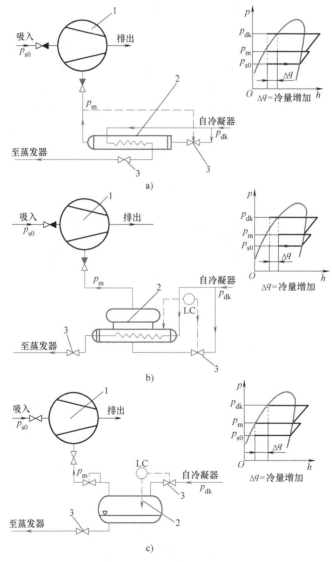

图 5-52 各种形式经济器螺杆式压缩机制冷系统

a）带干式热交换器经济器 b）带满液式热交换器经济器 c）带闪发式热交换器经济器

1—螺杆式压缩机 2—经济器 3—节流阀 LC—液位控制器

制冷量和制热量，以及性能系数 COP 值，尤其在压差比较大的工况时，其效果更加显著。如对于使用 R22 工质的压缩机，在冷凝温度 $t_k = 40℃$、蒸发温度 $t_0 = -35℃$ 时，制冷量可增加 35%，而功耗仅增加 8% 左右，COP 值则上升 23%。

从图 5-52a 和图 5-52b 中看出，自冷凝器来的工质液体分成两支流，一支流经节流阀，压力降至中间压力 p_m，流入经济器，另一支直接流入经济器内部管。图 5-52a 中，流经节流阀的液体流量，由中间压力 p_m 调节节流阀开启度而加以控制，并且流过节流阀后成为低温两相制冷剂，在经济器盘管外与盘管内的高温液体制冷剂进行热交换，成为过热蒸气，直接进入压缩机补气口；图 5-52b 中，流经节流阀的液体流量，由液位控制器 LC 调节节流阀开启度而加以控制，并且流过节流阀后进入经济器闪发，并冷却了流入盘管中的高压液体制冷剂，然后以中间压力为 p_m 的闪发气体进入压缩机补气口。图 5-52a 和图 5-52b 所示的两系统称为经济器一级节流制冷循环，经过这种循环后，因流入蒸发器液体工质的过冷度增加，在蒸发器中吸收外界的热量就增加，故制冷剂的制冷量和热泵的制热量就增加。

图 5-52c 所示的系统是经济器二级节流制冷循环，来自冷凝器的液体全部经过一级节流阀进入经济器，在经济器中液体的液位由液位控制器 LC 加以控制，而其闪发蒸气再经过节流阀，压力成为中间压力 p_m 后进入压缩机补气口，此时经济器中大部分液体制冷剂过冷度增加，流入蒸发器时，吸热量增加，同样增加制冷量和制热量。

2. 带经济器的螺杆式压缩机的性能

图 5-53 所示是带经济器和不带经济器的 R22 螺杆式压缩机的性能比较。假设不带经济器的螺杆式压缩机运行时制冷量和功耗为 1（100%），从图中曲线可知，蒸发温度越低，带经济器的螺杆式压缩机效果更好，比不带经济器的螺杆式压缩机制冷量增加得多，而功率增加相应较少，性能系数得到较大提高。带经济器的螺杆式压缩机能适应较宽的运行条件，单机压缩比大，这对夏天制冷、冬天供热的热泵机组有利，而且它容易控制，同双级压缩机比较，系统简单且占地少。

日本神户制钢所曾研制了一种具有两级经济器、一级节流的空气源和水源冷暖型螺杆式压缩机热泵系统，用于大型建筑和区域性的空调采暖，达到很高的节能效果。图 5-54 所示是带两级经济器的螺杆式压缩机热泵系统流程图。该装置的技术规格见表 5-11。

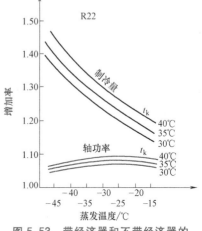

图 5-53 带经济器和不带经济器的 R22 螺杆式压缩机的性能比较

表 5-11 日本神户制钢所两级经济器性能表

工况参数	制冷	制热
出水温度/℃	7	45
热源温度/℃	32	10
COP	7	6
容量/kW	1175	1275
工质成分摩尔分数	HCFC-22/HCFC-142b = 79/21	

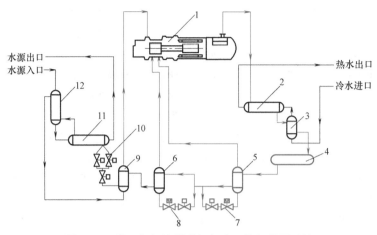

图 5-54 带两级经济器的螺杆式压缩机热泵系统

1—半封闭式螺杆式压缩机 2——级冷凝器 3—二级冷凝器 4—储液器 5—高压级经济器
6—低压级经济器 7、8、10—膨胀阀 9—过冷度换热器 11——级蒸发器 12—二级蒸发器

3. 补气口的位置确定

带经济器的螺杆式压缩机要在气缸中间的某位置开设一定大小的补气孔口进行补气。如

何确定开设轴向或径向补气孔口位置，在设计上是很重要的。图 5-55 所示为带经济器的螺杆式压缩机制冷系统 p-h 图，由图可知，对于蒸发压力为 p_{s0}、冷凝压力为 p_{dk} 的制冷工况，使用经济器系统后，最理想的状态内压缩终了的压力 p_{cyd} 与冷凝压力 p_{dk} 相等，这样压缩机耗功最小，制冷系数可达到最大。

螺杆式压缩机的压缩过程增加中间补气后，单级压缩变成了两级压缩，整个压缩过程分三个阶段：首先，制冷剂的气体进入基本容积为 V_1（V_p）的螺杆转子齿槽，先被绝热压缩到基本容

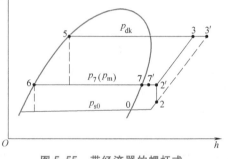

图 5-55 带经济器的螺杆式
压缩机制冷系统 p-h 图

积为 V_2 的中间补气点，气体压力和比体积上升到 p_2 和 v_2，称为一级内压缩，其内容积比 $V_{i1} = V_1/V_2$；其次，与由经济器来的压力为 p_m 的 $a$kg 中间补气混合，使齿槽压力瞬时升到 $p_{2'}$，称为中间补气过程；最后，压力升到 $p_{2'}$ 之后，基元容积变为 $V_{2'}$ 的压缩齿槽与补气孔口脱离，气体继续被压缩至基元容积为 V_3 的点 3，称为两级内压缩，其内容积比 $V_{i2} = V_{2'}/V_3$。

4. 中间补气量的计算

中间补气量 a 的大小由两个过程决定：一个是压缩补气过程中所需要的补气量 a_1；另一个是经济器里气液热平衡所能供给的补气量 a_2，只有当 $a = a_1 = a_2$ 时，制冷系统才能平衡。

（1）压缩机补气过程中所需补气量 a_1 在补气过程中，基元容积内的压力 p_2 升到 $p_{2'}$是由于补气压力为 $p_{7'}$（p_m）的气体充气混合的结果，并可假设为绝热混合过程。充气前后齿槽基元容积 $V_2 \approx V_{2'}$。充气过程中外界传入热量 $\mathrm{d}\Phi = 0$，功 $\mathrm{d}W = 0$，无质量流出，应用变质

量热力学第一定律，经过整理后可得到补气量 a_1 的计算式为

$$a_1 = \frac{v_2}{R\kappa T_{7'}}(p_{2'} - p_2) \tag{5-86}$$

计算时，若忽略补气过程中压力损失，则补气结束时转子齿槽基元容积内气体压力 $p_{2'}$ 近似等于补气气体压力 $p_{7'}$（p_m），温度 $T_{7'}$ 按图 5-55 上 p_m 从饱和线查得 $T_{7'}$，考虑补气压力损失系数，引入补气压力系数 ξ_p，并令（$p_{2'}-p_2$）=（p_m-p_2）ξ_p，则式（5-86）成为

$$a_1 = \frac{v_2}{R\kappa T_{7'}}(p_m - p_2)\xi_p \tag{5-87}$$

式中 p_m、p_2——分别为中间补气压力（即 7 点的压力）和状态点 2 的压力，单位为 kPa；

v_2——状态点 2 的比体积，单位为 m^3/kg；

κ——工质等熵指数；

$T_{7'}$——状态点 7′ 的温度，单位为 K；

ξ_p——补气压力损失系数，可取 0.38~0.45；

R——气体常数，单位为 $kJ/(kg \cdot K)$。

（2）经济器供给的补气量 a_2 由图 5-55 的热平衡关系式得到经济器供给的补气量 a_2 的计算式为

$$a_2 = \frac{h_5 - h_6}{h_7 - h_5} \tag{5-88}$$

式中 h_5、h_6、h_7——分别为点 5、6、7 的比焓，单位为 kJ/kg。

式（5-87）表示随着补气压力 p_m 增大，补气量 a_1 变大；从式（5-88）结合图 5-55 可看到，随着补气压力 p_m 增大，补气量 a_2 减少，这样总可以达到 $a_1 = a_2$ 的一个平衡点，因此通过应用式（5-87）、式（5-88）和 $p_2 = p_1 V_{i1}^\kappa$，对于一个设定的一级内容积比 V_{i1}，采用逐步逼近法，得到平衡点时一个中间补气压力 p_m，再根据这个一级内容积比 V_{i1}，利用内压缩过程中内压缩转角 Φ_{1c} 和内容积比 V_{i1} 关系式 [式（5-26）和式（5-47）]，就可确定补气孔口的位置。但是，补气孔口的位置开设，还要考虑常用工况时，内压缩终了压力 p_3 和冷凝压力 p_{dk} 相等、功率最小、制冷系数最大等的要求，因此必须求得若干一级内容积比 V_{i1}，从中找出一个满足上面要求的一级内容积比，才是真正补气孔口开设的位置。

需要指出的是，在确定补气孔口位置时，由于实际补气过程各种参数的变化关系较复杂，使用公式都是在试验基础上进行某些假设，尤其是螺杆式压缩机运行变化，上述计算公式得到的补气孔口位置还是不十分理想的。随着对经济器系统深入研究，现已经提出并实施了可调节补气孔口的螺杆式压缩机。

5.7.3 喷液螺杆式压缩机系统

螺杆式压缩机喷液或喷油，是利用了它对湿行程不敏感，即不怕带湿运行的优点而实施的。由于油的降温密封作用，在螺杆式压缩机运行中喷入大量的润滑油，提高了机器的性能。然而，在油的处理上，却增加了油分离器和油冷却器的设备，使得机组笨重庞大，与螺杆式压缩机主机结构简单、体积小、重量轻极不相称，尤其是中小型封闭式压缩机。因此，人们研究在压缩过程中用喷射制冷剂液体代替喷油，借此去除油冷却器，缩小油分离器，并且喷液冷却能使排气温度下降，防止封闭式压缩机的电动机因排气温度过高引起保护装置动

作而停机。

图 5-56 所示是螺杆式压缩机喷液系统原理图。在螺杆式压缩机气缸中间开设孔口，将制冷剂液体与润滑油混合后一起喷入压缩机转子中，液体制冷剂吸收压缩热并冷却润滑油。喷液不影响螺杆式压缩机在蒸发压力下吸入气体量，虽然有极小部分制冷剂未参与制冷，但冷量降低却很小，轴功率增加也甚微。图 5-57 所示为喷液与不喷液螺杆式压缩机的比较，使用这种系统，大大改善了系统性能。

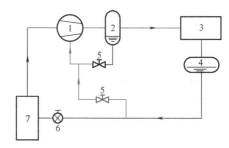

图 5-56　螺杆式压缩机喷液系统原理图
1—压缩机　2—油分离器　3—冷凝器　4—储液器
5—调节阀　6—节流阀　7—蒸发器

喷液不能完全替代喷油，因为油有一定黏度，密封效果好，所以，常用的是制冷剂液体和油混合后喷射或分别喷射进去。液和油的恰当比例与压缩机的性能有密切关系。

螺杆式压缩机喷液孔口的位置同经济器系统补气孔口位置一样重要，如喷液位置靠近吸气侧，液体过早进入转子基元容积内，会增加机器的压缩功，若靠近排气侧，这时压缩机的压力高，喷射压力相应地要高，要增加油泵，这是不合理的。现在有关最佳喷射点的试验研究资料尚较少。

螺杆式压缩机喷液装置采用电动阀、膨胀阀或电磁阀和膨胀阀组合等三种形式。单用电磁阀控制只能随着排气温度高低启闭，

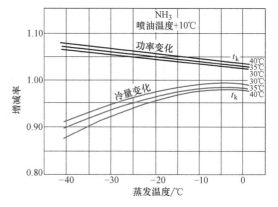

图 5-57　喷液与不喷液螺杆式压缩机的比较

喷液量大小很难调节，而用了膨胀阀却能进行喷液量调节，调节性能较完善。

5.8　单螺杆式压缩机

单螺杆式压缩机又称蜗杆式压缩机，最早由法国辛麦恩（Zimmern）提出，由于具有结构简单、零部件少、重量轻、效率高、振动小和噪声低等优点，开始用于空压机。20 世纪70 年代中期，荷兰 Grasso-SeaCon BV 公司成功地把单螺杆式压缩机研制成型号为 MS10 的制冷压缩机后，很快在中小型制冷空调和热泵装置上得到应用。目前单螺杆式压缩机有开启式和半封闭式两种，电动机匹配功率为 20~1000kW。

5.8.1　工作原理

开启式单螺杆式压缩机的结构如图 5-58 所示。由螺杆转子 1 的齿间凹槽、星轮 3 和气缸内壁组成一独立的基元容积，犹如往复式压缩机的气缸容积，转动的星轮齿片作为活塞，随着转子和星轮不断地移动，基元容积的大小周期性地变化。单螺杆式压缩机也没有吸排气阀，其工作过程如图 5-59 所示。图 5-59a 是吸气过程，阴影齿槽表示制冷剂已充满该基元容积，这时该基元容积的转子齿槽吸气端进气口与吸气腔相通，并且处于吸气即将终了状

态。当螺杆转子继续旋转时，星轮的齿片和转
子齿槽相啮合，隔开吸气腔，吸气结束。图
5-59b是压缩过程，随着转子旋转，基元容积
也做旋转运动，星轮齿片相对地往排气端推移
（或称密封的接触线向排气端移动），阴影的基
元容积连续缩小，气体被压缩而压力提高，直
至基元容积与排气口刚要接通为止。在压缩过
程中，喷入一定量的润滑油，以达到密封、冷
却和润滑等目的。图 5-59c 是排气过程，其阴
影部分基元容积同径向和轴向排气孔口相通，
此时，转子旋转，基元容积继续变小，但里面
气体压力不会提高，仅把气体送到排气管道，
直至容积中气体排尽为止。

　　由上述可知，单螺杆式压缩机同双螺杆式
压缩机相同之处，是内压缩终了的压力 p_2 往往
会小于或大于排气压力 p_{dk}，造成内压缩不足

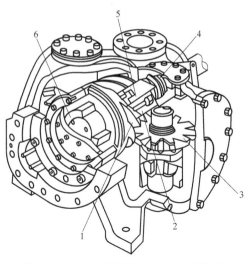

图 5-58　开启式单螺杆压缩机的结构图
1—螺杆转子　2—内容积比调节滑阀　3—星轮
4—轴封　5—输气量调节滑阀　6—轴承

或压缩过度，多消耗了一部分功。单螺杆式压缩机与双螺杆式压缩机不同之处，是两侧对称
配置的星轮分别构成双工作腔，各自完成吸气、压缩和排气工作过程，所以单螺杆式压缩机
一个基元容积在转子旋转一周内完成了两个吸气、压缩和排气工作过程。

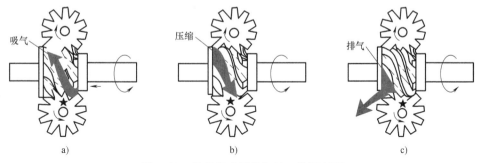

图 5-59　单螺杆式压缩机的工作原理图
a）吸气过程　b）压缩过程　c）排气过程

5.8.2　结构参数

1. 转子齿槽数和星轮齿数

　　转子的齿槽数 z_1 取决于所要求的内容积比，槽数越多，则其齿间面积就越小，齿槽长
度与齿间面积之比增大，提高了内容积比，但转子基元容积缩小。制冷压缩机一般内容积比
在 $7\sim10$ 之间，为了得到最佳热效率，转子采用 6 槽；当内容积比为 $3\sim4$ 时，采用 4 槽；如
转子采用 8 槽，内容积比可提高到 $10\sim16$ 以上。

　　星轮齿片数 z_2 与转子齿槽数 z_1 相比互为质数，如此选择的目的是使星轮每个齿片能转
过每个转子齿槽，啮合运动中齿片与齿槽的磨损均匀，加工中产生误差小，给装配带来一定
的方便，不必考虑某一最适合位置的问题。当转子齿槽数为 z_1，星轮齿片数为 z_2 时，则它

们的传动比 i_{21} 为

$$i_{21} = \frac{z_1}{z_2} = \frac{\beta}{\alpha} \tag{5-89}$$

式中　β——转子转角,单位为 rad;

　　　α——星轮转角,单位为 rad。

2. 星轮齿形

单螺杆式压缩机转速较高,星轮齿片和转子齿槽相对滑动速度大,因此必须选择润滑性能良好的星轮齿形,减少星轮齿片的磨损,对提高机器的效率影响很大。星轮的齿形有:

(1) 平面直齿形　星轮齿片与转子齿槽仅在齿面平面上啮合,理论上啮合的接触线是一条不变的直线。虽然在星轮齿面平面不同的截面上开有不同的导角,但由于齿片面与齿槽在啮合过程中其后角在不断地变化,不容易形成稳定的油膜,影响润滑,较易磨损,在初磨后变成了一段曲面。但平面直齿形齿片的刀具设计和加工简单。

(2) 柱面齿形　星轮齿片采用圆柱面齿形,转子齿槽面为柱面齿形的包络曲面,其接触线为一空间曲线。这种齿形在啮合时易于形成油膜,有利于润滑,因此,磨损小。另外,转子齿槽可采用磨削,得到光整加工,使尺寸精度得到提高,表面粗糙度降低。

(3) 平面直齿反包络齿形　将平面直齿形的星轮所形成的转子齿槽,反过来对具有一定厚度的星轮齿片进行包络,形成反包络星轮齿片齿面。显然,星轮齿片齿面与转子齿槽之间形成两条接触线,一条是原来的平面接触线,另一条是反包络齿面与转子齿槽齿面的空间接触线,这样在基元容积内气体形成双道密封,并且在两接触线之间可以存储润滑油。此种齿形既有平面直齿形的优点,又具有良好的润滑,使压缩机效率得到提高。

3. 星轮直径 D_2 与转子直径 D_1（图 5-60a）之比 λ_D

一般情况下比值 λ_D 为 1,即

$$\lambda_D = \frac{D_2}{D_1} = 1$$

4. 中心距 B（图 5-60a）

星轮中心与转子轴线之间间距 B 与转子直径 D_1 间的关系为

$$B = \lambda D_1$$

式中　λ——中心距系数,一般取 0.8。

5. 星轮齿片齿宽 b 和转子齿尖宽 c（图 5-60b）

$$b = \left[(2\lambda - 1)\sin\frac{\alpha_0}{2} - \xi\cos\frac{\alpha_0}{2} \right] D_1 \tag{5-90}$$

$$c = \xi D_1$$

式中　ξ——转子齿槽系数,当转子直径小于 40mm 时可取 $\xi = 0.018 \sim 0.025$,直径大时取下限,小时取上限;

　　　α_0——星轮齿片的分度角,当星轮齿片数为 11 时,$\alpha_0 = 360°/11$。

6. 啮合角 θ（图 5-60a）

星轮任一齿片从全部进入并封闭转子齿槽开始,到该齿片全部转出转子齿槽为止,所扫过的角度称为啮合角。转子有六个齿槽时,啮合角 θ 取 90°。

单螺杆压缩机生产中的关键是高精度螺杆转子的加工，国内目前转子的加工方法主要有直线包络加工法和圆柱或圆台包络加工法。直线包络加工法就是采用直线进刀或直线切削刃对螺杆转子加工，啮合过程中星轮齿面上只有一条直线连续与螺杆齿槽母线面啮合滑动。直线以外的星轮齿面与螺杆转子齿面不接触或瞬时接触，故星轮齿面上该直线部分十分容易磨损，压缩机容积效率很低。

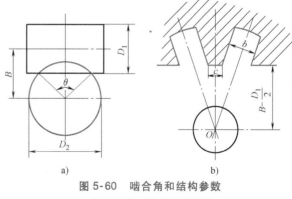

图 5-60　啮合角和结构参数

a）啮合角　b）结构参数图

圆柱或圆台包络法就是将上述加工方法中的单直线车刀，用一把圆柱或圆锥滚刀代替，对螺杆齿槽进行滚动铣削。该方法的优点是加工出的螺旋面与星轮齿侧面间的接触线在星轮齿上不再固定为同一直线，而是在两侧圆柱面上有规律移动的曲线，不至于对局部齿面产生严重磨损，有利于延长星轮的寿命。

5.8.3　输气量、功率和效率

1. 输气量

单螺杆式压缩机理论输气量 q_{Vt} 可按下式计算（其单位为 m^3/h），即

$$q_{Vt} = 2V_p z_1 n \times 60 \tag{5-91}$$

式中　V_p——星轮片刚封闭转子齿槽时的基元容积，单位为 m^3；

z_1——转子齿数；

n——转子转速，单位为 r/min。

对于一星轮片刚封闭转子齿槽时的基元容积 V_p，可看作星轮的一个齿面 $A(\beta)$，一方面绕星轮中心轴 $O_2 z_2$ 以 α 的角速度自转，另一方面又绕转子轴线 $O_1 x_1$ 以 β 的角速度公转。从星轮齿面开始封闭转子齿槽时的角度 β_1 开始，到该星轮齿片全部转出转子齿槽时的转角 β_2 为止，星轮齿片在半径为 R_1 的转子圆柱体齿槽中所扫过的容积为 V_p（图 5-61）。由于星轮齿片是转动的，故齿片旋入转子齿槽部分的面积、形状随转子转角 β（或星轮转角 α）而变化，它的面积重心到转子轴线 $O_1 x_1$ 的距离 $R_A(\beta)$ 也是变化的。当星轮齿片绕 $O_1 x_1$ 公转一微小角度 $d\beta$ 时，星轮齿片也自转了 $d\alpha$，它在齿槽中扫过的基元容积 dV_p 为

$$dV_p = A(\beta) R_A(\beta) d\beta$$

当转子从 β_1 转到 β_2 时，星轮齿片所扫过的容积为

$$V_p = \int_{\beta_1}^{\beta_2} A(\beta) R_A(\beta) d\beta \tag{5-92}$$

由式（5-89）得 $\beta = i_{21}\alpha$，故式（5-92）可写成

$$V_p = i_{21} \int_{\alpha_1}^{\alpha_2} A(\alpha) R_A(\alpha) d\alpha \tag{5-93}$$

用数值积分法求解式（5-93），得转子齿槽的基元容积 V_p，为了设计方便，对几何参数相似而转子直径 D_1 不同的压缩机，通常的中心距 $B = 1.6R_1$，$R_1 = R_2$，$z_1 = 6$，$z_2 = 11$ 的单螺

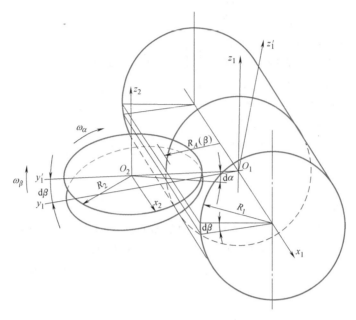

图 5-61　转子与星轮坐标图

杆式压缩机，已编制计算机程序，图 5-62 所示为 $R_A(\alpha)$、$A(\alpha)$ 和 $V_p(\alpha)$ 的曲线计算结果，使用者可按转角 α 进行查找。图 5-62 适用于几何参数相似而不同转子直径 D_1 的压缩机。具体计算公式为

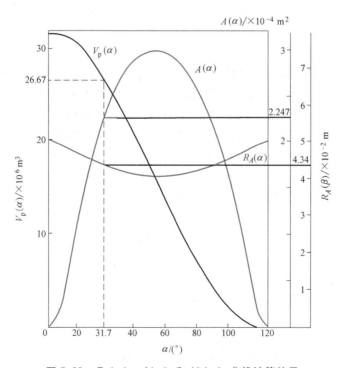

图 5-62　$R_A(\alpha)$、$A(\alpha)$ 和 $V_p(\alpha)$ 曲线计算结果

$$R_A(\alpha)_D = R_A(\alpha) D_1 \times 10 \tag{5-94}$$

$$A(\alpha)_D = A(\alpha) D_1^2 \times 10^2 \tag{5-95}$$

$$V_p(\alpha)_D = V(\alpha) D_1^3 \times 10^3 \tag{5-96}$$

式中　D_1——转子直径，单位为 m。

2. 转矩和功率

把单螺杆式压缩机压缩过程视为等熵过程，则压缩机在内压缩过程中相应于基元容积 $V_p(\alpha)$ 时的气体压力 $p_i(\alpha)$ 为

$$p_i(\alpha) = p_{s0}\left[\frac{V_p}{V_p(\alpha)}\right]^\kappa \tag{5-97}$$

式中　p_{s0}——吸气压力，单位为 kPa；

　　　　V_p——星轮齿片刚封闭转子齿槽时的基元容积，单位为 m^3。

当星轮齿片转角为 α 时，该齿片旋入的转子齿槽内气体作用于转子的转矩 $M(\alpha)$ 为

$$M(\alpha) = A(\alpha) R_A(\alpha)[p_i(\alpha) - p_{s0}] \times 10^3$$

式中　$A(\alpha)$、$R_A(\alpha)$——均由图 5-62 查得，单位分别为 m^2 和 m；

　　　　$M(\alpha)$——转矩，单位为 N·m。

星轮齿片数为 z_2 时，每个齿片分度角 $\alpha_0 = 360°/z_2$，其相邻转子齿槽相对于星轮转角为 $\alpha_2 = \alpha + \alpha_0$，$\alpha_3 = \alpha + 2\alpha_0$，$\alpha_4 = \alpha - \alpha_0$，$\alpha_5 = \alpha - 2\alpha_0$，通常对于中心距 $B = 0.8D_1$，$D_1 = D_2$，$i_{21} = 6:11$ 的压缩机，同时计算前后相邻的两个齿槽已足够，考虑到左右两侧两个星轮的作用，则作用在转子上总的转矩为

$$\sum M(\alpha) = 2[M(\alpha_1) + M(\alpha_2) + M(\alpha_3) + M(\alpha_4) + M(\alpha_5)]$$

或者为

$$\sum M(\alpha) = 2\sum_{j=1}^{5} A(\alpha_j) R_A(\alpha_j)[p_i(\alpha_j) - p_{s0}] \times 10^3 \tag{5-98}$$

这样对于某一星轮齿片从吸气开始时转角 α_{s0} 到排气结束时转角 α_{dk}，转子克服阻力矩所做的等熵功率 P_{ts} 为

$$P_{ts} = \frac{16.7n}{\alpha_{dk} - \alpha_{s0}} \int_{\alpha_{s0}}^{\alpha_{dk}} \sum M(\alpha) \mathrm{d}\alpha \tag{5-99}$$

式中　n——转子转速，单位为 r/min。

3. 容积效率

由于单螺杆式压缩机没有吸排气阀，也几乎没有余隙容积，因此容积效率主要取决于高压基元容积的气体向低压基元容积和吸入腔泄漏的大小。设转子直径、间隙和转速分别为 D_1、δ 和 n，泄漏速度为 v，则容积效率 η_V 可表示为

$$\eta_V = 1 - \frac{泄漏量}{吸入气体} = 1 - \frac{\delta D_1 v}{D_1^3 n} = 1 - \frac{\delta v}{D_1^2 n} \tag{5-100}$$

由式（5-100）可见，转子直径越小，转速越低，容积效率 η_V 就越小，要提高 η_V，就必须减小间隙。图 5-63 所示是压缩机各部分泄漏损失的分析，转子与气缸体之间和转子与星轮齿片啮合部分是主要泄漏部分，所以要提高气缸体圆度和同轴度加工精度，注意适当的冷却方法，保持各部分温度均匀，防止热变形过大，以及进一步改进齿形，提高转子与星轮

齿片的啮合精度等。

单螺杆式制冷压缩机在不同内容积比时使用 R22 和 R717 工质的效率曲线图如图 5-64 所示。

5.8.4　泄漏通道

与其他容积式压缩机一样，密闭性是这种压缩机必须满足的条件之一。由于单螺杆压缩机啮合副型线非常复杂，其泄漏通道有十多处。在图 5-65 中，单螺杆压缩机啮合副的泄漏通道主要有以下几处：星轮齿顶与螺杆螺旋槽底的交线 L_1；

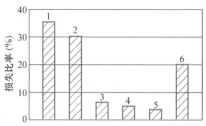

图 5-63　压缩机各部分泄漏损失的分析
1—转子与气缸体　2—转子与星轮啮合
3—滑阀　4—星轮表面切口
5—螺杆转子排气密封　6—其他

星轮齿前后侧与螺杆螺旋槽交线 L_2、L_4；星轮齿前后侧和气缸围成的泄漏线 L_3、L_5；星轮齿顶和气缸之间的泄漏线 L_6；螺杆螺旋槽前后侧表面螺旋线 L_7、L_8；螺杆螺旋槽在排气端的槽边 L_9 等。

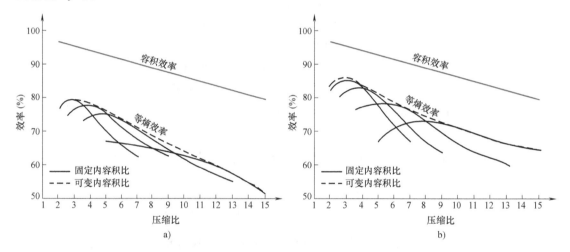

图 5-64　单螺杆式制冷压缩机性能曲线图
a）工质 R22　b）工质 R717

根据泄漏方向不同，泄漏又可分为内泄漏和外泄漏两种，它们都影响压缩机的性能。为了减少泄漏量，在设计啮合副时，应尽量缩短泄漏线长度和减小泄漏通道的面积。但单螺杆压缩机啮合副泄漏通道的长度非常复杂，在一个工作周期内，以上列出的泄漏通道中，只有 L_3 和 L_5 的长度为固定的，其余泄漏通道的长度均为螺杆转角的函数。啮合副间隙的大小直接决定泄漏通道的面积，也同样影响压缩机的泄漏量。虽然减小啮合副间隙可以有效地减小泄漏量，但流体剪力损失却相应增大。因

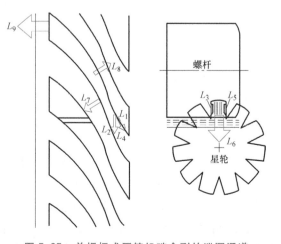

图 5-65　单螺杆式压缩机啮合副的泄漏通道

此盲目地减小啮合副间隙来减小泄漏量是不可取的。

单螺杆压缩机螺杆、星轮啮合副在工作过程中转速很高，它们之间的相对滑动速度很大，因此星轮工作齿面磨损很快。虽然增大啮合间隙可以降低磨损，但这样会影响啮合副的气密性，从而影响压缩机的排气量和压缩机工作的可靠性及寿命。因此，一般不采用这种方法降低磨损。解决该问题的另一种方法是：保证啮合副在工作过程中能获得稳定的流体动力润滑，使螺杆、星轮的摩擦面间存在一定厚度的动压油膜，以实现"无金属接触"。啮合副成功建立动压油膜，是减少啮合副磨损、保证单螺杆压缩机运行可靠性的关键。

5.8.5 内容积比调节

同双螺杆式压缩机一样，由于单螺杆式压缩机无吸排气阀，在压缩终了时，压力 p_{cyd} 不太可能与排气管内的压力 p_{cyd} 相等，所以要进行内容积比调节，单螺杆式压缩机内容积比调节原理如图 5-66 所示，图中 2 是内容积比调节滑阀。图 5-66a 是滑阀处于较右位置，为了使基元容积较早地与排气口相通，内容积比变小，图中内容积比调节滑阀 2 向吸气端移动了一段距离。图 5-66b 是内容积比调节滑阀 2 处于较左的位置，这样推迟了基元容积与排气口相通的时间，内容积比增大。

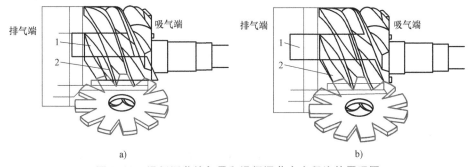

图 5-66 滑阀调节输气量和滑阀调节内容积比的原理图

a）滑阀 1、2 分别处于输气量最大和内容积比最小位置 b）滑阀 1、2 分别处于输气量减小和内容积比增大位置
1—输气量调节滑阀 2—内容积比调节滑阀

5.8.6 单螺杆式压缩机及机组的结构特点

1）螺杆转子齿数与相匹配的星轮齿片数之比一般为6：11，这样减少了排气脉动，从而使排气平稳，加上左右两个星轮，造成交替啮合，有效地排除了正弦波，与双螺杆式压缩机相比，降低了噪声和气体通过管道系统传递的振动。

2）单螺杆式压缩机具有一个转子和左右对称布置的两个星轮，由图 5-67a 可见，转子两端受到大小几乎相等、方向相反的轴向力，省去了转子平衡活塞；从图 5-67b 又可看出，单螺杆式压缩机转子两侧的星轮使转子的径向力相互平衡，这样几乎消除了轴承的磨损。但双螺杆式压缩机转子受到较大的轴向力和径

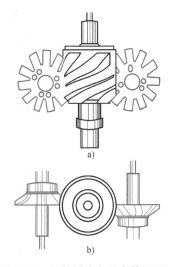

图 5-67 星轮对称布置在转子两侧

向力，造成转子端面磨损和轴承磨损。

3）星轮齿片与转子齿槽相互啮合，不受气体压力引起的传递动力作用，因此齿片可用密封性和润滑性好的树脂材料。美国麦克维尔公司使用的星轮齿片由 52 层优良的渗碳材料复合而成，使得星轮齿片与转子齿槽啮合间隙接近零，减少了压缩过程中的内泄漏和外泄漏，从而提高了容积效率和降低了输入功率。

4）螺杆转子旋转一周可完成两次压缩过程，压缩速度快，泄漏时间短，有利于提高容积效率。

5）机组结构简化。单螺杆式压缩机在压缩制冷剂气体时，内压缩过程的压缩比较高，需要在压缩过程中喷入油来降温、润滑和密封，因此就有如图 5-68 所示的喷油系统，图中油分离器的分离效果应使制冷系统中制冷剂的含油量为 5mg/kg，油泵的泵油压力比压缩机排气压力高 200~300kPa。

为了简化结构，研制了半封闭式单螺杆式压缩机，并用液体制冷剂冷却机器的内压缩过程。由蒸发器来的制冷剂气体先冷却电动机再进入压缩腔，在压缩气体的同时向压缩腔喷射液体制冷剂，起冷却和密封作用，排出的制冷剂气体和油进入油过滤器，气体进入排气管，油存入油池，油池里的油在高压作用下再流入轴承，油

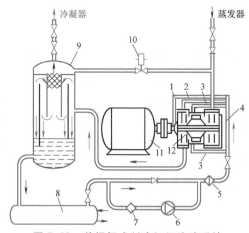

图 5-68 单螺杆式制冷机组油路系统

1—轴封油管 2—调节环油管 3—喷油管 4—油分配总管
5—精油过滤器 6—液压泵 7—粗油过滤器 8—油冷却器
9—油分离器 10—螺旋气门 11—电动机 12—压缩机

在装置中循环，不流入系统中。这种结构省去了油分离器、油泵和油冷却器，装置结构紧凑简单。

6）经济器系统。单螺杆式压缩机具有双螺杆式压缩机的结构特点，在压缩过程中能进行中间补气，所以也能设置经济器系统，增大制冷量，提高性能系数。

日本大金公司 UWJ1320~UWJ4000 系列的半封闭式单螺杆式压缩机结构剖视图如图 5-69 所示。使用工质 R22 冷量范围为 118~355kW，输气量控制在 100%、70%、40%、0 四档。

英国 J&E Hall（霍尔）公司的开启式和半封闭式单螺杆压缩机 HSS 系列的性能曲线图

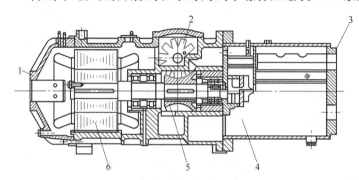

图 5-69 半封闭式单螺杆式压缩机结构剖视图

1—吸气口 2—星轮 3—排气口 4—油回收装置 5—转子 6—电动机

如图 5-70 所示。图 5-70a、b、c、d 分别对应于 R22 半封闭式系列、R134a 半封闭式系列、R717 开启式系列和 R134a 开启式系列。

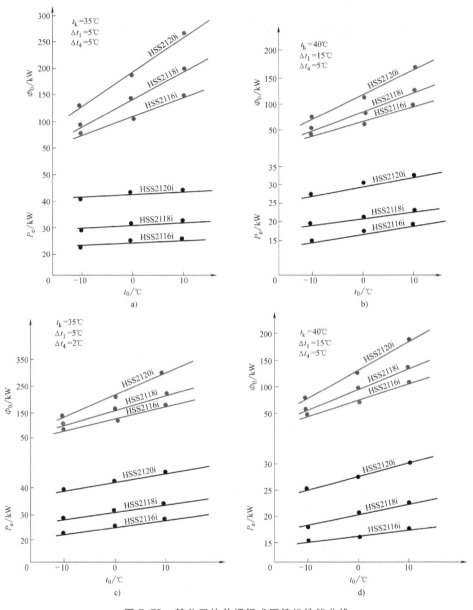

图 5-70 某公司的单螺杆式压缩机性能曲线

5.9 螺杆式压缩机的噪声和振动

5.9.1 噪声

1. 螺杆式压缩机噪声形成

螺杆式压缩机的噪声主要有吸气、压缩和排气过程中的空气动力噪声，即吸排气流动噪声、气体泄漏噪声，当内压缩终了压力不等于排气管内压力时，产生气体回流和膨胀的喷射噪声，此外，还有机械噪声和节流阀及辅助设备噪声。

（1）周期性吸排气噪声　转子的齿槽周期性地分别与吸排气腔相连，使吸排气腔的压力产生脉动，形成周期性吸排气噪声，其噪声的基频频率 f（单位为 Hz）为

$$f = \frac{n_1 z_1}{60} \tag{5-101}$$

式中　n_1——阳转子的转速，单位为 r/min；

　　　z_1——阳转子齿数。

气体吸排气过程虽然不在同一时刻开始，却具有相同的频率和存在着固定的相位差，因此，它们之间可以进行噪声叠加。

根据测定的噪声频谱图 5-71，一般螺杆式压缩机吸排气噪声基频峰值处于 500～800Hz 范围内。

（2）管道振动噪声　螺杆式压缩机吸排气产生周期性压力扰动，当其谐波的频率与管道气柱固有频率或管道本身机械振动频率相同时，引起共振，尤其是三者一致时将产生较强的振动噪声。

（3）涡流噪声　气体流经管道、进出吸排气腔以及转子齿槽基元容积时均会产生涡流噪声，产生的主要原因为黏性气体高速流动过程中，在边界层附近形成周期性分离涡流，由于黏滞力的作用，这一系列涡流又分裂为更小的涡流，分裂时产生的压力起伏和脉动，以声波的方式传递出去，产生涡流噪声，其频率 f 取决于被环流物体的形状大小，以及气流相对于物体的速度大小和方向，即

$$f = Sr \frac{v}{d} \tag{5-102}$$

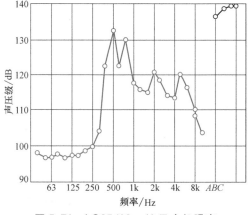

图 5-71　LG25/16—40/7 主机噪声
频谱（排气口不接管道）

式中　Sr——斯特劳哈尔数，一般取 0.15～0.20；

　　　v——气流相对于环流物体的流速，单位为 m/s；

　　　d——环流物体表面宽度在垂直于 v 平面上投影的当量直径，单位为 m。

（4）排气过程中回流和膨胀产生的喷射噪声　喷射噪声是高速气流在内压缩终了时等容压缩或膨胀产生的噪声。例如无内容积比调节的机器，当负荷进行 100%、70%、50% 调节时，测得其噪声的声压级读数分别为 87.2dB（A）、87.4dB（A）、89.1dB（A），显然，增加的噪声的声压级数是由于内压缩终了压力低于排气管道压力，产生等容压缩而造成的。

除了上述几种主要的噪声外，螺杆式压缩机还存在着气体的泄漏噪声、转子和轴承的运转噪声以及电动机噪声等。

2. 降低噪声途径

螺杆式压缩机降低噪声的研究主要致力于阻隔其噪声的辐射和降低噪声的发生源。

图 5-72 所示是中小型压缩机采用的双层机壳，这样的机壳减弱噪声向外界发射，以降低噪声。此外，在压缩机上安装消声器也是降低噪声的办法。

在设计压缩机时，应考虑接触线短、泄漏三角形小的齿形，以减少泄漏噪声。对转子的轴承，则选用具有较高精度的耐磨轴承，因为轴承的精度、间隙的调整好坏，直接影响压缩机噪声及效率。美国顿汉-布西公司（DUMHAM-BUSH）采用抗磨特殊合金的锥形滚动轴承，比一般轴承寿命高四倍。

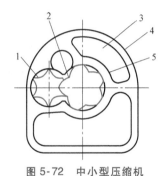

图5-72 中小型压缩机
采用的双层机壳
1—阴转子 2—阳转子 3—气体通道
4—外壳 5—内壳

目前，对于小型开启式压缩机和封闭式压缩机，其噪声声压级可控制在 78~82dB（A），大型开启式压缩机包括机组则要在 90dB（A）以下。

5.9.2 振动

螺杆式压缩机不存在往复式压缩机具有的不平衡往复惯性力和旋转惯性力，电动机的旋转运动直接传递给转子，因此振动小。压缩机在安装时，往往采用防振垫进行简单的防振。图5-73a所示为37kW螺杆式压缩机作主机的空冷热泵冷水机组，其振幅仅为 1.8~2.8μm。由图5-73b可见，相同功率的往复式压缩机振动很大，其振幅比螺杆式压缩机振幅大 2~3 倍。至于单螺杆式制冷压缩机，运转更加平稳，振动更小。

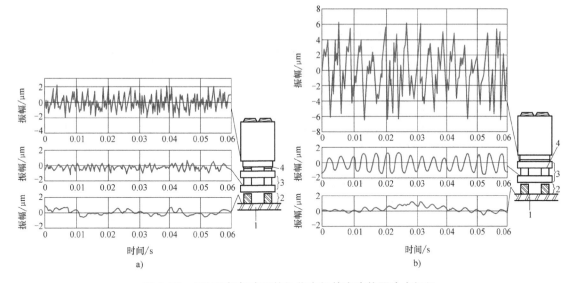

图5-73 37kW螺杆式压缩机作主机的空冷热泵冷水机组
a）螺杆式压缩机 b）往复式压缩机
1—混凝土地板 2—基础 3—支架 4—防振垫

思考题与习题

5-1 确定螺杆式压缩机啮合间隙的原则是什么？

5-2 螺杆式压缩机型线的定义及对型线的要求是什么？

5-3　何为泄漏三角形？

5-4　螺杆式压缩机喷油和喷液的目的分别是什么？

5-5　单螺杆式压缩机的工作原理与双螺杆有何区别？

5-6　啮合线与接触线有何区别？

5-7　何为内压缩比与外压缩比？

5-8　螺杆式压缩机与活塞式压缩机排气过程的区别及各自的特点是什么？

参 考 文 献

[1]　吴业正，李红旗，张华. 制冷压缩机［M］. 2版. 北京：机械工业出版社，2001.

[2]　董天禄. 离心式/螺杆式制冷机组及应用［M］. 北京：机械工业出版社，2001.

[3]　邢子文. 螺杆压缩机——理论、设计及应用［M］. 北京：机械工业出版社，2000.

[4]　机械工业部冷冻设备标准化技术委员会. 制冷空调技术标准应用手册［M］. 北京：机械工业出版社，1998.

[5]　邓定国，束鹏程. 回转压缩机［M］. 2版. 北京：机械工业出版社，1989.

[6]　邬志敏，黄超，李瑛，等. 螺杆式制冷压缩机新技术应用的进展［J］. 制冷与空调，2002，2（6）：1-5.

[7]　华泽钊，张华，刘宝林. Refrigeration Technology［M］. 北京：科学出版社，2009.

[8]　Stosic N，Hanjalic K. Proceedings of the 1996 International Compressor Engineering Conference at Purdue［C］.West Lafayette：Purdue University，1996.

[9]　Dmytro Zaytsev，Carlos A，Infante Ferreira. Proceedings of the 3rd International Compressor Technique Conference［C］. Xi'an：Xi'an Jiaotong University Press，2001.

[10]　Jack Sauls. Proceedings of the 1996 International Compressor Engineering Conference at Purdue［C］.West Lafayette：Purdue University，1996.

[11]　Fong Z K，Huang F C，Fang H S. Evaluating the Interlobe Clearance of Twin-Screw Compressor by the Iso-clearance Contour diagram（ICCD）［J］. Mechanism and Machine Theory，2001，36（6）：725-742.

[12]　Stosic N，Smith Ian K，Kovacevic A. Proceedings of the 3rd International Compressor Technique Conference［C］. Xi'an：Xi'an Jiaotong University Press，2001.

[13]　彭学院，等. 螺杆压缩机滚刀的设计方法［J］. 西安交通大学学报. 2003，37（1）：103-104.

[14]　Jack Sauls. Proceedings of the 2000 International Compressor Engineering Conference at Purdue［C］.West Lafayette：Purdue University，2000.

第 6 章

容积式制冷压缩机的容量调节

本章着重讨论容积式制冷压缩机的容量（制冷量）调节问题，介绍各种容量调节的方式、原理以及特点等。

6.1 概述

6.1.1 容量调节的目的

使设备的能力与用户的负载相匹配是任何用能产品设计的基本原则，也是提高能量利用率的必然要求。这意味着设备的合理选型和设备提供的制冷量或制热量可以随用户负荷的变化而变化。

制冷压缩机的设计往往针对一个固定的工况，如设计工况或额定工况。设计目标一般是使压缩机在这个工况下的性能为最好，这时压缩机的制冷量也是确定的。但对于制冷、空调产品来讲，用户的负荷一般不是固定的。在设备选型合理的前提下，影响用户负荷的因素有：环境温度（风冷机组）或冷却水温度（水冷机组）、热源、用户设定的目标温度等。显然用户负荷为一多变量函数，随时在变化。

压缩机容量调节的目的有两个：首先是保证用户处的目标温度可以始终稳定在预期的范围内。一般来讲，为了在最恶劣情况下能够满足用户的需求，制冷空调设备的能力都大于用户处的负荷，如果缺乏调节能力，用户处的温度会一直下降，直至在低于目标温度的某一个温度下达到制冷量与负荷的平衡。其次是为了减少能量消耗，提高能量利用率。

由于压缩机是制冷空调装置的心脏，是唯一具有制冷能力的部件，调节压缩机的容量使制冷系统的制冷量与用户的负荷相匹配就是多数情况下的必然选择。

6.1.2 容量调节的要求

一般来讲，对压缩机的容量调节有如下要求：

1）压缩机的制冷量随着调节参数的变化而变化，而且最好是连续变化，即无级调节，这是容量调节的基本要求。当连续改变某一个参数（调节参数）时，压缩机的制冷量也随之连续变化，变化规律应当单调、连续（无跳跃）且最好是线性的。

2）压缩机的制冷量随调节参数的变化应有适当的灵敏度。

3）调节过程能量损失小。其包括两方面的要求：①压缩机和制冷设备的能效不因调节而降低；②调节系统和调节过程本身所消耗的能量小。在能源短缺日趋严重和对用能产品节能要求不断提高的情况下，这一点尤为重要。

4）调节机构简单、可靠。任何调节方式都不应大幅度增加压缩机的结构和制造复杂性，避免造成成本的大幅度增加。同时，调节机构应当具有良好的可靠性。

5）附带影响小。除制冷量和调节参数外，调节过程不应当改变压缩机的其他运行工况参数，如压缩比、容积比等，更不应对外界产生附带影响。

6）最好只有一个调节参数，即不需要同时改变几个参数才能够改变压缩机的制冷量。

应当说明的是，很难找到一种调节方式在各方面都是理想的。实际应用中需要根据负荷的特征、压缩机和制冷设备的特征以及调节的要求和经济性等因素选择合适的调节方式。

6.1.3 容量调节的基本原理

从制冷原理可知，压缩机的制冷量为

$$\Phi_0 = q_m \Delta h \tag{6-1}$$

式中　Φ_0——制冷量；

　　　q_m——制冷剂的质量流量；

　　　Δh——制冷剂出、进蒸发器的比焓差。

Δh 受制冷循环设计的制约，一般不可随意变化。要改变压缩机的制冷量，唯有改变其质量流量。对于容积式压缩机，在忽略各种损失的理想状况下，其质量流量一般可写为

$$q_m = \frac{1}{v_s} \lambda_p \lambda_V \lambda_T \lambda_1 n V_P \tag{6-2}$$

式中　v_s——压缩机吸气口处制冷剂的比体积；

　　　λ_p——压力系数；

　　　λ_V——容积系数；

　　　λ_T——温度系数；

　　　λ_1——泄漏系数；

　　　n——压缩机转速；

　　　V_P——压缩机一转的工作容积。

显然，改变以上任何一个参数都可以改变压缩机的质量流量，进而改变压缩机的制冷量。实际上，除了 λ_p、λ_T 为随机参数不可控以外，改变其他参数都已用于压缩机的制冷量调节。如改变吸气比体积的吸气节流调节、改变容积系数的连通辅助容积调节、改变泄漏系数的压开吸气阀调节、改变转速的变频调节和改变工作容积的调节等。

根据上述原理，压缩机制冷量调节的方式很多。但一般来讲，可将各种调节方式分为三大类：吸气节流调节、改变转速调节和改变工作容积调节。本章按此分类介绍广泛用于制冷压缩机的几种主要调节方式。

6.2 吸气节流调节

由式（6-2）可知，压缩机的质量流量与吸气口处制冷剂的比体积成反比。因此，若能够根据用户处的负荷不断改变吸气比体积，就可使制冷量随负荷的变化而变化，从而实现制冷量调节的目的。

这种调节方式原理上比较简单，物理意义上也比较容易理解：在调节过程中，压缩机的工作容积并未发生变化，即压缩机每转中所吸入的气体体积不变。但由于吸入气体的比体积增加，压缩机每转中所吸入的气体质量减少，从而使得压缩机的质量流量降低，压缩机的制冷量也随之降低。

在实际应用中往往是通过节流的方式改变压缩机的吸气压力来间接改变压缩机的吸气比体积，这也是称其为吸气节流调节的原因所在。一般可在压缩机的吸气管路上加装节流调节阀来实现。

吸气节流调节属于压缩机的外部控制调节，压缩机自身的结构与设计不需作任何变化。其特点是调节原理和调节装置均比较简单，但调节过程往往伴随着制冷循环特征参数（如蒸发温度、冷凝温度）的变化，因此它并不是一种理想的调节方式。

6.3 变转速调节

由式（6-2）可知，压缩机的制冷量随其转速呈线性变化，当转速变化时，直接导致制冷量变化，由此可以借改变转速实现压缩机制冷量的调节。

6.3.1 间歇运行调节

间歇运行调节是一种最简单的变转速调节方式，一般适用于制冷量较小的产品，目前广泛应用于家用电冰箱、房间空调器中。

其基本原理是通过控制压缩机的开停机进行制冷量的调节。当改变压缩机的开机时间和停机时间的比例时，也就改变了压缩机在一段时间内的制冷量（图6-1中实线），因此也称开停调节。

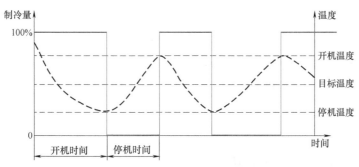

图 6-1 开停调节的原理

由此可知，调节过程中压缩机运行时的转速并不发生变化。但在考虑了包括开机时间和停机时间的一段连续时间内压缩机的平均转速是变化的，即可认为

$$平均转速 = 压缩机运行转速 \frac{\sum 开机时间}{\sum 开机时间 + \sum 停机时间}$$

改变开机时间和停机时间的比例就意味着改变了压缩机在这段时间内的平均转速，进而改变了压缩机的制冷量。这也是将开停调节归入变转速调节的原因所在。

开停调节首先根据目标温度设定一个上限的开机温度和一个下限的停机温度，目标温度由用户设定，为用户期望的温度。制冷系统运行时，控制器根据实际的温度控制系统开机或停机。如家用电冰箱中，当冰箱内空间的温度达到预先设定的停机温度时，压缩机就停机；停机后冰箱内的温度会逐渐回升，当温度升高到预先设定的开机温度时，压缩机开机，进行制冷，温度下降。由此周而复始，实现温度的调节。显然，冰箱中的温度始终围绕着目标温度在上下波动。

开停调节的优点是简单易行、成本低廉，压缩机和制冷系统不需要做设计上的任何改变即可实施。缺点是调节过程能量损失大，主要包括两个方面：①存在着由于停机后制冷系统高低压平衡导致重新起动时建立高低压的能量损失以及较大的起动电流带来的损耗；②调节精度差，被调温度始终在一定范围内波动，并且该波动范围不能够设置太小，否则将出现制冷系统频繁的开停机现象。此外还存在着频繁起动对电网的冲击等问题。因此，开停调节一般仅适用于对调节过程要求不高的小型制冷装置。

6.3.2 变频调节

调节压缩机的转速有多种方式：

1）通过机械或电磁变速机构调节。这是一种外置式的调节方式，多用于开启式压缩机，即在驱动机构和压缩机主轴之间串联一变速机构，驱动机构的转速不变，但可以通过变速机构改变压缩机主轴的转速。典型的应用实例就是汽车空调压缩机，在压缩机的轴端用一电磁离合器根据空调负荷的大小改变压缩机的转速，离合器通过传动带与发动机相连。

2）通过改变电动机频率调节，即变频调节。

3）采用直流调速原理调节，即直流变转速调节。此时压缩机的电动机是直流电动机，在制冷空调领域一般为直流无刷、无位置传感器稀土永磁电动机。其转子上嵌有数个永磁体，以磁铁的磁场代替普通感应电动机的感应磁场。由于避免了交流电动机在转子上产生感应磁场导致的各种电磁损失，这种压缩机具有较高的效率（图6-2）。

1. 变频调节原理

电动机转速的调节属于电力拖动专业的范畴。这里仅以较为典型、较为简单的第②种调节方式——变频调节为例，简单介绍变转速调节的有关知识。

从电动机理论可知，电动机的转速与电源输入频率的关系为

$$n = \frac{60f(1-s)}{P} \tag{6-3}$$

式中　f——电源输入频率，单位为 Hz；

　　　s——电动机转差率；

　　　P——电动机极对数。

假定 s、P 为常量，电动机的转速与电源输入频率成正比。很显然只要改变频率就可改

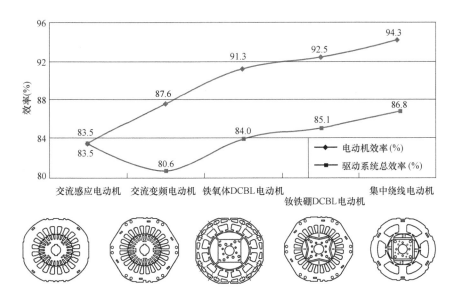

图 6-2 几种电动机的效率比较

变电动机的转速。压缩机的输气量与电动机的转速近似成正比，若电源频率连续变化，则转速连续变化，从而实现了输气量的连续调节，也就达到了制冷量连续调节的目的。

使频率发生连续变化的装置是变频器，它首先通过整流器将交流电转换为直流电，然后再通过逆变器将直流电经控制电路转换为频率可变的交流电。交流变频压缩机的电动机为三相电动机。因此，变频器的输出为三相电源，并可连续改变三相交流输出的频率，且其输出电压与频率之间存在一定的关系。变频器有电流源型和电压源型两种，又可根据控制电路的调制方式分为脉宽调制方式（PWM 方式）和脉幅调制方式（PAM 方式）。空调器用制冷压缩机的电动机变频器多采用电压源型 PWM 方式，即采用"电压/频率"接近恒定的控制系统，从而使最大转矩在很宽的频率范围内维持恒定，电动机的转矩随空调器的负荷（而不是电动机的转速）变化。并且 PWM 方式还具有主电路简单及随负荷变化的响应特性好等优点。图 6-3a 所示为房间空调器用变频器的结构框图，它由整流器、逆变器、微机和数字信号控制电路等四部分组成。温度传感器测出的房间温度、换热器温度等信号被送入微机，经运算后将信息送入数字信号控制电路，进行波形成形处理，然后送入逆变器，在逆变器中将整流器送来的直流电转换为频率可变的交流电，去驱动电动机。逆变器输出的交流电频率根据实测的房间温度及设定温度等参数经逻辑运算确定。图 6-3b 所示为变频器电压波形图，交流电波形经整流器变为直流电，再经 PWM 方式逆变器转变为频率可变的"电压/频率"接近恒定的交流电。

为了改变压缩机低频下的运转特性，往往在其输出压频曲线的起始段采取电压提升技术，以提高压缩机电动机的驱动力矩。变频控制器的主要作用是将普通交流电源转换为变频压缩机所需的变频电源并提供给压缩机。变频控制器实现控制的手段主要有降低频率和运行停止两种。对于一些参数，当出现需要调节的条件时，控制器首先改变压缩机的频率，只有当不能完成调节时才采用停机的方式。而另一种参数只要出现需要调节的条件就意味着出现了异常情况，需要立即停机。

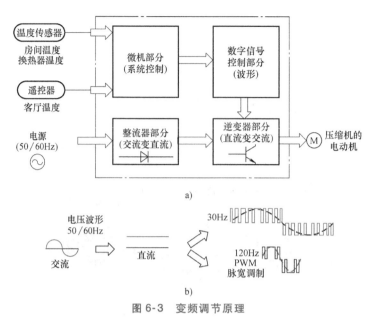

图 6-3　变频调节原理

a）房间空调器用变频器的结构框图　b）变频器电压波形图

2. 变频压缩机

变频调节广泛应用于采用转子式压缩机的房间空调器中。转子式变频压缩机与普通转子式定速压缩机相比，结构上的最大区别是电动机。变频压缩机使用的是三相交流变频电动机，直流调速压缩机使用的是稀土永磁、无刷、无位置传感器的直流调速电动机，而定速压缩机使用的是普通单相或三相异步感应电动机。

三相交流变频电动机在设计上有很大的变化，既要考虑电力拖动原理方面的变化，又需考虑制冷压缩机驱动与运转的特殊性，如低频起动与运转时的转矩提升技术等，但其外观与普通三相异步感应电动机相比并没有太大的差别。直流调速电动机则与普通三相异步感应电动机完全不同，它是依靠电子定子所产生的感应磁场与置于转子上的永磁体所产生的磁场两者之间的相互作用拖动转子运转，在外观上就与三相异步感应电动机完全不同。图 6-4 所示为用于转子式直流调速压缩机上的几种直流调速电动机。本书不对电动机及其设计作过多讨论。

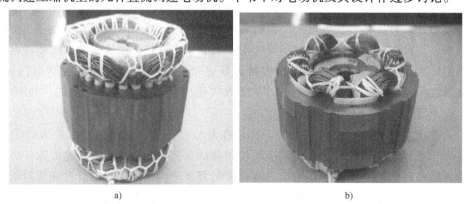

图 6-4　用于转子式直流调速压缩机上的几种直流调速电动机

a）分布绕组直流电动机　b）集中绕组直流电动机

（1）压缩机的压频曲线　变频压缩机的电动机要求输入的电压与运转频率之间具有一定的关系，即所谓的压频曲线。压缩机出厂时，制造厂都向用户提供压缩机所需的压频曲线供用户参考。图 6-5 所示为一种变频压缩机的压频曲线。

图 6-5 中倾斜段称为恒转矩段，当频率增加、压缩机的功耗增加时，供给压缩机的电源电压也增加，可以使压缩机的工作电流基本维持不变。水平段称为恒功率段，当频率增加、压缩机的功耗增加时，供给压缩机的电源电压不变，压缩机的工作电流增加。

应当特别注意，变频控制器输出的压频特性必须与压缩机所要求的压频曲线相同。根据实验结果，当两者出现差异时，压缩机的工作电流将迅速上升。当采用通用变频器严格按压缩机要求的压频特性输出与采用不恰当变频控制器时压缩机工作电流的对比如图 6-6 所示。从图 6-6 中可看出，两者电流最大相差近三倍。

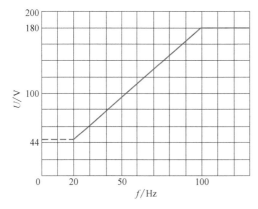

图 6-5　变频压缩机的压频曲线

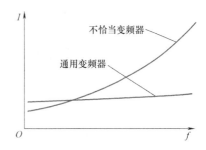

图 6-6　压缩机工作电流与频率的变化曲线

（2）压缩机的频率控制　为了保护压缩机的正常运转，压缩机起动时，若目标频率较高或较低时，不应控制压缩机直接达到该目标频率进行运转，而应在某一中间频率使压缩机有一过渡运转时间，以形成热平衡和良好的润滑。在压缩机降频时也是类似的。

图 6-7 所示为某公司推荐的正确的压缩机起动过程：当目标频率超过 55Hz 时，在达到目标频率前压缩机应在 55Hz 运转 1min；当目标频率超过 100Hz 时，在达到目标频率前压缩机应在 55Hz 运转 1min，在 100Hz 运转 3min；当目标频率小于 45Hz 时，在达到目标频率前，压缩机应在 45Hz 运转 30s。

对压缩机频率调节的速度也有一定的要求。频率变化的速度过快将影响压缩机的正常可靠运转，频率变化过慢则调节速度也很慢，反应迟钝。该公司推荐值如图 6-8 所示。

由于频率和转速是线性对应的，上述保证压缩机稳定、可靠运行的频率控制方法同样也适用于直流调速压缩机的转速控制。

（3）变频压缩机的设计　除了电动机的全新设计以外，在压缩机的设计上也需要根据变频运行的特点进行相应的设计更改。为此必须考虑下列问题：

1）磨损问题。压缩机高速运转时会产生较大的摩擦、磨损，而低速运转时又可能因不能建立正常的流体动力润滑出现边界润滑现象，同样也会加剧摩擦、磨损。因此，要采取改善润滑、采用耐磨材料或零件表面处理等方式减少摩擦、磨损。

2）气阀的正常工作问题。压缩机气阀的正常工作取决于气阀弹簧力、气流推力的合理匹配，弹簧力对于固定的压缩机来讲是固定的，但气流推力将随转速的变化而变化。转速增加后压缩机输气量加大，制冷剂流经气阀的流速升高，气流推力加大，气阀弹簧力就显得过小，出现气阀延迟关闭现象，导致阀片的异常冲击及压缩机的性能下降。因此，保证气阀在各种转速下的正常工作，成为变频压缩机设计中的重要问题。此外，阀片的寿命和可靠性也需要重视。

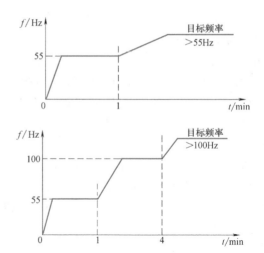

3）流动阻力问题。频率调节范围较宽时，压缩机制冷剂流量的变化也很大，与流动有关的零部件如吸排气阀、消声器、管路件，应有足够的适应能力。高速运转时流动阻力也较大。

4）噪声、振动问题。压缩机高速运转时会产生较高的气动噪声和机械摩擦噪声，低速运转时振动较大。

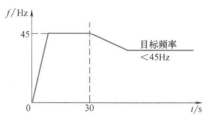

图6-7 某公司推荐的正确的压缩机起动过程

5）泄漏问题。压缩机低速运转时制冷剂泄漏量较大，容积效率较低。

6）润滑问题。除非有专门的独立油泵，否则对变频压缩机的润滑问题必须给予很高的重视。对于采用离心力供油的压缩机，其油压和供油量随转速的增加而增加，是比较理想的情况。但转速过低时可能会出现油压不足而不能正常供油的问题；对于采用排气压力供油的压缩机，其油压和供油量是固定的，相对比较稳定，但可能会出现低速时过度供油和高速时供油不足的问题。

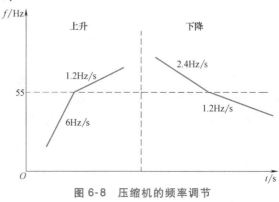

图6-8 压缩机的频率调节

7）其他问题。其他问题视不同压缩机的特点而定。如采用径向柔性的涡旋式压缩机，当转速低到一定程度后可能会出现动涡旋盘的离心力小于气体压力的情况，此时动涡旋盘将因气体力的作用而与静盘脱离，导致压缩机不能正常压缩气体。此外，对制冷系统的设计也提出更高的要求。

3. 变频调节的特点

变频调节的最大特点是其节能优势，这一优势表现在三个方面。

第一，按照额定负荷设计的制冷空调系统在压缩机低转速运行时，压缩机质量流量减少，换热器面积相对变大，使得传热温差减小，降低了能耗。

第二，当温度达到用户设定的目标温度后，变频压缩机采用降低转速的方式使得制冷量和用户负荷在目标温度达到平衡，而后一直维持低速运转，不需要停机。避免了频繁停、开机时较大的起动电流造成的损失。

第三，当制冷空调装置停机以后，处于冷凝压力的高压部分和处于蒸发压力的低压部分会通过节流装置逐渐达到压力平衡。再开机以后又需要重新建立这一压差，从而造成能量损失。变频调节由于避免了频繁的开、停机，也就减少了这部分损失。

变频调节的其他优点包括控制精度高、温度波动小、舒适性好；刚开机时可以高速运转，迅速达到目标温度；可以实现卸载（低速）起动，起动电流小，不存在起动对电网的冲击等。其缺点是成本高，变频器本身存在一定的能耗，而且存在电磁兼容和电磁干扰问题。

6.4　改变工作容积调节

由式（6-2）可知，压缩机的制冷量随其工作容积呈线性变化，当工作容积变化时直接导致制冷量变化。因此，可以借改变工作容积实现压缩机制冷量的调节。

改变压缩机工作容积的方法很多，可以设置几个工作容积，关闭其中的一个或数个进行调节。这几个工作容积可以分别由几台压缩机提供（多机并联调节），也可以由单一压缩机提供（多缸压缩机调节），也可以针对单一工作容积改变其有效利用容积，即所谓的旁通调节或吸气回流调节，如螺杆式压缩机的滑阀或柱塞调节等。

下面介绍几种常用的改变工作容积调节方式。

6.4.1　多机并联调节

1. 多机并联调节原理

多机并联调节方式多用于大中型机组和冷冻、冷藏行业。其基本原理是在制冷系统中并联使用数台压缩机，视用户对系统制冷量的要求运行一台、多台直至运行全部的压缩机。这样，尽管每台压缩机的独立制冷量是固定的，但系统的总体制冷量将因运行压缩机的台数不同而变化，同样实现了制冷量调节的目的。图2-98是一台典型的多机并联往复式冷水机组的应用实例。

多机并联调节方式属于分级调节，可以采用同样制冷量的压缩机并联，也可以采用不同制冷量的压缩机并联。不同的组合可以形成各种调节方案，当有一台变转速压缩机参与并联时，可实现无级调节。

图6-9所示为三压缩机并联调节方式。当三台压缩机均为定速压缩机时，根据对制冷量的要求不同分别使 0 台、1 台、2 台或 3 台压缩机运行，可以得到 0、25%、50%、75% 和 100% 的制冷量，即可实现 4 级分级调节（图6-9中实线部分），此时各压缩机的制冷量分别是最大制冷量的25%、25% 和 50%。当其中一台25%制冷量的压缩机为变频压缩机

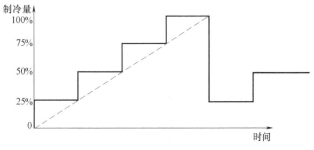

图6-9　三压缩机并联调节方式

时，即可实现制冷量0~100%的无级调节（图6-9中虚线部分，假设变频压缩机的最低频率为0）。例如，在制冷量25%~50%的范围内可以开变频压缩机和一台25%制冷量的定速压缩机，调节变频压缩机的转速可使其制冷量在0~25%范围内变化，再与定速压缩机25%的制冷量叠加，即可实现25%~50%的制冷量范围内无级调节。

典型的双机并联分级调节和无级调节的控制方案见表6-1和表6-2。

表6-1　双机并联分级调节模式

压缩机	压缩机特征	0制冷量	50%制冷量	100%制冷量
压缩机1	定速、50%制冷量	关	开	开
压缩机2	定速、50%制冷量	关	关	开

表6-2　双机并联无级调节模式

压缩机	压缩机特征	0制冷量	0~50%制冷量	50%~100%制冷量
压缩机1	变频、50%制冷量	关	开（变转速调节）	开（变转速调节）
压缩机2	定速、50%制冷量	关	关	开

双机并联调节方式广泛应用于多联式空调机和大中型制冷空调系统中。图6-10所示为双机并联多联式空调机系统。

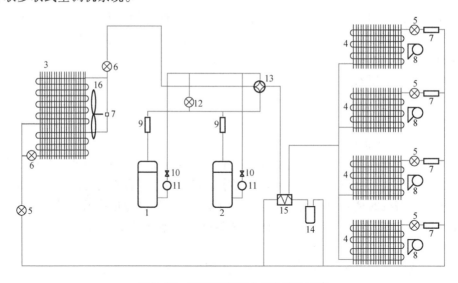

图6-10　双机并联多联式空调机系统

1—变频压缩机　2—定速压缩机　3—室外机换热器　4—室内机换热器　5—电子膨胀阀　6—电磁阀
7—干燥过滤器　8—室内风机　9—吸气过滤器　10—单向阀　11—油分离器
12—旁通电磁阀　13—四通阀　14—储液罐　15—分离器　16—风机

双机并联多联式空调机系统的优点是调节效率高，成本较低，并且可以减少单台压缩机的起动次数，延长压缩机的寿命。其缺点是系统复杂，控制难度高，存在润滑油的平衡等问题。

2. 压缩机的润滑油控制

多压缩机系统的回油问题和压缩机间的均油问题是影响可靠性的重要因素。回油问题主要受两方面因素的影响：一是系统设计，即系统布局与管路设计；二是化学因素，即润滑油和制冷剂的混合物性质。对于确定的制冷系统，在制冷剂和润滑油确定之后，回油状况主要取决于系统的设计，即通过优化系统设计，减少直至消除管路中润滑油积存的现象，从而提高系统的回油能力。目前对于并联压缩机系统的回油方式主要有以下几种。

在使用定频、相同容量压缩机的制冷系统中最常见的方法，是在两台压缩机壳体间连接有管径较大的均油管和管径较小的均压管；或在此基础上在每台压缩机的排气管上增设一个油分离器，大部分润滑油经油分离器分离后，通过减压毛细管流回压缩机吸气管，以减少进入系统管路及蒸发器的油量，而使各压缩机间均油。这种均油方法一般适用于几何尺寸相同的两台压缩机并联使用的场合。对于多联机系统，一般采用定容量和变容量的压缩机相结合，且两者的容量也不相同，所以这种润滑油平衡的方式不适用于并联压缩机的多联机系统中。

另外一种方法是在压缩机排气管上设置油分离器，油分离器再与设置的电磁阀相接而形成油路平衡管，再通过压缩机的内置油面传感器发出的信息控制电磁阀的开闭，以控制润滑油油面。当压缩机富油时电磁阀关闭，缺油时开启，前面富油压缩机的油分离器中的润滑油将向缺油的后压缩机供油，反之亦然。但这种方法需要制造商在压缩机内设置油面传感器后才能实现，同时需要与电磁阀配合使用，其可靠性取决于油面传感器和电磁阀的品质，因而使成本大幅度提高，在空调装置中不多见。

还有一种自动均油回路，由多台机壳内为高压油的压缩机及各压缩机所配带的油分离器、单向阀、节流器、储油包等组成，此种方法由于采用上述各元件、部件的组合结构及连接关系，在不增设油面传感器、电磁阀的情况下，仅利用管道、节流器等无运动部件，可使多台制冷压缩机自动均油。

6.4.2 内部并联压缩机

图 6-11 所示为一种典型的内部并联压缩机的调节形式，即两台并联运行的涡旋式压缩机共用一个机壳。一个机壳中装有两台输气量不同的立式涡旋式压缩机，其中一台压缩机为变频压缩机，由变频器驱动。另一台为普通定速压缩机，直接由电网供电。它们中的每一台都可彼此独立运行，也可并联运行，其运行状态取决于空调器的负载，并由计算机控制，适合于较大型空调器的能量调节。与具有单独机壳的双机并联的系统相比，具有高效、可靠及成本低的优点。由图 6-12 还可以看出，与相同制冷量的一台涡旋式压缩机相比，在较宽的制冷量范围内有较高的 COP 值。

6.4.3 旁通调节

旁通调节（或称吸气回流调节）的原理是推迟压缩机工作容积封闭的时间。当压缩机吸气结束、工作容积开始由最大缩小时，控制工作容积使其不能够封闭，这样吸入的一部分气体将随着工作容积的缩小从吸气口

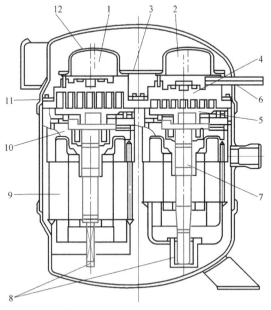

图 6-11 共用一个机壳的双涡旋式压缩机
1—电网直接驱动压缩机 2—变频器驱动压缩机
3—法兰连接板 4—静盘 5—动涡旋盘
6—排气管 7—曲轴 8—油泵 9—电动机
10—机座 11—固定板 12—排气消声器

或特别设立的回流通道返回吸气腔，直到工作容积封闭后才开始压缩过程。这样相当于减少了压缩机吸气量，其输气量和制冷量也随之减小。随着工作容积封闭的时间不同，压缩机的制冷量也不同，由此实现压缩机制冷量的调节。

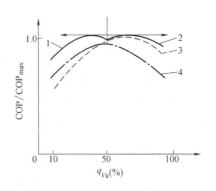

图 6-12 COP 值比较

1—其中一台机运行 2—两台机同时运行 3—单机运行
4—具有单独机壳的两台往复式压缩机并联运行

1. 旁通阀调节

在汽车空调中通常采用变容量涡旋式压缩机进行输气量调节，其原理是通过吸气回流旁通改变输气量。图 6-13 所示为一种变容量涡旋式压缩机结构。在压缩机的离合器与发动机脱开时，活塞式控制阀 6 在弹簧 3 的弹簧力作用下处于右侧极限位置，回流气体调节孔 9 处于全开状态，因此在离合器被吸合（即压缩机开始运转）的瞬间，从涡旋盘外圆周吸入的气体还没有被压缩之前，一部分气体就沿静盘底板上开设的回流气体排出孔 1 流出，经中间压力腔 10 上的回流气体调节孔 9 又回流至吸气侧（如图 6-13 中箭头所示），显然压缩机处于卸载状态。在压缩机正常工作时，排气腔中的高压气体经滤网 12、节流孔 11 进入活塞式控制阀的右侧，控制阀在高压气体的作用下克服弹簧 3 的弹簧力，向左移动至极限位置，回流气体调节孔 9 被完全堵死，吸入气体没有回流。随着空调系统冷负荷工况的变化，压缩机的吸气压力下降，当低于波纹管 7 内的设定压力时，波纹管会伸长，并顶开导向球阀 8，控制阀右侧的高压气体通过球阀漏入吸气侧，右侧压力降低，使控制阀又在弹簧力作用下右移，回流气体调节孔 9 开启，吸入气体产生回流，中间压力腔 10 中的气体也通过回流气体调节孔 9 流入吸气侧，根据控制阀右移的位置来调节回流气体调节孔 9 的开启度，以控制吸入气体的回流量，当控制阀右移到一定位置时，吸气压力便达到波纹管内的设定压力，实现了自动调节。若压缩机吸气压力升高，波纹管在由通气孔 5 引入的吸气压力作用下开始收缩，又使导向球阀 8 关闭，控制阀右侧压力升高，当右侧气体力大于弹簧 3 的弹簧力时，控制阀左移关闭回流气体调节孔 9，吸入气体不再回流。在压缩机正常运行或低于正常转速运行时，中间压力腔是通过控制阀上的节流孔 11 与排气腔 14 连通，因此其腔内压力为排气压力，并用舌簧阀 2 与压缩腔相隔。

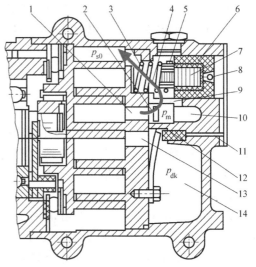

图 6-13 变容量涡旋式压缩机结构

1—回流气体排出孔 2—舌簧阀 3—弹簧 4—回流气体
5—通气孔 6—活塞式控制阀 7—波纹管 8—导向球阀
9—回流气体调节孔 10—中间压力腔 11—节流孔
12—滤网 13—排气孔 14—排气腔

从图 6-14 给出的上述变容量涡旋式压缩机的调节特性曲线中看出，在一定的转速范围内，其制冷量可根据空调工况的要求保持不变（图 6-14 中曲线①），故可满足汽车空调中车速增加而冷负荷变化小的要求。在转速为 2000～5600r/min 的调节区域，功率消耗约降低 20%（图 6-14 中曲线②），且吸气压力稳定（图 6-14 中曲线③），排气压力低于定容量压缩机的排气压力（图 6-14 中曲线④）。综上看出这种输气量调节方法的优点很明显：车内温度可保持稳定，空调具有舒适性；没有断续负荷产生的不可预料的加减速，提高了汽车驾驶性能；调节时的压力条件得到缓和，有利于提高压缩机的使用寿命；功率消耗降低，可减少燃料及费用；另外，离合器在外界气温超过 20℃ 条件下不发生离合现象，也避免了离合器的离合噪声。

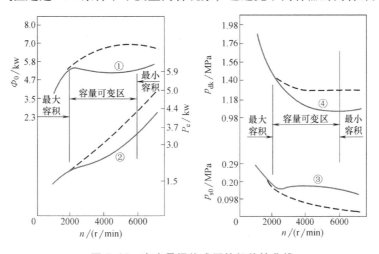

图 6-14　变容量涡旋式压缩机特性曲线

环境温度：32.2℃　蒸发器风量：400m³/h　冷凝器风量：0.6～0.9m³/s

-----固定容量　——可变容量

2. 滑阀调节

旁通调节也广泛应用于螺杆式压缩机中，通过在两转子之间设置一个可以轴向移动的滑阀实现气体的回流，即所谓滑阀调节。图 6-15 所示为滑阀位置与负荷的关系图，在螺杆压缩机两转子之间设置一个可以轴向移动的滑阀，滑阀的内侧为机壳的一部分，与转子外圆配合，滑阀的外侧与机壳配合并可在机壳中做轴向运动。滑阀的运动由油压系统控制。

滑阀轴向位置的移动可以改变螺杆转子有效工作长度，从而达到输气量调节的目的。图 6-15a 表示全负荷时滑阀的位置，图 6-15c 为部分负荷时的滑阀的位置，图 6-15b 为这两种滑阀位置对应的 p-V 图。

当滑阀在初始位置时，压缩机为正常工作，工作容积可以 100% 地将吸入的气体压缩并排出压缩机，这时为全负荷工作状态。当滑阀沿轴向向排气端移动时，在滑阀的后面与机壳之间则形成了一个图 6-15c 所示的旁通口，一部分吸入转子螺槽中的气体将随着转子的旋转又经旁通口 B 回流至压缩机的吸气口，只有当转子螺槽越过回流口时工作容积才封闭，开始压缩过

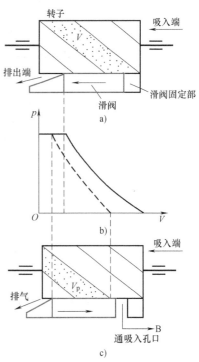

图 6-15　滑阀位置与负荷关系图

a) 全负荷　b) p-V 图　c) 部分负荷

程。这样，转子在滑阀固定端部分长度失去了有效工作能力，相当于减小了螺杆转子的有效工作长度。滑阀的移动距离和位置由油压系统控制。滑阀向排气侧移动得越多，压缩过程就开始得越晚，回流的气体量就越大，制冷量也就越小，从而实现了调节制冷量的目的。

滑阀调节输气量几乎可在10% ~ 100%的范围内连续地进行，调节过程中，功率与输气量在50%以上负荷运行时几乎是成正比例关系，但在50%以下，性能系数则相应会大幅度下降，显得经济性较差。

滑阀轴向移动的动作是根据吸气压力和温度，通过液压传动机构来完成的，图6-16所示滑阀同油缸的活塞连成一体，由油泵供油推动液压活塞来带动滑阀沿轴向左右移动，供油过程的控制元件是电磁阀。油压系统各阀门的控制与对应的制冷量见表6-3。图6-17所示为滑阀与螺杆转子的相对位置。

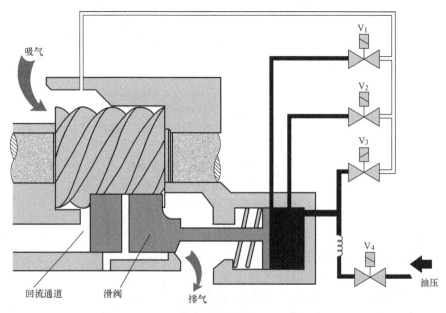

图 6-16　螺杆压缩机的滑阀调节系统

表 6-3　油压系统各阀门的控制与对应的制冷量

制冷量	阀门 V_1	阀门 V_2	阀门 V_3	阀门 V_4
100%	关	关	关	50%开
75%	开	关	关	50%开
50%	关	开	关	50%开
25%	关	关	开	50%开
0	关	关	开	关

吸气回流的调节方式在其他类型压缩机中也有应用。尽管实现回流的具体结构和方式多种多样，但调节的原理是完全相同的。

3. 柱塞调节

柱塞调节是用于螺杆式压缩机的一种调节机构，它克服了滑阀调节机构增大螺杆式压缩机轴向尺寸的缺点，适用于压缩机外形尺寸受到限制的应用场合。由于其调节范围受到柱塞数量的限制，在结合多机并联调节方面有其独特的优势。

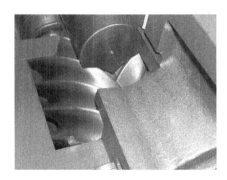

图 6-17　滑阀与螺杆转子的相对位置

柱塞调节结构与滑阀调节机构相似，也属于一种吸气回流调节。其区别在于柱塞是沿螺杆的径向方向移动。图 6-18 所示为柱塞调节机构的原理图。在螺杆式压缩机的外壳上沿螺杆轴向的某一特定位置开设一旁通通道，柱塞在通道内沿螺杆径向做往复运动，柱塞的前端形状为气缸的一部分。在原始位置（满负荷时），柱塞前端面与外壳一起构成完整的一个气缸内表面，与螺杆紧密配合，防止气体从此处泄漏。当柱塞沿螺杆径向向外移动时，旁通口打开，一部分吸入转子螺槽中的气体将

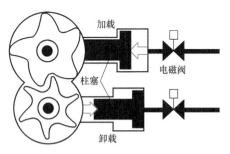

图 6-18　柱塞调节机构的原理图

随着转子的旋转又经旁通口回流至压缩机的吸气口，只有当转子螺槽越过旁通口时工作容积才封闭，开始压缩过程，从而实现了调节制冷量的目的。

柱塞调节属于分级调节，一般阴、阳螺杆各有一个柱塞，每个柱塞对应一级卸载。但在多台压缩机并联使用时，机组的调节级数可以得到增加，满足实际运行时制冷量调节的需要，同时可以使单台压缩机的轴向尺寸和体积得到减少。

6.4.4　顶开吸气阀调节

对于往复活塞式压缩机，有一种顶开吸气阀片调节输气量的方法。它是采用各种机构将吸气阀片顶开，当压缩机进入压缩过程、气缸容积缩小时，吸气阀处于受外界强制作用被打开的状态，随着气缸容积的缩小，气缸内的气体又经吸气阀回流至吸气腔，顶开吸气阀片的时间不同，回流的气体量就不同，压缩机的输气量也就不同，从而实现了输气量调节的目的。

当吸气阀片密封面在吸气阀片上面时，需要将吸气阀片向下顶开（图 6-19）。压缩机正常运转时，下气室 7 通过电磁阀接通高压气体，上气室 5 中为低压气体。卸载活塞向上，顶杆 2 在顶杆弹簧 3 的推动下也向上，吸气阀片 1 可自由关闭。需要调节输气量时，下气室通过电磁阀接通低压气体，卸载活塞 4 向下推

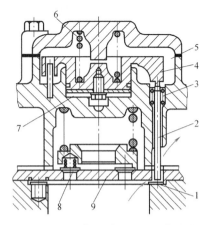

图 6-19　吸气阀片向下顶开的结构

1—吸气阀片　2—顶杆　3—顶杆弹簧
4—卸载活塞　5—上气室　6—卸载弹簧
7—下气室　8—排气阀　9—阀板

动顶杆 2，强制使吸气阀片 1 开启，从而完成卸载。

当吸气阀片的密封面在吸气阀片下面时，需要将吸气阀片向上顶开（图 6-20、图 6-21）。图 6-20 所示为油压缸-拉杆机构。液压活塞 10 在右侧油压和左侧液压活塞弹簧 8 的弹簧力作用下运动。油压力大于液压活塞弹簧 8 的弹簧力时，拉杆 12 向左运动，反之，拉杆 12 向右运动。拉杆 12 的运动导致转动环 4 的转动，进而影响吸气阀的开启和关闭。

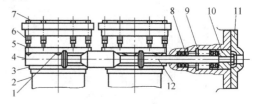

图 6-20　油压缸-拉杆机构

1—转动环上斜面　2—气缸套　3—卡环　4—转动环
5—顶杆　6—顶杆弹簧　7—吸气阀片　8—油压活塞弹簧
9—油压缸　10—油压活塞　11—油压缸盖　12—拉杆

图 6-21 表示了转动圈 7 的转动对吸气阀片的影响。转动圈处于图 6-21a 所示的位置时，顶杆 4 处于转动圈上的斜面 8 的最低点，吸气阀片可自由启、闭，压缩机正常工作。当转动圈 7 在拉杆推动下处于图 6-21b 所示位置时，顶杆 4 位于斜面 8 的顶部，吸气阀片被顶开，压缩机卸载。

图 6-20 中油压活塞右侧的油压来自液压油分配阀（又称为输气量控制阀），如图 6-22 所示。分配阀的容积 V_2 内为用于卸载的高压油，容积 V_1 内为低压回油。转动阀芯 6 可使卸载连接管与高压油或低压油接通。当与高压油接通时，图 6-20 中的油压活塞向左运动，推动拉杆和转动环运动，使吸气阀片顶开（图 6-21b）；当卸载

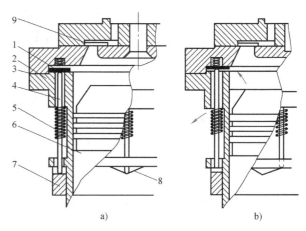

a)　　　　　　　　b)

图 6-21　吸气阀片顶开机构

1—吸气阀片　2—气缸套　3—排气外阀座　4—顶杆　5—弹簧
6—油压活塞　7—转动圈　8—转动圈上的斜面　9—排气阀片

连接管与低压油接通时，图 6-20 中的油压活塞被液压活塞弹簧 8 推向右侧，带动拉杆并最终使吸气阀片可以自由启闭。

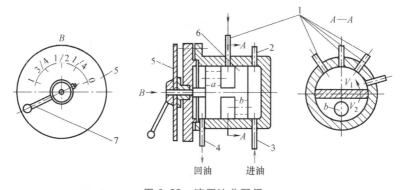

回油　　进油

图 6-22　液压油分配阀

1—卸载连接管　2—压力表接管　3—液压油入口管　4—回油管　5—负荷指示牌　6—阀芯　7—手柄

6.5 其他调节方式

6.5.1 数码涡旋式压缩机

1. **数码涡旋式压缩机的结构**

其他调节方式中较为特别的是一种数码涡旋式压缩机，也采用吸气回流的原理调节压缩机的制冷量。

这种涡旋式压缩机具有轴向浮动的特性，两个涡旋盘依靠静盘背后的气体压力在轴向紧紧贴合在一起，保持气体的密封以压缩气体。气体背压丧失后，就失去了使涡旋盘贴合在一起的驱动力，两个涡旋盘将脱离，出现较大的轴向间隙，吸入的气体将因内部泄漏而无法压缩，压缩机输气量基本为 0。

这样就产生了数码涡旋压缩机调节制冷量的基本原理：人为控制静盘背后的气体压力，使两个涡旋盘脱离，吸入的气体由于涡旋盘间较大的轴向间隙又回流至吸气口，压缩机保持空转但无排气，制冷量为 0。对应于压缩机正常工作的"负载状态"，此时可称为"卸载状态"。

图 6-23 和图 6-24 所示分别为这种压缩机的外观和内部结构图。

图 6-23 数码涡旋压缩机外观

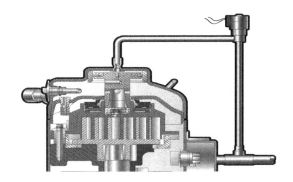

图 6-24 数码涡旋压缩机内部结构

背压依靠一个电子阀控制，当电子阀关闭时，压缩机处于负载状态，正常工作，制冷量为 100%。当电子阀开启时，背压降低，压缩机处于卸载状态，制冷量为 0。从这种意义上讲，此调节方式又带有开停调节的特征，最大的区别是压缩机不停机，因此也没有开停损失，但压缩机空转也将消耗一定的能量。根据前述的对开停调节的讨论，很容易理解，在控制上应确保卸载状态的时间不应太长，否则制冷系统高、低压平衡后将造成额外的能量损失。控制负载状态和卸载状态的时间比例即可得到不同的制冷量，从而实现制冷量调节的目的。

数码涡旋的调节方式不需要变频控制器，没有变频调节的各种缺点，但其调节范围最大只能够达到 100%。另外，控制背压的电磁阀是极为关键的零件，电磁阀的失效将直接导致压缩机的失效。

2. **数码涡旋式压缩机变容量控制原理**

数码涡旋压缩机的控制循环周期包括一段"负载期"和一段"卸载期"。在负载期运行时，涡旋盘提供压缩机全部的容量，如图 6-25a 所示。在卸载期间，由于压缩机的柔性设计，两个涡旋盘在轴向有一个微量分离。由于这种涡旋盘的分离，就不再有制冷剂通过压缩机，因此也就没有负荷，如图 6-25b 所示。这样，在负载期间，压缩机可输出 100% 的容量，而在卸载期间就不作输出。由负载期和卸载期的时间平均来确定压缩机的平均输出容量。

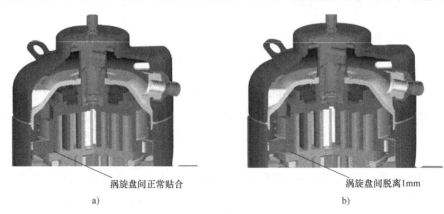

涡旋盘间正常贴合　　　　　　　　　　涡旋盘间脱离1mm
a)　　　　　　　　　　　　　　　　b)

图 6-25　数码涡旋式压缩机变容量控制原理

a）负载运行　b）卸载运行

假如额定制冷量为 10kW，控制周期为 20s，若要输出 5kW 的能力（总能力的 50%），则负载时间占周期时间的 50%，即负载 10s，卸载 10s 即可；若要输出 2kW 能力（总能力的 20%），则负载时间占周期时间的 20%，即负载 4s，卸载 16s 即可，以此类推。图 6-26 所示为能力分别为 50% 和 20% 时的调节原理。

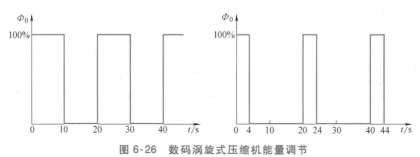

图 6-26　数码涡旋式压缩机能量调节

由此可见，由于动盘和静盘在轴向具有"分合自如"的柔性特性，使得数码涡旋式压缩机的输出呈现出满载"1"和空载"0"的循环，也就是呈现为"0-1"的数码特性。

3. 数码涡旋技术的特点

数码涡旋式压缩机作为一种制冷量可调节的压缩机，具有以下几个特点：

1）尽管在调节过程中压缩机并未停转，但其制冷量输出为 0 和 100% 两档，从调节的输出特性上具有开停调节的特征。与普通的开停调节相比，数码涡旋技术的区别是其调节过程的开停频率要快得多。从实现调节的方式上，又具有改变泄漏系数的特征。

2）数码涡旋式压缩机通过改变负载和卸载周期时间，在 10%~100% 负荷范围内实现了制冷量连续可调，可以提供精确的室温控制和快速的负荷响应。这方面与普通的开停调节又有本质的区别，实际上具有变转速调节的连续调节技术特征。

3）由于其制冷量连续可调的特性，数码涡旋式压缩机具有优良的季节能效比（SEER）。其原因表现在几个方面：首先，数码涡旋式压缩机具有较宽的制冷量调节范围，启停次数很少，避免了开停机时的能量损失；其次，调节过程中压缩机运转时仍处于额定转速，因此在部分负荷运行时具有良好的能效比（EER）；第三，调节过程中压缩机满负荷和空载运转的切换周期很短，避免了制冷系统高、低压平衡造成的损失。

4）数码涡旋式压缩机具有良好的回油特性。回油是制冷系统所必须解决的一个主要问题。数码涡旋式压缩机有两个因素使得回油容易实现：第一，油只在负载周期内离开压缩机，在空载情况下离开压缩机的油很少；第二，压缩机在负载周期内满负荷运行，此时的气体速度足以使油回至压缩机。

5）和其他变容量压缩机（如变频压缩机）相比，数码涡旋式压缩机没有变频控制器导致的电磁兼容问题，不会影响供电系统。变频系统中伴随着变频信号转换，会对周围环境释放出电源频率的3、5、7、9、11、…倍的高频谐波。由于高频谐波的叠加，会使供电系统的正弦电压波形发生畸变，这将导致诸如降低电网的功率因数、使电容器和变压器过热、在荧光屏和示波器等上产生闪点、影响精密仪器的精度等不良后果。而数码涡旋式压缩机调节过程的控制比较简单，属于机械控制，产生的电磁干扰可忽略不计。这一特性使其特别适合于通信、电站、电视广播、计算机中心、监控中心、医院以及精密实验室等对电磁兼容和电磁干扰要求较严的应用场合。

6）由于调节过程存在无输出的空载运转，数码涡旋式压缩机存在空载损失。此外，为了避免空载时间太长使制冷系统高低压达到平衡造成能量损失，数码涡旋式压缩机调节过程中负载和空载切换的周期不能够太长。

6.5.2 双阶压缩机

1. 双阶压缩机的工作原理

另外一种比较特别的压缩机调节方式是双阶变容量压缩机。它是在普通双缸转子式压缩机的基础上，利用一个四通阀与一个单向阀对双缸压缩机进行气缸串联或者并联的控制切换技术，可以实现单缸（两级串联）压缩和双缸（并联）压缩的自由转换，并输出大小不同的两种排气量。图 6-27 所示为双阶压缩机与双缸压缩机的比较。

其工作原理如图 6-28 所示。通过四通阀与单向阀组合控制可以实现压缩机中两气缸间进行高低压两级串联压缩与双缸并联压缩的切换。在两级串联压缩时排气量为下气缸的排气量，而在双缸并联压缩时为上、下两气缸的

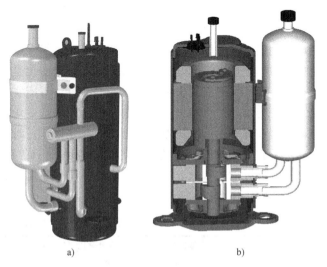

a)   b)

图 6-27　双阶压缩机与双缸压缩机的比较

a）双阶转子式压缩机　b）双缸转子式压缩机

总排气量。这样可以用一台压缩机来替代完成原来两台不同排气量压缩机的功能，并通过与空调器匹配后，选择在开机初期用双缸并联压缩方式进行快速制冷或制热，之后选择用两级串联压缩方式进行经济制冷或制热，以达到快速降温又经济节电的目的。

变容量压缩机在两级串联压缩方式运行时，经过下气缸一级压缩的中间级压力的排气气体不能与壳体内的高压级排气压力的气体混合，为此使用O形密封圈与消声器和缸盖相配合的组合式消声器结构，可以有效地防止两种压力值的排气气体之间的泄漏，提高压缩机的效率。

由于变容量压缩机可以在两个不同的排气量下工作，这对压缩机内的电动机就提出了更高的要求，为了节约电动机成本，简化电动机设计，采用小电容进行两级串联式运行起动，大电容进行双缸并联式运行起动，可以较好地解决变容量压缩机的双排气量而产生的对电动机要求。

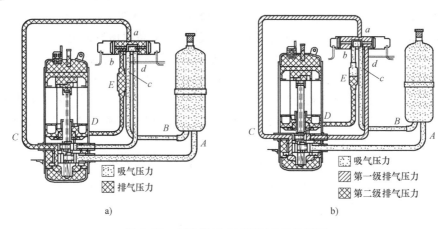

图 6-28　双阶转子式压缩机的工作原理
a）双缸并联运转　b）双缸串联运转

2. 双阶压缩机的特点

双阶变容量压缩机的优点是：可以在一台压缩机上实现两种制冷量和两种压缩比的输出，在一定范围内可以替代变频转子式压缩机；只需控制四通阀的通断就可以完成压缩机两级串联压缩或双缸并联压缩的切换，控制简单可靠；避免了变频压缩机需要昂贵变频控制器和电磁兼容、电磁干扰问题。其缺点是制冷量的变化是依靠两个气缸的串、并联实现的，不能实现单缸运转且只能提供两个固定的制冷量，不能实现无级或多级调节。

双阶变容量压缩机特别适用于制冷系统制冷量变化时压缩比也变化的应用场合。如风冷热泵热水器在夏季运行时压缩比很低，而在冬季运行时由于环境温度很低造成压缩比很高的情况。此外它在（柜式）空调器中的应用也获得了良好的效果，在相同制冷剂充灌量和相同电子膨胀阀开度的基础上，得到试验结果与性能对比见表6-4，图6-29所示为不同环境条件下双阶变容量压缩机的运行特征。

表 6-4　双阶变容量压缩机的空调器试验数据表（与普通定速压缩机对比）

压缩机	制冷量 Φ/W	制冷量对比	COP	性能对比	SEER	性能对比
定速压缩机（原型机）	6180	100%	2.6	100%	2.69	100%
双阶压缩机（并联）	6250	101.13%	2.7	103.85%	3.23	120.07%
双阶压缩机（串联）	4850	78.48%	3.1	119.23%		

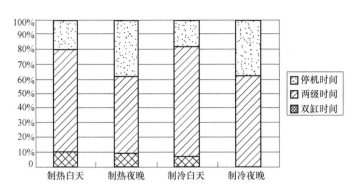

图 6-29　不同环境条件下双阶变容量压缩机的运行特征

试验结果表明，自然制冷、制热工况下，双阶变容量压缩机空调器比空调原型机（同容量定速机）有以下优势：

1）相同负荷下，变容量压缩机空调器节能 16% 以上（夜间运行可达 39%）。

2）空调系统稳定运行中，只在开机最初阶段进行双缸模式运转，压缩机两级模式（即节能模式）运转占 50%。

3）变容量起动电流较原型机定速机起动电流小，减少对电网冲击和功耗。

还有其他一些制冷量调节的方式，在此不一一赘述。

思考题与习题

6-1　制冷压缩机容量调节的目的与基本原理是什么？

6-2　制冷压缩机容量调节主要有哪几种分类？

6-3　对制冷压缩机容量调节的要求有哪些？

6-4　间歇运行调节适用于哪些场合或制冷空调设备？

6-5　变频压缩机的设计应考虑哪些特殊因素？

6-6　与变频调节相比，数码涡旋式压缩机的优势与不足是什么？

6-7　多机并联调节的特点是什么？

6-8　滑阀调节能否实现无级调节？为何实践中采用分级调节？

参 考 文 献

［1］　吴业正，李红旗，张华. 制冷压缩机［M］. 2 版. 北京：机械工业出版社，2001.

［2］　董天禄，华小龙，姚国琦，等. 离心式/螺杆式制冷机组及应用［M］. 北京：机械工业出版社，2003.

［3］　李红旗，成建宏. 变频空调器及其能效标准［M］. 北京：中国标准出版社，2008.

［4］　李红旗，马国远，刘忠宝. 制冷空调与能源动力系统新技术［M］. 北京：北京航空航天大学出版社，2006.

［5］　邢子文. 螺杆压缩机——理论、设计及应用［M］. 北京：机械工业出版社，2000.

［6］　王志刚，徐秋生，俞炳丰. 变频控制多联式空调系统［M］. 北京：化学工业出版社，2006.

［7］　张超甫，李红旗，赵志刚，等. 多联机系统中电子膨胀阀运行特性研究［J］. 制冷，2007，26（1）：50-53.

［8］　张超甫，李红旗. 双压缩机并联多联机回油问题探讨［J］. 中国建设信息：供热制冷，2006（7）：

22-25.

[9]   Hongqi Li, Chaofu Zhang. Proceedings of International Refrigeration and Air Conditioning Conference at Purdue [C]. West Lafayette：Purdue University, 2008.

[10] Hongqi Li, Quanping Liao, Ruixiang Wang. Proceedings of International Compressor Engineering Conference at Purdue [C]. West Lafayette：Purdue University, 2002.

[11] 刘益才，秦岚. 商用空调多联机系统关键技术发展研究 [J]. 建筑热能通风空调，2004，23（4）：27-29.

[12] 邵双全，石文星，陈华俊，等. 多台压缩机并联的空调系统中均油方法的研究 [J]. 低温工程，2001（3）：23-28.

第 7 章

离心式制冷压缩机

7.1 概述

离心式制冷压缩机是蒸气压缩式制冷系统中的关键部件，其主要功能是负责驱动制冷系统中的制冷剂蒸气完成热力循环过程。基于性价比的考虑，离心式制冷压缩机多应用于 1000~4500kW 容量以上的中、大型制冷系统。由于其具有适应温度范围宽广、清洁无污染、安装操作简便、效率高等优点，在当代制冷空调领域中占有重要地位。

离心式制冷压缩机具有以下特点：

1）与容积式压缩机相比，在相同制冷量时，其外形尺寸小、重量轻、占地面积小。

2）离心式制冷压缩机运转时惯性力小，振动小，故基础简单。目前在小型组装式离心制冷机组中应用的单级高速离心式制冷压缩机，压缩机组可直接安装在单筒式的蒸发器/冷凝器之上，无需另外设计基础，安装方便。

3）离心式制冷压缩机中的易磨损零、部件很少，连续运转时间长，维护周期长，使用寿命长，维修费用低。

4）离心式制冷压缩机容易实现多级压缩和多种蒸发温度。采用中间抽气时，压缩机能得到较好的中间冷却，减少功耗。

5）离心式制冷压缩机工作时，制冷剂中混入的润滑油极少，所压缩的气体一般不会被润滑油污染，同时提高了冷却器的传热性能，并且可以省去油分离装置。

6）离心式制冷压缩机运行的自动化程度高，可以实现制冷量的自动调节，调节范围大，节能效果较好。

7）大型制冷机可以使用工业汽轮机直接拖动离心式制冷压缩机，容易实现变转速调节，节能效果明显。

8）电动机拖动的离心式制冷压缩机，一般采用增速齿轮传动，压缩机的转速高，对轴端密封的要求也高，这些均增加了离心式制冷机组制造上的困难和结构上的复杂。

9）离心式制冷压缩机在小流量区域与管网联合工作时，会发生喘振，需要布置防喘振控制系统或调节装置，并在运行过程中监测运行工况。

目前离心式制冷机组按蒸发温度的不同大致可以分为冷水机组和低温机组。冷水机组用于空调。它们广泛用于建筑物、纺织、食品、精密机械加工等集中供冷的大型中央空调。低温机组则用于需要制冷量较大的化工工艺流程，如合成氨、高压聚乙烯、合成橡胶、合成酒精等。在液化天然气、盐类结晶、石蜡分离、石油精制等都需要大的制冷量。另外在啤酒工业、人造干冰、冷冻土壤、低温试验室和冷温水同时供应的热泵系统等也使用离心式制冷机组。

7.1.1 离心式制冷压缩机的分类

离心式制冷压缩机除可分为冷水机组和低温机组外，也和其他类型的制冷压缩机一样，按机组布置的结构形式，可以分为封闭式、半封闭式和开启式。离心式制冷压缩机的结构示意图和特点见表 7-1。根据制冷剂蒸发温度的不同和是否采用增速器，可设计成单级或多级离心式压缩机。

表 7-1 离心式制冷压缩机的结构示意图和特点

种类	结构简图	特 点
全封闭式		①压缩机与电动机直连，封闭在同一机壳内；②电动机直接驱动压缩机，在电动机的两个轴端可各悬挂一级或两级叶轮，取消了增速器和压缩机的固定元件；③电动机在制冷机中得到充分冷却，不会出现电流过载；④装置结构简单，噪声低，振动小；⑤有些机组采用气体膨胀机高速驱动，结构更加简单；⑥一般应用于飞机机舱或船舱空调；⑦具有制冷量小，气密性好的特点；⑧由于是全封闭，维修不方便，因此要求压缩机使用可靠性高，寿命长；⑨适用于批量生产的小制冷量离心式制冷机机组
半封闭式		①把压缩机、增速齿轮和电动机封装一体，仅在压缩机进气口和蒸发器相连，出气口和冷凝器通通；②因各部件与机壳用法兰连接，故有制冷剂泄漏；③单级或多级压缩机采用悬臂结构的叶轮，若用二级叶轮，则不需要增速器而由电动机直接拖动；④电动机需要专门制造，并要考虑电动机的冷却、腐蚀和电器绝缘问题；⑤润滑系统为整体组合件，可以埋藏在冷凝器一侧的油室中；⑥体积小、噪声低、密封性好
空调用开启式		①开启式压缩机或者增速器的出轴端装有轴封；②电动机放置在机组的外面，利用空气进行冷却，可以节能 3%~6%；③若机组改换制冷剂运行时，可以按工况要求的大小更换电动机；④润滑系统布置在机组内部或另外设置；⑤用于化工企业或空调；⑥制冷剂可以采用化工产品
低温用开启式		①压缩机、增速器与原动机分开，在机壳外用联轴器连接；②尽量采用单位容积制冷量大的制冷剂以减小机组尺寸，通常采用化工工艺流程中的工质作为制冷剂；③采用多级压缩制冷循环以提高经济性，多级压缩机主轴的叶轮可以顺向布置或逆向布置，各级有完善的固定元件；④压缩机机壳为水平剖分式，轴端采用机械或其他形式的密封，轴的两端用推力轴承和滑动轴承支承；⑤有利于制冷剂更换；⑥润滑系统一般另附油站，以确保传动部分的润滑和调节控制；⑦开启式机组常用于化工流程中；⑧存在制冷剂易泄漏、体积较大等缺点

7.1.2 离心式制冷压缩机的构造和主要部件的工作原理

图7-1所示的是单级离心式制冷压缩机的剖视图，图7-2所示的是多级离心压缩机的剖视图。离心式压缩机的零、部件很多，一般把离心式压缩机中可以转动的部件统称为转子。不能转动的零、部件统称为静子或固定元件。转子是离心式制冷压缩机的主要部件，它主要是由主轴、叶轮和平衡盘等组成。固定元件主要是机壳、进气室、进口导叶、扩压器、弯道、回流器和蜗室，起着引导气流、减速增压的作用。

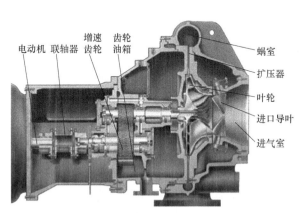

图7-1 单级离心式制冷压缩机的剖视图

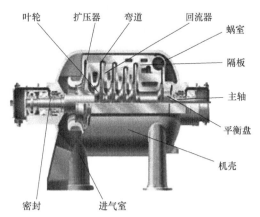

图7-2 多级离心式制冷压缩机的剖视图

1. 转子组成

（1）叶轮 叶轮也称为工作轮，它是离心式制冷压缩机中最重要的部件。气体在旋转叶轮的叶片的作用下获得能量，提高了压力能和动能，同时克服流动损失。叶轮是离心式制冷压缩机中使气体获得能量的唯一部件。

（2）主轴 主轴上安装所有旋转部件（主要是叶轮），它的作用就是用来支持旋转部件及传递转矩。

（3）平衡盘 平衡盘是利用其两边的气体压力差来平衡转子轴向力的零件。它位于离心式制冷压缩机的高压端，它一侧的压力是末级叶轮轮盘侧的间隙中的气体压力，另一侧是大气压力或吸气压力。平衡盘的外缘安装有密封装置，阻止气体向外泄漏。

2. 固定元件组成

固定元件中所有零、部件均不能转动。它是由机壳、进气室、进口导叶、扩压器、弯道、回流器、蜗室和密封等组成。

（1）进气室 使气体在进入叶轮之前形成一个负压，以便将气体均匀地引入叶轮，减少进口的气体流动损失。

（2）机壳 机壳也称气缸，压缩机的转子和固定元件都安装在其中。

（3）进口导叶 有些离心式制冷压缩机在叶轮进口前安装进口导叶，若改变进口导叶的开度，不但可改变进入叶轮的气体流量，也可以改变叶轮的做功大小，达到调节制冷量的目的。

（4）扩压器 气体从叶轮流出时，具有较高的流动速度。为了充分利用这部分动能，在叶轮后面设置扩压器，用以把动能转化为压力能，进一步提高气体压力。

（5）弯道 在多级离心式制冷压缩机中，采用弯道把气体引导进入下一级。弯道是由机壳和隔板构成的环形空间。

（6）回流器 回流器是使气流按要求的流动方向，均匀地流入下一级叶轮。回流器一般由隔板和导流叶片组成。

（7）蜗室 蜗室是把扩压器后面或叶轮后面的气体收集起来，传输到压缩机外部去，使气体流向气体输送管道或流到冷却器中进行冷却。此外，在汇集气体的过程中，由于蜗室外径的逐渐增大和通流截面逐渐扩大，也对气流起到一定的降速扩压作用。

（8）密封 密封的作用是防止气体在压缩机内部级间的串流及向压缩机外部的泄漏。

多级离心式制冷压缩机由"级"组成，而压缩机中的中间气体冷却器将压缩机分为"段"。"级"是由一个叶轮和与之相配合的固定元件构成的压缩机基本单元。图7-3所示是离心压缩机中间的级和特征截面，包括叶轮（0—0截面~2—2截面）、扩压器（3—3截面~4—4截面）、弯道（4—4截面~5—5截面）和回流器（5—5截面~6—6截面）等几个主要元件。除了上述元件外，还应包括吸气室（in—in截面~0—0截面）。压缩机每段进口处的级称为首级，而在压缩机每段排气口处的级称为末级。末级没有弯道和回流器，而代之以蜗室（图7-1和图7-2）。有的压缩机末级叶轮出口没有连接扩压器，气体从叶轮出来直接进入蜗室。由于级在段中所处的位置不同，需要有不同的固定元件与之相配合。压缩机的段可以由一个级或多个级组成。

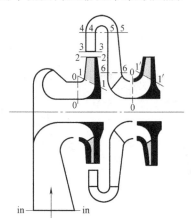

图7-3 离心式压缩机中间的级和特征截面

7.2 离心式制冷压缩机的基本理论

制冷剂蒸气（以下简称为气体）在离心式制冷压缩机中的实际流动是三维、非定常的湍流流动，流动情况非常复杂。为了掌握压缩机中气体流动的物理现象，首先做一元流动假设。所谓一元流动假设，就是指气流参数（如速度 c、压力 p、温度 T 等）仅沿压缩机流道的主流方向有变化，而在垂直于主流方向上无变化，并在任意截面上用气流参数的平均值表示。

7.2.1 速度三角形

叶轮对气体做功，反映在气体在叶轮叶片的进、出口处气体流动速度的变化。气体在旋转叶轮流道中流动时，一个气体质点有三种运动：①气体相对于叶轮流道的流动称为相对运动，用相对速度 w 表示；②若相对坐标系选定在旋转叶轮上，叶轮相对于地面的运动称为牵连运动，用圆周速度 u 表示；③气体质点相对于地面的运动称为绝对运动，用绝对速度 c 表示。图7-4所示的是气体在叶轮流道中运动的圆周速度 u、相对速度 w 和绝对速度 c。三种速度矢量相加，组成一个封闭的三角形，称为气体运动的速度三角形。图7-5所示的是叶轮进、出口速度三角形。图中下标1、2分别表示叶轮叶片进、出口截面处速度。常把绝对速度

c_1 和 c_2 分解成两个分速度，即圆周分速度 c_{1u} 和 c_{2u}（其值大小在一定程度上反映了叶轮的做功能力和压力的大小）和径向分速度 c_{1r} 和 c_{2r}（其值大小在一定程度上反映了流量的大小）。一般情况下，设计叶轮时，为了获得较大的理论功，通常使 $c_{1u}=0$，以保证叶轮具有较大的理论功，这样叶片进口处的速度三角形为直角三角形，即 $c_{1r}=c_1$，如图 7-5a 所示。c_{1u} 称为叶轮叶片进口气体的预旋速度，其值大小的变化，可以改变叶轮做功能力的大小。

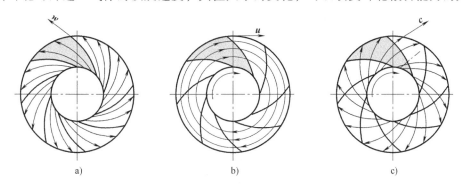

图 7-4 气体在叶轮流道中运动的圆周速度 u、相对速度 w 和绝对速度 c

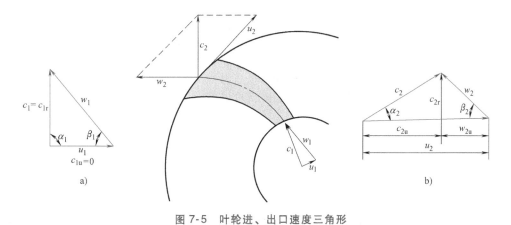

图 7-5 叶轮进、出口速度三角形

7.2.2 气体流动的基本方程

1. 连续方程

连续方程是质量守恒定律在流体力学中的数学表达式。在气体做一元定常流动的情况下，流经压缩机任意截面的质量流量相等，即

$$q_m = \rho_i q_{Vi} = \rho_1 q_{V1} = \rho_2 q_{V2} = \rho_1 c_{1r} A_1 = \rho_2 c_{2r} A_2 = \text{const} \tag{7-1}$$

式中　　　q_m——质量流量，单位为 kg/s；

　　　　　q_V——体积流量，单位为 m^3/s；

　　ρ_1、ρ_2——气体密度，单位为 kg/m^3；

　　A_1、A_2——分别为叶轮进、出口流道的通流截面积，单位为 m^2；

　　c_{1r}、c_{2r}——径向分速度，单位为 m/s。

连续方程在叶轮出口的表达式为

$$q_m = \rho_2 q_{V2} = \rho_2 \frac{b_2}{D_2} \phi_{2r} \frac{\tau_2}{\pi} \left(\frac{60}{\pi}\right)^2 u_2^3 \tag{7-2}$$

式中　ϕ_{2r}——流量系数，定义为 $\phi_{2r} = c_{2r}/u_2$；

　　　τ_2——叶片出口阻塞系数。

式（7-2）表明质量流量 q_m 一定时，叶轮出口相对宽度 b_2/D_2 与流量系数 ϕ_{2r} 成反比。对于多级离心式制冷压缩机，同一根轴上的各个叶轮中的体积流量或叶轮出口的相对宽度 b_2/D_2 等参数，都受到相同的质量流量和同一转速的制约，故该式也常用来校核各级叶轮出口相对宽度 b_2/D_2 选取的合理性。

2. 欧拉方程

欧拉方程用来表示原动机通过轴和叶轮将机械能传递给流体的能量。根据流体力学中的质点系动量矩定理：质点系对某轴的动量矩对时间的导数，等于外力对同轴的合力矩。由此可以推导出适用于离心叶轮的欧拉方程为

$$h_{th} = c_{2u} u_2 - c_{1u} u_1 \tag{7-3}$$

式中　h_{th}——1kg 气体流经叶轮叶片获得的理论功，也称为欧拉功，单位为 J/kg。

欧拉方程的物理意义：

1）欧拉方程指出了叶轮与流体之间的能量转换关系，它遵循能量转换与守恒定律。

2）欧拉方程表示只要知道叶轮进、出口的流体速度，即可求出单位质量流体与叶轮之间机械能转换的大小，而无需知道气体在叶轮内部的具体流动情况。

3）欧拉方程适用于任何气体或液体工质。

对叶轮进、出口速度三角形应用余弦定律，可以推导出欧拉第二方程，即

$$h_{th} = \frac{u_2^2 - u_1^2}{2} + \frac{c_2^2 - c_1^2}{2} + \frac{w_1^2 - w_2^2}{2} \tag{7-4}$$

欧拉第二方程是欧拉方程的另外一种表达形式，其物理概念清楚，说明叶轮中圆周速度的增加和相对速度的减少用来提高理论功 h_{th}。

3. 能量方程

能量方程是用来表示气体温度（或比焓）和速度的变化关系。根据能量转化与守恒定律，外界对压缩机内的气体所做的功和输入能量应转化为气体的焓和动能的增加。叶轮对气体做的功转换成气体的能量。在满足质量守恒的前提下，并假设气体与外界无热交换，则压缩机级中的能量方程式可表示为

$$w_{tot} = h_1 - h_2 + \frac{c_2^2 - c_1^2}{2} = c_p(T_2 - T_1) + \frac{c_2^2 - c_1^2}{2} \tag{7-5}$$

式中　w_{tot}——压缩 1kg 气体叶轮所消耗的总功，单位为 J/kg；

　　　h_1、h_2——比焓，单位为 J/kg；

下标 1、2——分别表示控制截面的进口和出口位置。

能量方程式的物理意义：

1）能量守恒是在质量守恒的前提下得到的，即首先要满足连续性方程。

2）能量方程对理想气体和黏性气体都是适用的，流动损失 h_{hyd} 最终以热的形式传递给气体，体现在气体温度的变化。

3）在离心式制冷压缩机中，一般忽略与外界热交换，整个压缩机可以视为绝热系统。

4）对实际叶轮，原动机传给叶轮的总功：$w_{tot} = h_{th} + h_{df} + h_1$，其中 h_{th} 是以机械能的形式传给气体，泄漏损失功 h_1 和轮阻损失功 h_{df} 是以热的形式传给气体，提高了气体的温度。

5）当气体流过静止部件通道时，因为对气体没有能量加入，即绝能流，所以 $w_{tot} = 0$。

例如：对扩压器而言，$c_p(T_4 - T_3) + \dfrac{c_4^2 - c_3^2}{2} = 0$，即 $c_p T_4 + \dfrac{c_4^2}{2} = c_p T_3 + \dfrac{c_3^2}{2}$。

4. 伯努利方程

伯努利方程将气体所获得的能量区分为有用能量和能量损失，显示出能量的有效性。

对压缩机级内流体而言，伯努利方程为

$$h_{th} = \int_1^2 \frac{dp}{\rho} + \frac{c_2^2 - c_1^2}{2} + h_{hyd}^{1-2} \tag{7-6}$$

式中　　$\int_1^2 \dfrac{dp}{\rho}$——级中气体静压能的增量；

$\dfrac{c_2^2 - c_1^2}{2}$——级中气体的动能的增加；

h_{hyd}^{1-2}——级内气体的流动损失。

如果计入离心式制冷压缩机级内的泄漏损失 h_1 和轮阻损失 h_{df}，则伯努利方程可以表示为

$$w_{tot} = \int_1^2 \frac{dp}{\rho} + \frac{c_2^2 - c_1^2}{2} + h_{hyd}^{1-2} + h_1 + h_{df} \tag{7-7}$$

式中　　w_{tot}——级内 1kg 气体所获得的总能量；

h_1——级内的泄漏损失；

h_{df}——级内叶轮的轮阻损失；

下标 1、2——分别表示级的进口和出口位置。

伯努利方程的物理意义：

1）伯努利方程是能量转化与守恒定律的一种表达方式。其表示叶轮将所做机械功转换为级中流体的有用能量（静压能和动能的增加）的同时，由于流体具有黏性，还需付出一部分能量克服流动损失或级中的所有损失。

2）伯努利方程建立了机械能与气体压力、速度和能量损失之间的相互关系。

3）伯努利方程适用于单级或多级离心压缩机的级或整机中的任意流通部件。

对叶轮

$$w_{tot} = \int_1^2 \frac{dp}{\rho} + \frac{c_2^2 - c_1^2}{2} + h_{hyd}^{1-2} \tag{7-8}$$

对于扩压器

$$\int_3^4 \frac{dp}{\rho} + \frac{c_4^2 - c_3^2}{2} + h_{hyd}^{3-4} = 0 \tag{7-9}$$

即

$$\frac{c_3^2 - c_4^2}{2} = \int_3^4 \frac{dp}{\rho} + h_{hyd}^{3-4}$$

其表示动能的减少使静压能进一步提高，这也是扩压器能够进行降速扩压的理论依据。

4）静压能的提高为 $\int_1^2 \dfrac{dp}{\rho}$。如果流体为不可压缩，例如液体，密度为一个定值，则 $\int_1^2 \dfrac{dp}{\rho} =$

$\dfrac{p_2 - p_1}{\rho}$；而对于可压缩的流体，只要已知 $p = f(\rho)$ 的函数关系，即能积分求出静压能。

对整个压缩机的级而言，原动机传给叶轮的总功 w_{tot} 转换为下列四部分：①提高气体的静压能；②提高气体的动能；③克服气体的流动损失；④克服级内的漏气损失和轮阻损失。

欧拉方程、能量方程和伯努利方程，反映了叶轮传递给气体的功与气体参数、损失之间的关系。

5. 气体状态方程式

压缩机中同一截面上状态参数，即压力 p、比体积 v、温度 T 之间的关系服从状态方程。由于大多数制冷剂蒸气属于真实气体，所以不能用理想气体状态方程 $pv = RT$ 计算，需要应用真实气体的状态方程 $pv = zRT$ 进行计算。式中，z 称为压缩性系数或者压缩因子，表示在相同的温度和压力下，真实气体的比体积 v_{rel} 和把其视为理想气体的比体积 v 之比，即

$$z = \frac{v_{rel}}{v}$$

由于真实气体的状态方程法比较复杂，状态方程通用性差，不同工质有各自不同的方程及其适用范围，限于篇幅，这里不作介绍，可参考有关资料。

6. 压缩过程和压缩功

（1）等熵压缩　假定在压缩过程中既与外界绝热，又无损失存在，即为等熵压缩。一般认为离心式压缩机和外界热交换量值与压缩气体所产生的热量相比很小，而且气体是流动的，故可视其为绝热系统。但实际上，压缩机总是有损失存在的。所以等熵压缩只是一种理想情况，它可作为一种比较的标准。

图 7-6 所示的 1-2$_s$ 线为等熵压缩的过程线。在级中流道的不同截面上的热力参数 p、v、T 之间的关系是服从压缩过程方程的。等熵过程中的温度 T、压力 p 和比体积 v 的关系为

$$\frac{p_2}{p_1} = \left(\frac{T_2}{T_1}\right)^{\frac{\kappa_T}{\kappa_T - 1}} \tag{7-10}$$

$$pv^{\kappa_V} = 常数 \tag{7-11}$$

式中　下标 1、2——分别为级中的任意两控制截面；

$\quad\quad\quad\kappa_T$、κ_V——分别为温度和容积等熵指数，κ_T、κ_V 随气体的压力和温度而变化，适用于真实气体，当为理想气体时，$\kappa_T = \kappa_V = \kappa$。

气体在等熵压缩过程中，叶轮加给气体的等熵压缩功 w_{ts} 为

$$w_{ts} = \int_1^{2_s} \frac{dp}{\rho} = \frac{\kappa_V - 1}{\kappa_V} RT_1 \left[\left(\frac{p_{2s}}{p_1}\right)^{\frac{\kappa_V - 1}{\kappa_V}} - 1\right] \tag{7-12}$$

式中　下标 1、2$_s$——分别为等熵压缩过程中级的进、出口截面上的参数。

在确定压缩功时，大多数制冷剂需要采用 p–h 图或表进行计算。

（2）多变压缩　气体的实际压缩过程是有损失的多变压缩过程。损失消耗的能量转变为比焓的增加，因此在图 7-6 上的压缩过程线为 1—2 线。其压力 p、温度 T 和比体积 v 之间的关系为

$$\frac{p_2}{p_1} = \left(\frac{T_2}{T_1}\right)^{\frac{m_T}{m_T - 1}} \tag{7-13}$$

$$pv^{m_V} = 常数 \qquad (7\text{-}14)$$

式中　下标1、2——分别为级中任意两控制截面；

$\quad m_T$、m_V——分别为温度和容积多变指数，m_T、m_V 随气体的温度和压力而变化，适用于真实气体，当为理想气体时，$m_T = m_V = m$。

气体在多变压缩过程中，叶轮加给气体的多变压缩功 w_{pol} 为

$$w_{pol} = \int_1^2 \frac{\mathrm{d}p}{\rho} = \frac{m_V - 1}{m_V} RT_1 \left[\left(\frac{p_2}{p_1} \right)^{\frac{m_V - 1}{m_V}} - 1 \right] \qquad (7\text{-}15)$$

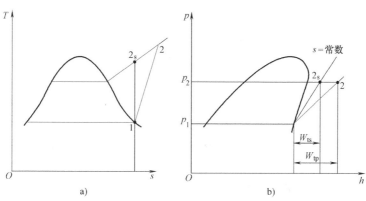

图 7-6　压缩过程在 T-s 和 p-h 图上的表示

a) T-s 图　b) p-h 图

7.2.3　流量系数和能量头系数

定义量纲为一的系数 $\phi_{1r} = c_{1r}/u_1$、$\phi_{2r} = c_{2r}/u_2$ 为流量系数，流量系数可以表征流量的大小。

通常把多变压缩功与 u_2^2 的比值定义为能量头系数 ψ，例如：多变能量头系数为

$$\psi_{pol} = \frac{w_{pol}}{u_2^2}$$

所以多变压缩功为

$$w_{pol} = \psi_{pol} u_2^2$$

7.2.4　级内气体流动的能量损失

离心式制冷压缩机级中的能量损失一般分为内部损失和外部损失。内部损失也称为流动损失 h_{hyd}。流动损失 h_{hyd} 产生的机理非常复杂，通常所有损失混杂在一起很难区分。为了便于分析，一般将流动损失 h_{hyd} 分为摩擦损失 h_{fric}、分离损失 h_{sep}、二次流损失 h_{sec} 和尾迹损失 h_{mix}。外部损失主要包括泄漏损失 h_1 和轮阻损失 h_{df}。下面讨论内部损失。

1. 摩擦损失 h_{fric}

摩擦损失 h_{fric} 是由于流体的黏性而产生的能量损失。流体在壁面处流速为零，在流道的中间部分流速最大，这样在主流区与近壁面间就存在一个速度梯度较大的薄层，称为边界层。边界层内流体之间存在着内摩擦力或黏滞力。为了维持流体的流动，就必须外加能量来

克服摩擦力，这样造成的能量的损失就是摩擦损失 h_{fric}。

一般把离心式制冷压缩机的流道看成是扩张型管道，然后借用管道摩擦损失的计算方法进行计算，即

$$h_{\text{fric}} = \mu \frac{l}{d_{\text{m}}} \frac{c_{\text{m}}^2}{2} = \xi_{\text{fric}} \frac{c_{\text{m}}^2}{2} \qquad (7\text{-}16)$$

式中　μ——摩擦因数，它和雷诺数 Re、气体性质、流道表面粗糙度有关，摩擦因数 μ 可以参考管道流动的尼古拉兹曲线图进行计算；

　　　l——流道平均流线长度，单位为 m；

　　d_{m}——流道的水力直径，单位为 m；

　　c_{m}——气流在流道中的平均速度，单位为 m/s；

　ξ_{fric}——摩擦损失系数，对已知流道尺寸，可以通过 $\xi_{\text{fric}} = \mu l / d_{\text{m}}$ 计算出。

2. 分离损失 h_{sep}

离心式制冷压缩机中的流道一般是气体逐渐减速增压的扩张流道。在流道中，沿着流动方向主流区的速度不断下降，压力上升。当边界层的流动得不到主流区足够动量时，速度逐渐降低，边界层的厚度逐渐增加。当主流区的动能不足以带动整个边界层内气体前进时，紧挨壁面的流体会首先停滞下来，气体再往前移动，就会因为抵抗不住迎面的压差阻力而产生局部倒流，这就是边界层分离，所产生的损失称为分离损失，图 7-7 所示的是扩张流道中气流分离产生的过程。

为了避免流动过程中产生分离损失，一般可以把压缩机的流道转换为圆锥形管道，应用当量扩张角作为来抑制分离的控制参数。图 7-8 所示的就是一个圆锥形管道。

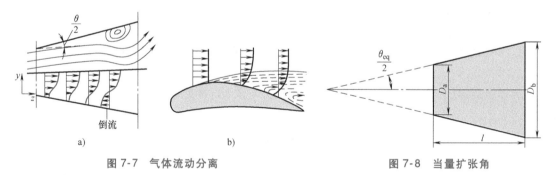

图 7-7　气体流动分离　　　　　　　　　图 7-8　当量扩张角

当量扩张角 θ_{eq} 通过以下方法进行计算，即

$$\tan \frac{\theta_{\text{eq}}}{2} = \frac{d_2 - d_1}{2l}$$

从而得

$$\tan \frac{\theta_{\text{eq}}}{2} = \frac{\sqrt{A_2} - \sqrt{A_1}}{\sqrt{\pi} \, l} \qquad (7\text{-}17)$$

$$A_i = \frac{\pi}{4} d_i^2$$

$$d_i = \frac{2\sqrt{A_i}}{\sqrt{\pi}}$$

对具体的离心式制冷压缩机

$$A_1 = \frac{\pi D_1 b_1 \sin\beta_{1A}}{z} , \qquad A_2 = \frac{\pi D_2 b_2 \sin\beta_{2A}}{z}$$

$$\tan\frac{\theta_{eq}}{2} = \frac{\sqrt{D_2 b_2 \sin\beta_{2A}} - \sqrt{D_1 b_1 \sin\beta_{1A}}}{\sqrt{z}\, l} \tag{7-18}$$

式中 D_1、D_2、b_1、b_2、β_{1A}、β_{2A} ——分别为叶轮的进、出口的直径，宽度和叶片安装角；

　　　　z ——叶片数；

　　　　l ——叶道的长度。

一般要求离心式制冷压缩机的当量扩张角 $\theta_{eq} < 6° \sim 7°$。若 θ_{eq} 过大，可以修改叶轮的几何参数。若满足要求，可以不考虑扩压引起的流动分离。对于压缩机的其他元件，如扩压器等，也应限制其当量扩张角。

在分离损失中，有一种损失称为冲击损失。冲击损失是由于流量偏离设计流量，使得叶片的进气冲角 $i \neq 0$，在叶片进口附近产生较大的冲角，导致气流对叶片的冲击，造成分离损失。图7-9所示的是不同冲角下叶片流道中的气体分离情况。冲角定义为

$$i = \beta_{1A} - \beta_1$$

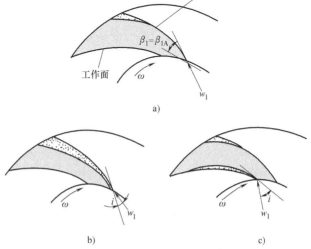

图7-9　不同冲角下叶片流道中的气体分离情况
a) $i \approx 0$　b) $i > 0$　c) $i < 0$

图7-10所示为叶轮叶片的进口速度三角形在不同冲角 i 下的变化情况。当已知叶轮尺寸后，径向分速度 c_r 大小即可表示流量的大小。在设计流量下，$i \approx 0$。当流量减少时，即 c_{1r} 减小，$i > 0$，称为正冲角。反之，当流量增大时，即 c_{1r} 增加，$i < 0$，称为负冲角。从图7-9中可见，在 $i \approx 0$ 时，仅在叶片出口的非工作面引起很小的流动分离，而在 $i < 0$ 时，则主要在叶片的工作面上引起分离，但是，由于叶轮旋转的惯性，会抑制分离区的扩大。当 $i > 0$ 时，在叶片的非工作面引起的分离，也是由于叶轮旋转的惯性，会使流动分离扩大。当流量减小到一定程度时，会使叶轮流道的大部分或全部流道产生流动分离，形成气体旋转脱离团，使叶轮做功能力大幅下降，即叶轮内部产生旋转失速，如果此时压缩机在制冷系统中工作，就会诱发喘振。

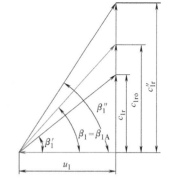

图7-10　叶轮叶片的进口速度三角形在不同冲角 i 下的变化情况

3. 二次流损失 h_{sec}

叶轮叶道同一截面上的气流速度与压力的分布是不均匀的，叶轮工作面上的压力高、速度小，而非工作面上的压力低、速度高。因此，产生气流由叶片工作面流向叶片的非工作面

的流动，即二次流。二次流是一种与主流方向相交的气体流动，加剧了叶片非工作面边界层的增厚与分离，造成二次流损失。

二次流一般发生在叶轮叶道、吸气室及弯道等有急剧转弯处，而且曲率半径越小，损失越大。为减少二次流损失，应在这些地方选用大的曲率半径或设置导流叶片，或适当地增加叶片数目，减轻单个叶片的负荷。图 7-11 所示为在叶轮回转面和子午面流道内部所形成的二次流。

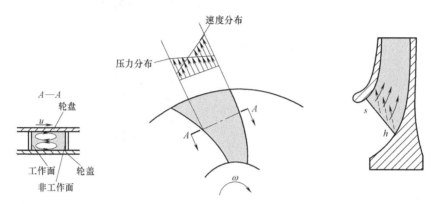

图 7-11　在叶轮回转面和子午面流道内部所形成的二次流

4. 尾迹损失 h_{mix}

尾迹损失产生的原因是：叶片尾部有一定厚度，气体从叶道中流出时，通流面积突然扩大，气流速度下降，边界层发生突然分离，在叶片尾部外缘形成气流旋涡区即尾迹区，如图 7-12 所示。尾迹区气流速度与主气流速度、压力相差较大，相互混合，产生能量损失。若要减少尾迹损失，可在叶片的非工作面出口边缘处削薄叶片或采用翼型叶片代替等厚度叶片。

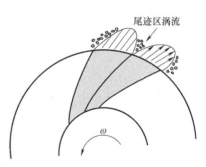

图 7-12　叶轮出口尾迹

以上所述的各种损失产生的机理非常复杂，往往不是单独存在，而是随着主流掺混在一起相互作用、相互影响，很难准确计算。

7.2.5　级效率

离心式制冷压缩机或级的效率是用来表达叶轮传递给气体的机械能的利用程度。常用的效率表示有多变效率 η_{pol}、等熵效率 η_s 和流动效率 η_{hyd}。

1. 多变效率 η_{pol}

多变效率 η_{pol} 是指气体由压力 p_1 增加到压力 p_2 所需的多变压缩功与实际所耗总功之比，即

$$\eta_{pol} = \frac{w_{pol}}{w_{tot}} = \frac{\left(\int_1^2 v\mathrm{d}p\right)_{pol}}{w_{tot}} \tag{7-19}$$

2. 等熵效率 η_s

等熵效率 η_s 是指气体由压力 p_1 增加到压力 p_2 所需的等熵压缩功与实际所耗总功之

比，即

$$\eta_s = \frac{w_s}{w_{tot}} = \frac{\left(\int_1^2 v dp\right)_s}{w_{tot}} \qquad (7-20)$$

3. 流动效率 η_{hyd}

流动效率 η_{hyd} 是指级的多变压缩功与叶轮传递给气体的理论功之比，即

$$\eta_{hyd} = \frac{w_{pol}}{w_{th}} = \eta_{pol}(1 + \beta_1 + \beta_{df}) \qquad (7-21)$$

式中　β_{df}——轮阻损失系数；

　　　β_1——泄漏损失系数。

流动效率表示在理论功中，多变压缩功所占的比例，同时和外部损失相关联。

7.3　叶轮

叶轮是离心式制冷压缩机中唯一向气体传递能量的部件，一般有半开式（图7-13）和闭式（图7-14）两种结构形式。闭式叶轮由轮盖、叶片和轮盘三者焊接或整体铣制而成。空调用离心式制冷压缩机大都采用闭式叶轮结构。半开式叶轮由于没有轮盖，避免了叶轮叶道内部角区的气流脉动所引起的强度问题，因此常用于圆周速度 u_2 比较高的离心式压缩机中，可以获得较高的单级压缩比。但是半开式叶轮由于存在叶顶间隙，叶顶间隙的气体的泄漏流动，会影响叶轮叶道内部的主流，进而影响效率。闭式叶轮除没有半开式叶轮的叶顶间隙损失外，还可以减小轴向推力（这对于高压多级离心式压缩机是重要的）。但由于离心力引起的应力较大，闭式叶轮的圆周速度 u_2 不能太高。如同为钢制叶轮，半开式叶轮最大外径圆周速度 u_2 为 380~560m/s，而闭式叶轮最大外径圆周速度 u_2 仅为 300~360m/s。一般把叶片扭曲的叶轮称为三元叶轮，叶片没有扭曲的叶轮称为常规叶轮，如图7-13和图7-14所示。

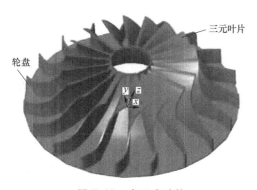

图 7-13　半开式叶轮

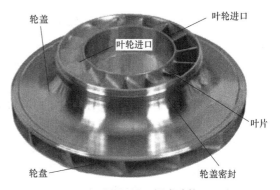

图 7-14　闭式叶轮

7.3.1　典型叶轮的特点

工程上对叶轮设计的要求主要是：

1）提供尽可能大的能量头。

2）叶轮以及与之匹配的整个级的效率要高。

3）叶轮的形式能使级及整机的性能稳定工况区较宽。

4）强度及制造质量符合要求。

空调用离心式压缩机的单级叶轮常采用三元叶轮，其效率高，但是加工复杂，精度要求高。

通常根据叶片出口安装角 β_{2A} 的大小来区分叶轮形式。$\beta_{2A} < 90°$ 称为后弯式叶轮；$\beta_{2A} = 90°$ 称为径向式叶轮；$\beta_{2A} > 90°$ 称为前弯式叶轮。图 7-15 所示为三种叶片形式的叶轮进出口速度三角形。

定义反作用度

$$\Omega = \frac{\int_1^2 \dfrac{\mathrm{d}p}{\rho}}{h_{th}} \tag{7-22}$$

反作用度 Ω 表示在欧拉功中静压能所占的比例。

从图 7-15 中可以看出，前弯式叶轮做功最大，后弯式叶轮做功最小，径向式叶轮介于两者之间。

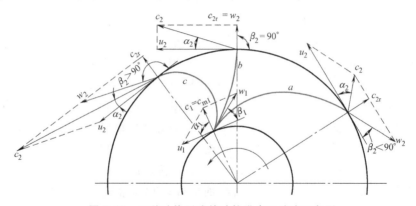

图 7-15 三种叶片形式的叶轮进出口速度三角形

前弯叶片叶轮虽然做功最大，然而它的效率却比较低，损失较大，主要由以下原因引起：

1）前弯式叶轮反作用度 Ω 最小，后弯式叶轮反作用度 Ω 最大，径向式叶轮介于两者之间。前弯叶片式叶轮出口绝对速度 c_2 比后弯式叶轮大得多，这部分速度在其后的扩压器中逐渐降速而转变为压力，而在扩压器中的气体的流动损失一般较叶轮大。在叶轮圆周速度 u_2 较高的情况下，气流还容易由于马赫数较高，带来较大的流动损失。

2）从图 7-15 中可以看出，前弯式叶轮的叶道短，叶片弯曲角 $\Delta\beta = \beta_{2A} - \beta_{1A}$ 较大，叶道截面积增大也快，叶道扩压度和叶道的当量扩张角也大，容易超过许可值，致使流道中的气体流动容易产生边界层的分离，故效率较低，而后弯式叶道较长，叶片弯曲角较小，叶道截面积逐渐增大，即叶道的扩压度和当量扩张角小，不容易超过许可值，叶道中的气体流动就不容易产生边界层的分离，故效率较高。径向式叶轮正好介于两者之间。

3）从图 7-16 中可以看出，叶轮流道中气体质点的流道法向的速度梯度是由两项组成的，一项 $\mathrm{d}m \cdot 2w\omega$ 是由哥氏力引起的，另一项 $\mathrm{d}m \cdot w^2/r_c$ 则为叶片流道弯曲引起的离心惯性

力。在后弯式叶片流道中，此两项的
方向相反，在一定程度上相互抵消。
而在前弯式叶片流道中，此两项力的
方向相同，相互叠加。因此，前弯式
叶片流道中的速度分布不均匀程度比
后向式叶片流道中大。这种较大的不
均匀速度，不但使叶轮流道本身容易
产生边界层的分离和增大二次流的影
响，而且恶化了叶轮后面固定元件的
进口条件，从而导致级效率的下降，
这是前弯式叶轮的效率较低的又一个
原因。

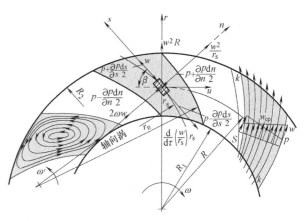

图 7-16　后弯式叶轮中气体的流动特性和受力情况

据此，对于离心式制冷压缩机而言，后弯式叶轮比较容易获得高的级效率，其次是径向
式叶轮，而前弯式叶轮的级效率最低。另外，由于前弯式叶轮出口速度 c_2 和圆周速度 u_2 均
受许可马赫数的限制，圆周速度 u_2 不能太大，使它的做功能力受到限制。后弯式叶轮从出
口速度 c_2 来看，可以采用较高的圆周速度 u_2，这样后弯式叶轮的做功能力就得到了提高。

综上所述，前弯式叶轮通常仅用于通风机上。在鼓风机、压缩机和泵上广泛采用的是后弯
式和径向式叶轮。对于后弯式叶轮，习惯上把叶片出口安装角 β_{2A} 在 $15°\sim30°$ 时，称为强后弯
式或水泵型叶轮，出口安装角 β_{2A} 在 $30°\sim60°$ 时，称后弯式或压缩机型叶轮。

7.3.2　离心叶轮中气体流动分析

在离心式制冷压缩机中，主要采用后弯式叶轮。图 7-16 所示的是后弯式叶轮中气体的
流动特性和受力情况。

在叶片流道中，取 s-n 坐标，其中，s 为流线方向，n 为法线方向。在叶轮流道中取微
元体，其质量为 $dm=\rho b ds \cdot dn$。气体质点沿曲率半径为 r_c 的流线运动，作用于该质点的离
心惯性力为 $dm \cdot w^2/r_c$。气体质点随叶轮一同转动，作用于该质点的另一个离心惯性力为
$dm \cdot r\omega^2$，该离心惯性力在回转面上的投影为 $dm \cdot r\omega^2 \sin\sigma$。气体质点以相对速度 w 在旋转
的叶道中流动，所以作用有哥氏力 $dm \cdot 2w\omega$，它在回转面上的投影为 $dm \cdot 2w\omega\sin\sigma$。图 7-16
还显示了作用于微元体上的压力。通过对微元体的受力进行平衡，就可以获得法向速度梯度
方程，求解速度梯度方程可以获得叶轮流道内的速度分布和压力分布。

离心叶轮还存在两个特有的流动现象：轴向涡和
二次流。这是离心叶轮流道内部存在的两个特有的物
理特性，无论叶轮设计得再好，也无法消除轴向涡和
二次流的存在。

由于任何离心叶轮的叶片数都是有限的，一般叶
片数 $z=8\sim20$ 个。流体在其中流动时，受惯性力的作
用，产生附加相对运动，出现轴向涡流，致使流体不
沿叶片出口安装角 β_{2A} 的方向流出，而略有偏移，使
得 c_{2u} 很难确定。如果叶片数目无限多时（用下标 ∞ 表

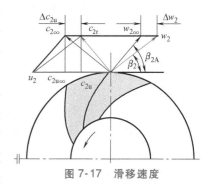

图 7-17　滑移速度

示），即没有轴向涡存在时，$c_{2u\infty} = u_2 - \cot\beta_{2A}c_{2r\infty}$，当轴向涡存在时，会使速度发生偏移，使得叶轮出口气流角 β_2 与叶片出口安装角 β_{2A} 不一致，如图 7-17 所示。

斯陀道拉提出有轴向涡存在时的计算 c_{2u} 的经验公式为

$$c_{2u} = u_2 - c_{2r}\cot\beta_{2A} - u_2\frac{\pi}{z}\sin\beta_{2A} \tag{7-23}$$

斯陀道拉计算公式是在一些假设条件下推导出来的，而实际情况又不是完全符合这些假定，因此公式计算出的 c_{2u} 与试验得出的 c_{2u} 值之间存在误差。当叶轮宽度较窄时，误差较大。对于叶栅稠度较大、叶轮较宽的后弯式叶片，公式计算值与实际值符合较好，误差较小。c_{2u} 的准确计算，一直是离心式制冷压缩机设计的难点问题。

7.3.3　叶轮的结构形式及主要结构参数

图 7-18 所示为典型后弯式叶轮的主要结构参数。叶轮主要结构参数为：叶轮外径 D_2（mm）、叶轮叶片进口直径 D_1（mm）、叶片厚度 δ（mm）、叶片数 z、叶轮进口直径 D_0（mm）、叶片进口安装角 β_{1A}（°）、叶片出口安装角 β_{2A}（°）、叶轮进口轮毂直径 d（mm）、叶轮叶片出口宽度 b_2（mm）、叶片进口宽度 b_1（mm）、叶片进口斜角 γ（°）、轮盖进口圆角半径 r（mm）和叶轮的轮盖斜度 θ（°）。

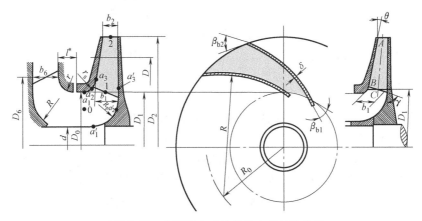

图 7-18　典型后弯式叶轮的主要结构参数

设计叶轮时，一般首先确定叶轮的总体几何尺寸和形状，然后计算确定叶片型线。叶片型线的设计，是在满足能量转换和流量的要求下，根据尽量减少流动损失原则来进行设计的。目前有各种形状的叶片型线，如：圆弧形（单圆弧和多圆弧）、抛物线形、直叶片、机翼型和三元扭曲叶片等。有的叶片型线已广泛应用于压缩机产品中，有的则正在进行试验研究。在一元理论的设计方法中，叶轮的能量头仅与进、出口的流动参数有关，所以计算主要在进、出口截面上进行，并不涉及叶片型线。实际上叶片型线对叶轮的性能影响很大。

离心叶轮有两个主要量纲为一的系数，一个是周速系数 ϕ_{2u}，另一个是流量系数 ϕ_{2r}。在叶轮尺寸一定时，ϕ_{2r} 决定了气体经过叶轮的流量，因此，设计点的流量系数 ϕ_{2r} 的选取，会直接影响到叶轮出口宽度 b_2、欧拉功 h_{th} 和反作用度 Ω，从而影响到压缩机的级的做功和效率。在不同叶片出口安装角 β_{2A} 时的流量系数 ϕ_{2r} 的选取的参考值见表 7-2。美国通用电气公司的离心式制冷压缩机在不同叶片出口安装角 β_{2A} 时的流量系数 ϕ_{2r} 的选取建议值见表 7-3。

表 7-2 叶轮出口安装角 β_{2A} 和 ϕ_{2r} 的对应关系

叶轮形式	强后弯型	后弯型	径向型
β_{2A}	15°~30°	30°~60°	90°
ϕ_{2r}	0.1~0.2	0.18~0.32	0.24~0.4

表 7-3 美国通用电气公司的叶轮出口安装角 β_{2A} 和 ϕ_{2r} 的对应关系

叶轮形式	后弯型	后弯型	后弯型	径向型
β_{2A}	37.5°	45°	60°	90°
ϕ_{2r}	0.18~0.22	0.24~0.26	0.27~0.30	0.38~0.40

叶轮直径 D_2 和转速 n 是相互关联的，若 u_2 确定后就很容易决定 D_2，$D_2 = 60u_2/(n\pi)$。

叶片出口安装角 β_{2A} 对级性能的影响很大，但目前还没有单独计算 β_{2A} 的公式，一般认为在效率较高的叶轮中，β_{2A} 为 30°~50°，实际应用时 β_{2A} 的取值范围更大。

应用相对宽度 b_2/D_2 值来衡量叶轮宽度的大小。由于目前离心式制冷压缩机主要向高压小流量方向发展，所以小宽度的叶轮是研究者的主要研究对象。例如：美国通用电气公司制造的一种离心式制冷压缩机，其最后一级叶轮出口宽度 b_2 仅为 2.8mm，$b_2/D_2 = 0.0067$。目前对叶轮相对宽度减少后，对压缩机级性能的影响研究尚不充分，特别是在叶轮宽度十分小的情况下。一般在压缩机设计中，叶轮的出口相对宽度比值 b_2/D_2 以 0.02~0.065 为宜，一般不要超过 0.075。

7.3.4 轮阻损失、漏气损失、轴向推力的计算

1. 轮阻损失

叶轮旋转时，叶轮轮盘、轮盖的外侧面和轮缘都要与周围的气体发生摩擦，所产生的轮盘摩擦损失称为轮阻损失。

轮阻损失系数的定义为

$$\beta_{df} = \frac{P_{df}}{q_m h_{th}} \tag{7-24}$$

式中 P_{df}——轮阻损失功率。

目前离心式制冷压缩机轮阻损失的计算，一般采用由封闭在柱形空腔旋转圆盘实验所得到的经验公式进行计算，即

$$\beta_{df} = \frac{0.172}{1000\tau_2\phi_{2r}\phi_{2u}\left(\dfrac{b_2}{D_2}\right)} \tag{7-25}$$

也可以使用下式计算轮阻损失功率，即

$$P_{df} = 0.01356 \frac{\rho_2}{q_m Re^{0.2}} u_2^3 D_2^2 \tag{7-26}$$

式中 ρ_2——叶轮出口密度，单位为 kg/m^3；

q_m——质量流量，单位为 kg/s；

Re——机器雷诺数，$Re = u_2 D_2 / v$。

2. 泄漏损失

由于叶轮出口的压力大于进口压力，这样就有部分气体经由叶轮与轮盖外侧间隙中流出进入叶轮，经过一个循环又随叶轮内部的主流一起流动，造成膨胀与压缩的循环，形成的能量损失称为泄漏损失。如图 7-19 所示，漏气量为 Δq_{m1}，单位为 kg/s。另外，对于多级离心式制冷压缩机，下一级叶轮的进口压力大于前一级叶轮的出口压力，这样就有部分气体经由叶

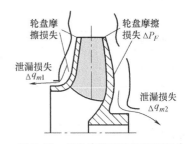

图 7-19 轮盘摩擦损失和泄漏损失

轮外侧面与隔板之间的间隙、隔板与轴套的间隙流回到离心压缩机内参与循环，造成损失，其漏气量为 Δq_{m2}，但它计算在流动损失 h_{hyd} 内。还有经平衡盘（图 7-22）的高压气体轴端泄漏出的气体，若不采用机械密封，则会有气体泄漏出压缩机。这部分外泄漏流量，在设计压缩机时，加在设计流量的裕量中。泄漏气体使整台压缩机的功率增加，但不影响压缩过程中提高气体压力所需要的功。

为了减少泄漏损失，一般采用迷宫密封。迷宫式密封又称梳齿密封，是一种非接触性密封，包括以下几种形式：曲折型密封、平滑型密封、阶梯型密封、径向排列的迷宫密封。各种迷宫密封的结构如图 7-20 所示。迷宫密封的密封原理为：当气流通过密封片的间隙时，假定为理想节流过程，其压力、温度下降，而速度增加。当由间隙进入空腔时，由于通流面积突然加大，气体形成很大的旋涡，使速度几乎完全消失，而压力不变且等于间隙中的压力，温度则恢复到密封片前原来的数值。气体经过每一个间隙和空腔均重复上述过程，达到密封的目的。轮盖密封处的漏气能量损失使叶轮多消耗机械功。而通常隔板与轴套之间的密封漏气损失不单独计算，考虑在固定元件的流动损失之中。

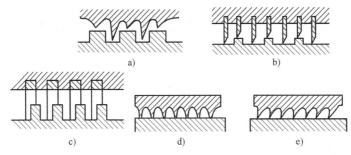

图 7-20 迷宫密封结构图

轮盖密封处的漏气量为

$$\Delta q_{m1} = \overline{\alpha} \pi D \rho_m u_2^2 \sqrt{\frac{3}{4z_s}\left(1 - \frac{D_1^2}{D_2^2}\right)} \qquad (7\text{-}27)$$

式中　D——密封直径，单位为 m；

　　D_1——叶轮进口直径，单位为 m；

　　D_2——叶轮出口直径，单位为 m；

　　s——密封间隙，单位为 m；

z_s——密封齿数；

$\overline{\alpha}$——泄流量修正系数；

ρ_m——密封处泄漏气体平均密度，单位为 kg/m^3。

漏气损失系数可以表示为

$$\beta_1 = \Delta q_{m1}/q_m \tag{7-28}$$

3. 轴向推力计算

离心式制冷压缩机转子所承受的轴向力由叶轮的气动轴向力 F_r 和平衡盘的平衡力 F_b 组成。若采用齿式联轴器，则还应包括齿式联轴器的摩擦轴向力 F_c。叶轮的气动轴向力 F_r 为各级叶轮所承受的轴向力之和。每一级叶轮所承受气动轴向力如图7-21所示。

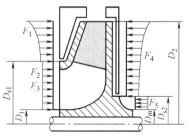

图 7-21　叶轮轴向力分布

（1）叶轮气动轴向力　叶轮所承受的气动轴向力为

$$F_{imp} = (F_4 + F_5) - (F_1 + F_2 + F_3) \tag{7-29}$$

式中　F_1——轮盖侧间隙内泄漏气体压力所产生的轴向力，$F_1 = 2\pi \int_{D_{s1}/2}^{D_2/2} p_g r dr$；

F_2——叶轮进口压力作用于叶轮轮盖面和叶轮内轮盘面所产生的轴向力，$F_2 = \dfrac{\pi}{4}(D_{s1}^2 - D_j^2)p_0$；

F_3——叶轮进口气体由轴向变为径向流动引起动量变化所产生的轴向力，$F_3 = q_m c_0$，c_0 为叶轮进口速度；

F_4——轮盘侧间隙内泄漏气体压力所产生的轴向力，$F_4 = 2\pi \int_{D_{s2}/2}^{D_2/2} p_b r dr$；

F_5——下一级叶轮进口压力对轮盘所产生的轴向力，$F_5 = \dfrac{\pi}{4}(D_{s2}^2 - D_m^2)p_n$。

整个离心式制冷压缩机转子所承受的气动轴向力为

$$F_r = \sum F_{imp} \tag{7-30}$$

（2）平衡盘的平衡轴向力

$$F_b = \frac{\pi}{4}\left[(D_{b2}^2 - D_{bh}^2)p_{bh} - (D_{b2}^2 - D_{bl}^2)p_{bl}\right] \tag{7-31}$$

式中　D_{b2}、D_{bh}、D_{bl}——分别为平衡盘的外径和高、低压侧的内径；

p_{bh}、p_{bl}——分别为平衡盘高、低压侧的压力，如图7-22所示。

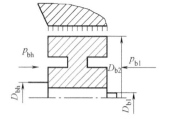

图 7-22　平衡盘示意图

（3）齿式联轴器摩擦轴向力　如果原动机与压缩机之间采用齿式联轴器连接，则产生的摩擦轴向力为

$$F_c = 9.81 \times 9.74 \times 10^{-5} \frac{P}{n}\mu_f \frac{2}{d_0} \tag{7-32}$$

式中　P——联轴器传递的功率；

n——转子的转速；

d_0——联轴器节圆直径；

μ_f——摩擦因数。

（4）压缩机转子的总轴向力　离心式制冷压缩机转子由平衡盘平衡掉部分轴向力，余下的轴向力称为剩余轴向力 F_{th}，即

$$F_{th} = F_r - F_b \tag{7-33}$$

转子作用于推力轴承上的总轴向力为

$$F_{tot} = F_{th} + F_c \tag{7-34}$$

7.4　固定元件

7.4.1　一元无能量加入的定常流动计算

固定元件流道中的气体流动，没有能量加入，但是存在损失。在固定元件中假定进口截面为 j-j，出口截面为 c-c，则伯努利方程为

$$h_{th} = \int_j^c \frac{\mathrm{d}p}{\rho} + \frac{c_c^2 - c_j^2}{2} + h_{hyd}^{c-j} \tag{7-35}$$

由于固定元件中没有能量加入，所以 $h_{th} = 0$，即

$$\int_j^c \frac{\mathrm{d}p}{\rho} + \frac{c_c^2 - c_j^2}{2} + h_{hyd}^{c-j} = 0 \tag{7-36}$$

变换为　　$\dfrac{c_j^2 - c_c^2}{2} = \displaystyle\int_j^c \frac{\mathrm{d}p}{\rho} + h_{hyd}^{c-j}$

式（7-36）说明在固定元件中，气体的动能和静压能之间的转换关系。气体动能的降低提高了气体的静压能，并克服流动损失。

7.4.2　吸气室

吸气室是把气体从进气管或蒸发器引导到叶轮进口。为使气体流动均匀，减少气体的分离损失，其形状应做成收敛式。

图 7-23 所示为吸气室的各种形式。在组装式空调机组中采用单级悬臂式离心式制冷压缩机，压缩机布置在蒸发器和冷凝器之上，常用径向进气的吸气室（图 7-23b）。但是径向进气的吸气室有转弯半径。为了减少转弯时气流的不均匀和避免转弯处的空间太大，一般要求转弯的曲率半径 $r < (2 \sim 3)d$（d 为管道直径）。图 7-23c 所示的吸气室常用于多级压缩机中。

在吸气室的设计中，要注意如下问题：

1）气流在吸气室流道中流动时要尽量避免气

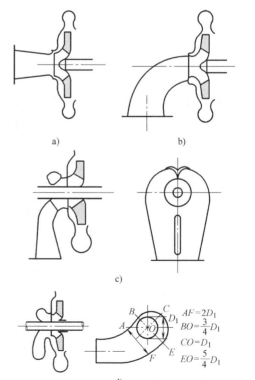

图 7-23　吸气室结构示意图

流出现局部降速和气流脱离现象，尽可能按均匀加速成的原则来设计吸气室的内壁和导向肋。

2）为了保证气流均匀地流入叶轮，应采用导向肋，大致均匀地把吸气室分为几个流道。吸气室的流道数目和几何尺寸的确定，应使每个流道的截面与气流流入叶轮的圆周包角大小成比例。对于气流流动的路径长、阻力大的流道则作适当加宽。

3）导向肋的方向，应尽可能减少气体进入叶轮前的旋绕。吸气室进口流速一般为 15～45m/s，高压气体或重介质气体进口流速为 5～15m/s。

7.4.3 扩压器

一般从叶轮出来的气流速度相当大，可达 200～300m/s，具有很大的动能，占叶轮所消耗总功 w_{tot} 的 20%～50%。在离心式制冷机组中，由压缩机进入到冷凝器时太大的动能是无用的，有必要把气体的动能在压缩机中的扩压器内部转化为静压能。

扩压器是固定元件中最重要的一个元件。它的作用就是将叶轮出口的高速气体的动能转化为静压能。将伯努利方程应用于扩压器，即

$$h_{th}^{3-4} = \int_3^4 \frac{\mathrm{d}p}{\rho} + \frac{c_4^2 - c_3^2}{2} + h_{hyd}^{3-4} = 0 \tag{7-37}$$

则

$$\frac{c_3^2 - c_4^2}{2} = \int_3^4 \frac{\mathrm{d}p}{\rho} + h_{hyd}^{3-4} \tag{7-38}$$

由式（7-38）可以得到：动能的减少会导致静压能的提高，并克服扩压器中的流动损失。扩压器就是利用这个原理，起到降速扩压的目的的。

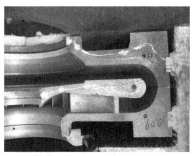

扩压器通常是由两个和叶轮主轴相垂直的平行环形壁面组成。如果在两平行环形壁面之间不装叶片，称为无叶扩压器（图7-24 和图7-25）。如果安装叶片，则称为叶片扩压器（图7-26 和图7-27）。扩压器内的环形通道截面积是逐渐扩大的，当气体流过时，速度会逐渐降低，压力会逐渐升高。

图 7-24 无叶扩压器实物图

1. 无叶扩压器

无叶扩压器由两个平壁构成的环形通道组成，无叶扩压器结构简单，制造方便，稳定工况范围宽，而且由于没有叶片，不宜产生旋转失速团而诱发喘振，故被广泛采用。如图 7-25 所示，扩压器的进口截面为 3-3 截面，出口截面为 4-4 截面，叶轮出口气流速度为 c_2，方向角为 α_2。扩压器进口气流速度为 c_3，方向角为 α_3，气体密度为 ρ_3，扩压器进口宽度为 b_3。相应地扩压器出口处参数为 c_4、α_4、ρ_4、b_4。

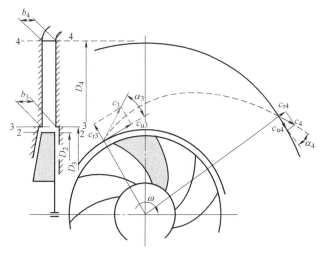

图 7-25 无叶扩压器气流流动图

图 7-26 叶片扩压器

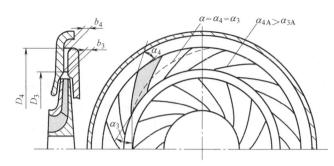

图 7-27 叶片扩压器气流流动图

无叶扩压器内的流动基本上遵循两个定律：连续性定律和动量矩守恒定律，因此可以推导出：$c_r D =$常数、$c_u r =$常数。由此得 $\tan\alpha = c_r/c_u =$常数。说明无叶扩压器内的气体流动方向保持不变，其气体流动路径为对数螺线，如图 7-25 所示。

无叶扩压器的效率为

$$\eta_{vl} = \frac{\int_3^4 \frac{1}{\rho}\mathrm{d}p}{(c_3^2 - c_4^2)/2} \tag{7-39}$$

无叶扩压器中损失系数与无叶扩压器的当量扩张角 θ_{eq} 有关，当量扩张角 θ_{eq} 按下式计算，并应控制在 8°左右，即

$$\tan\left(\frac{\theta_{eq}}{2}\right) = 2\frac{\sqrt{b_3/D_3}}{\sqrt{D_4/D_3}+1}\sin^{\frac{3}{2}}\alpha \tag{7-40}$$

无叶扩压器的主要几何尺寸是：进口宽度 b_3、出口宽度 b_4 以及直径比 D_4/D_2。D_4/D_2 的选择，取决于压缩机级的形式（末级、中间级）、排气装置的结构和马赫数；b_3/b_2 的选择，与 b_2/D_2 值有关。当 $b_2/D_2 > 0.04$ 时，b_3/b_2 最佳值是 0.8。当 $b_2/D_2 \leqslant 0.04$ 时，通常取 $b_3 = b_4 = b_2$。有时在 b_2/D_2 较小时，也可取 b_3 稍大于 b_2，如 $b_3 = b_2 +$（1~2）mm，以避免叶轮出来的气体对扩压器壁面的冲击，以及加快叶轮出口不均匀气流的混合过程。

无叶扩压器的结构简单，造价低。特别是与叶片扩压器相比，有性能曲线平坦、稳定工作范围大的优点，且在 Ma 较高时，效率降低仍不明显，故得到普遍采用。其缺点是由于 α 基本不变，气体的流动路程较长，摩擦损失较大，在设计工况下，其效率比叶片扩压器要低些，当 α 很小时更明显。因此对一般压缩机，希望 α_2 不小于 18°。此外，这种扩压器主要靠增加直径的办法完成扩压的目的，为了增加扩压效果必然要增大 D_4，这样就增大了压缩机外形尺寸。

2. 叶片扩压器

在无叶扩压器的环形通道中，沿圆周安装均匀分布的叶片，就成为叶片扩压器，如图 7-26 所示。

在无叶扩压器内，气体流动的方向角 α 基本上保持不变，如图 7-27 中虚线所示。但安装叶片后，就迫使气流沿着叶片的方向运动，气体的运动轨迹与叶片的形状基本一致。在叶片扩压器中，叶片的形状与安装情况总是使 α 逐渐增大的，因此气流的方向角也不断增大，即 $\alpha_3 < \alpha < \alpha_4$。

在叶片扩压器中，连续性定律仍适用。但是由于存在叶片与气流间的相互作用，气流的动量矩发生了变化，这时 $c_u r$ 就不再等于常数。由连续性定律可以得到

$$\frac{c_4}{c_3} = \frac{D_3 \rho_3 \sin\alpha_3}{D_4 \rho_4 \sin\alpha_4} \tag{7-41}$$

与无叶扩压器比较，当两者的 D_3/D_4 相同时，由于叶片扩压器中气流的方向角 $\alpha_4 > \alpha_3$，其速度的减小要比无叶扩压器大，即叶片扩压器的扩压度比无叶扩压器大。反之，如果两者的扩压度相等，则叶片扩压器的 D_4/D_3 要比无叶扩压器小。

决定叶片扩压器形状的几何参数有：扩压器进口宽度 b_3、出口宽度 b_4、进口直径 D_3、出口直径 D_4、扩压器叶片进口安装角 α_{3A}、出口安装角 α_{4A}、叶片数 z 和叶片型线。

叶片扩压器外径 D_4/D_2 的选取：一般对中间级，$D_4/D_2 = 1.45 \sim 1.55$；对有蜗室的末级，$D_4/D_2 = 1.35 \sim 1.45$。在 β_{2A} 小时（$\beta_{2A} = 22.5° \sim 32°$），取 D_4/D_2 的下限值。随着 β_{2A} 的增加，D_4/D_2 值应增大。对径向直叶片叶轮的级，$D_4/D_2 = 1.55 \sim 1.6$。

叶片扩压器的叶片进口宽度以 b_3/b_2 表示，其最佳值与级的形式有关，对于中间级，$b_3/b_2 = 1.15 \sim 1.20$；对于末级，$b_3/b_2 = 1.3 \sim 1.7$。较大的值对应于较小的 b_2/D_2 值。

扩压器叶片数计算公式为

$$z_3 = \frac{l}{t} \frac{2\pi \sin\alpha_m}{\ln(D_4/D_3)} \tag{7-42}$$

其中

$$a_m = \frac{\alpha_{4A} + \alpha_{3A}}{2}$$

式中　l/t——叶栅稠度。经试验，叶片扩压器最佳叶栅稠度 $(l/t)_{opt} = 2.0 \sim 2.4$。

扩压器叶片的进口安装角 $\alpha_{3A} = \alpha_3$。若 $b_3 = b_2$，可取 $\alpha_3 = \alpha_2$；若 $b_3 > b_2$，则 $\tan\alpha_3 = \tan\alpha_2 b_2/b_3$。叶片出口角与进口角之差 $\alpha_{4A} - \alpha_{3A}$ 推荐为 $12° \sim 15°$。

叶片扩压器有扩压程度大、尺寸小的优点。在设计工况下，损失比无叶扩压器小。由于其流道长度短，流动损失较小，效率较高。一般在设计工况下，叶片扩压器效率较无叶扩压器效率高 $3\% \sim 5\%$，当 α_2 小时，两者的差别就大些。在 α_2 较大时，无叶扩压器中的流线长度也不太长，两者效率的差别就不明显。叶片扩压器的缺点是由于叶片的存在，变工况时冲击损失较大，而使效率下降较多。当冲角增大到一定值后，就容易发生强烈的流动分离现象，导致压缩机的喘振。许多试验证实，当压缩机流量不断减小时，首先在叶片扩压器中出现严重的旋转失速，进而引起整个压缩机喘振。所以带叶片扩压器的级或压缩机的性能曲线较陡，稳定工况范围较窄。

3. 新型扩压器

无叶扩压器与叶片扩压器各有自己的优缺点，如何设计一种扩压器，使它既继承叶片扩压器的优点，又兼有无叶扩压器的长处，这是国内外研究者普遍关心的问题。

一般认为有两种方法可达到上述目的：减小扩压器叶片径向长度和扩压器叶片的高度。减小叶片径向长度的扩压器称为低稠度叶片扩压器（Low-Solidity Vaned Diffuser，LSVD），如图 7-28 所示。减小扩压器叶片高度的扩压器称为半高叶片扩压器（Half Guide Diffuser 或 Partial-Height Vane Diffuser），如图 7-29 所示。

低稠度叶片扩压器是 1978 年出现在日本学者 Senoo 的专利中。研究者研究发现，在不改变流量范围的情况下通过使用低稠度的叶片扩压器，可以获得比无叶扩压器更好的性能。

一些研究结果表明，低稠度叶片扩压器可以在设计流量下使效率较无叶扩压器效率增加4%，堵塞流量增加2%。并更适用于低比转速的情况。这时低稠度叶片扩压器可以增大气体的流动角，减小流动路程，从而减小摩擦损失。在亚音速的离心式制冷压缩机中，叶片稠度为0.69的低稠度叶片扩压器，可以获得比无叶扩压器更好的性能。低稠度叶片扩压器可以在大范围的进口气流角及进口气流马赫数情况下获得更好的压力恢复。

半高叶片扩压器最早也是由日本学者 Masakazu Hoshino 等人于 1985 年提出的。这种扩压器的结构介于叶片扩压器和无叶扩压器之间，相当于扩压器叶高部分被切削的叶片扩压器，如图 7-29 所示。根据半高叶片扩压器的放置形式，分为盘侧半高叶片扩压器和盖侧半高叶片扩压器。一些研究者通过对盖侧半高叶片扩压器内部流动进行研究后发现，半高叶片扩压器能均匀轴向气体流动，提高扩压器的压力恢复系数，并认为半高叶片扩压器叶片的最佳高度可取为扩压器宽度的 40% ~ 50%。

低稠度叶片扩压器及半高叶片扩压器是既有叶片扩压器压缩比大、尺寸小的优点，又兼有无叶扩压器稳定工况范围宽等长处的新型扩压器，目前已经应用于离心式制冷压缩机产品。

图 7-28 低稠度叶片扩压器

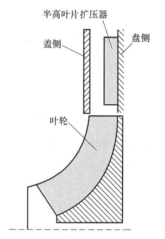

图 7-29 半高叶片扩压器

7.4.4 弯道和回流器

图 7-30 回流器实物图

在多级离心式制冷压缩机中，气体在弯道和回流器的流动，压力和速度基本不变，仅改变气体的流动方向。弯道的作用是将扩压器出口的气流引导至回流器进口，使气流的流动由离开轴心方向的径向流动变为向轴心方向的径向流动，折转约 180°。回流器则是把气流均匀地导向下一级叶轮的进口。为此，在回流器流道中设有叶片，使气体按叶片弯曲方向流动，沿轴向均匀进入下一级工作轮。图 7-30 所示为压缩机回流器实物图片。

在弯道中，一般取 $D_5 = D_4$，$b_5 = b_4$。在 $b_2/D_2 < 0.04$ 的级中，有时也取 b_5 略大于 b_4，$b_5 = (1.05 \sim 1.2)b_4$。

弯道的出口气流角 α_5 的大小与扩压器形式有关。在无叶扩压器后面的弯道中，转弯后

的气流方向角的增大比在叶片扩压器后面的弯道中的增大要更大些。可用下式计算弯道出口气流角 α_5，即

$$\tan\alpha_5 = \frac{C_k b_4 \tan\alpha_4}{b_5} \tag{7-43}$$

式中 C_k——考虑弯道中由于摩擦而使动量矩损失的系数，对于前接叶片扩压器，$C_k = 1.35$，对于前接无叶扩压器，$C_k = 1.5 \sim 1.7$。

弯道的转弯半径，内径为 R_1，外径为 R_2，其取值的大小取决于级间的跨距。加大转弯半径对气体流动是有利的。从转弯损失最小出发，可推导得

$$\frac{R_1}{b_4} = (7 \sim 14)\sin^2\alpha_{4-5} - 0.25\frac{b_5}{b_4} - 0.25 \tag{7-44}$$

$$\alpha_{4-5} = \frac{(\alpha_5+\alpha_4)}{2}$$

加大转弯半径就意味着增加压缩机的轴向尺寸，要受到轴的临界转速限制，这时系数应选用下限值。

回流器进口直径通常取 $D_5 = D_4$，出口直径 $D_6 = D_0 + 2\bar{r}b_6$，$\bar{r} = r/b_6$，$\bar{r}$ 是回流器出口凸面曲率半径，一般 $\bar{r}$ 建议值为 0.45。回流器进口安装角 $\alpha_{5A} = \alpha_5$，回流器叶片数可按下式计算，即

$$z_5 = \frac{l}{t} \frac{2\pi\sin\alpha_m}{\ln(D_6/D_5)} \tag{7-45}$$

并选用最佳叶栅稠度 $(l/t)_{opt} = 2.1 \sim 2.2$。通常回流器的叶片数 $z_5 = 12 \sim 18$。

回流器叶片形式有等厚度和变厚度两种，叶片中线按圆弧画出。回流器中也可以采用串列结构形式的叶片，对小流量离心式压缩机可以有效地提高性能。

为了使气流以轴向方向进入下一级叶轮，回流器出口叶片安装角 $\alpha_{6A} = 90°$，考虑到气体在回流器中有落后角 δ_{6A}，可取 $\delta_{6A} = 5° \sim 7°$。

7.4.5 蜗室

蜗室的作用是把扩压器流出的气体汇集起来，集中排至冷凝器或级间冷却器。蜗室在径向面上的形状似蜗牛壳，外径和流通截面逐渐扩大，也起到使气流减速和扩压的作用，如图 7-31 所示。蜗室的截面形状常用偏置圆形，如图 7-32 所示。

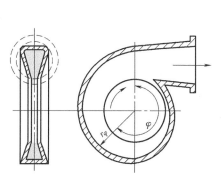

图 7-31 蜗室的径向面图

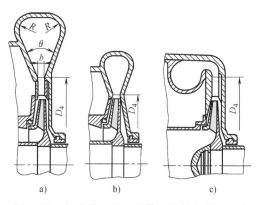

图 7-32 蜗室的几种不同截面形状与布置形式

7.5　相似理论及其在离心式制冷压缩机中的应用

相似理论在离心式制冷压缩机中的应用主要是研究流动的相似性。所谓相似流动就是当气流经过几何相似的系统时，所有对应点上各同名值参数的比值保持常数，并且可以用相同的方程式来表达实质上相同的流动现象。

离心式制冷压缩机的相似理论具有以下的应用价值：

1）根据已有的经过实际运行的高效率的压缩机或根据试验获得的高效率模型级，用相似换算方法快速设计出性能良好和可靠的新压缩机（离心式制冷压缩机设计的模化法）。

2）将模化试验的结果（缩小压缩机尺寸、改变工质和进口条件等），换算成设计条件或使用条件下的压缩机性能。

3）相似的压缩机可用通用的性能曲线表示它们的性能。

4）可使产品系列化、通用化、标准化。不仅有利于产品的设计制造，也有利于产品的选型使用。

在离心式制冷压缩机的设计与试验中，相似理论主要解决两个问题：①设计时，如何利用现有的气动性能好的压缩机、级或模型级来设计新压缩机；②需要对已设计制造好了的压缩机进行试验，但试验条件（如进口条件、工质、转速等）难以完全符合设计条件，这时要求根据试验条件下的压缩机性能，正确地换算出设计条件下的压缩机的气动性能。

7.5.1　相似原理的基础知识

研究压缩机相似问题时，主要是找出相似流动相似准则。所谓相似准则就是表示现象特征，由一些特殊的物理量组成量纲一的组合数。相似准则有决定性和非决定性的。决定性相似准则决定两系统的相似性，非决定性相似准则是两系统相似的结果。

主要的相似准则有：

1）表征黏性影响的决定性准则为雷诺数 Re。

2）表征可压缩性的相似准则为马赫数 Ma 和等熵指数 κ。

3）表征非定常流动的决定性准则为斯特劳哈尔数 Sr。对于叶轮来说，斯特劳哈尔数 Sr 就是流量系数 ϕ_r，实质上表征了气流进入叶片的冲角。所以在非定常流动条件下的流动相似，就是要保证流量系数相等，即冲角 i 相等。

7.5.2　离心式制冷压缩机的相似条件

对于不同尺寸的离心式制冷压缩机中的气流，要保证所有决定性准则都相似实际上是困难的。一般保证了下列条件则可认为达到了近似相似：

1）所有的对应的几何尺寸成比例，对应的角度相等。

2）进口速度三角形相似。

3）马赫数相等。

4）气体的等熵指数相等。

7.5.3 离心式制冷压缩机的相似模化设计与性能换算

1. 相似模化设计

应用相似原理来设计离心式制冷压缩机的方法称为模化设计法。这种设计方法就是由现有的性能优良的压缩机或者模型级，进行几何尺寸大小的变换，来设计流道形状相似的新的压缩机。用这种方法设计出来的新压缩机，一般性能比较可靠，设计和生产周期短。目前在离心式制冷压缩机设计中广泛采用。

要设计制造出一台性能优良的离心式制冷压缩机，设计者需要掌握大量的离心压缩机的模型级或性能良好的整台压缩机原型。而且，在足够宽的马赫数范围内已知它们的特性曲线。长期以来，离心式制冷压缩机的研发人员把注意力集中到模型级的开发与研究上。为此很多专业离心压缩机制造公司投入了大量精力，研究积累了丰富的模型级型谱，以满足工业生产的需要。

离心式制冷压缩机模化设计的基本步骤如下（在以下各式中，带上标"′"符号参数代表模型压缩机或级的参数，不带上标的符号参数代表所设计的产品参数）：

1）已知新压缩机的进口参数：进口体积流量 $q_{Vin}(\mathrm{m^3/s})$、进口压力 $p_{in}(\mathrm{Pa})$、进口温度 T_{in}（K）、气体的压缩性系数 z、气体常数 $R[\mathrm{J/(kg \cdot K)}]$、等熵指数 κ 和比定压热容 $c_p[\mathrm{J/(kg \cdot K)}]$。

2）选取寻找一个经过试验证明的气体动力性能较好、效率较高的压缩机或者级作为模型压缩机或级。根据模型压缩机或级在不同转速下的性能曲线，选取模化点，以该点作为设计新压缩机的设计工况模化点。在选取模化工况点时，要求模化工况点的压缩比等于新设计压缩机所需的压缩比，而且在模化点的效率较高，并有较宽的工况范围，即离喘振点和阻塞工况点较远。

3）选定了模化工况点后，就得到了模型压缩机或级的进口体积流量 $q'_{Vin}(\mathrm{m^3/s})$、进口压力 $p'_{in}(\mathrm{Pa})$、进口温度 T'_{in}（K）、气体的压缩性系数 z'、气体常数 R' $[\mathrm{J/(kg \cdot K)}]$、等熵指数 κ' 和比定压热容 $c'_p[\mathrm{J/(kg \cdot K)}]$。

4）计算压缩机几何相似比例常数 m_1

$$m_1 = \frac{q'_{Vin}\sqrt{RT_{in}}}{q_{Vin}\sqrt{R'T'_{in}}} \tag{7-46}$$

5）压缩比和效率

$$\varepsilon = \varepsilon', \qquad \eta_{pol} = \eta'_{pol} \tag{7-47}$$

6）转速

$$n = m_1^3 \frac{q_{Vin}}{q'_{Vin}} n' \tag{7-48}$$

7）功率

$$P = \frac{q_{Vin}\,p_{in}}{q'_{Vin}\,p'_{in}} P' \tag{7-49}$$

8）根据已有模型压缩机或级的性能曲线，即 ε'、η'_{pol}、P' 随 q'_{Vin} 变化的关系曲线，利用上述关系式，就可以得到新设计压缩机的性能曲线。

模化设计的前提，就是要具有覆盖面宽的模型级型谱或者气动性能良好的离心式制冷压缩机，因此要注重模型级的开发。同时注重各种经验和修正数据的积累，并运用计算流体动力学（CFD）技术进行数值试验，缩短压缩机模型级开发的周期和经费。

2. 性能换算

（1）满足相似条件时的性能换算　对所设计制造的新压缩机进行工厂试验或性能换算时，应尽可能保证同一压缩机在设计介质、转速等条件与试验条件之间，或压缩机与模型压缩机之间符合相似条件。试验时应采用等熵指数 κ 相同的气体。根据相似条件，其试验转速为

$$n' = \frac{1}{m_1}\frac{\sqrt{R'T'_{\text{in}}}}{\sqrt{RT_{\text{in}}}}n \tag{7-50}$$

试验条件与设计条件下的性能换算见表 7-4。把试验所得的各性能参数乘以一定的数，就可得到新设计压缩机的性能。

表 7-4　试验条件与设计条件下的性能换算表

试验时性能（在 R',T'_{in},p'_{in} 时）	q'_V	G'	N'	n'	u'_2	ε'
换算到设计条件下各参数（在 R,T_{in},p_{in} 时）	$\dfrac{1}{m_1^2}\sqrt{\dfrac{RT_{\text{in}}}{R'T'_{\text{in}}}}$	$\dfrac{1}{m_1^2}\dfrac{p_{\text{in}}}{p'_{\text{in}}}\dfrac{\sqrt{R'T'_{\text{in}}}}{\sqrt{RT_{\text{in}}}}$	$\dfrac{1}{m_1^2}\dfrac{p_{\text{in}}}{p'_{\text{in}}}\sqrt{\dfrac{RT_{\text{in}}}{R'T'_{\text{in}}}}$	$m_1\dfrac{\sqrt{RT_{\text{in}}}}{\sqrt{R'T'_{\text{in}}}}$	$\dfrac{\sqrt{RT_{\text{in}}}}{\sqrt{R'T'_{\text{in}}}}$	1

（2）近似相似时的性能换算　当相似条件不能完全满足时，一般采用近似换算的方法。这时可选择对压缩机性能影响较大的一些参数，使它们彼此之间符合相似要求。而对影响较小的一些参数，可不予考虑，或进行修正。由于目前离心式制冷压缩机使用的制冷介质品种越来越多，在制造工厂进行试验时，不可能保证都能应用设计气体来进行试验。此外，即使可用所设计的气体来试验，为了防止气体大量损耗，需用复杂的闭式循环试验装置。而且有些气体本身还有可爆、腐蚀、有毒等性质，使试验时的操作运行和设备本身都不安全。因此一般采用空气来试验，这时就会遇到 κ 值不相等的问题。近似相似换算的方法很多，但是都有误差，因此要根据具体的情况，选择应用。

下面介绍工程上常用的保持进、出口比体积比相等的性能换算方法。

当等熵指数 $\kappa \neq \kappa'$ 时，即两个系统的压缩过程不能相似，为了使设计条件和试验条件保持相似，可以使压缩机进、出口比体积比 K_v 保持相等，即

$$K'_v = \frac{v'_{\text{in}}}{v'_{\text{out}}} = \frac{v_{\text{in}}}{v_{\text{out}}} = K_v \tag{7-51}$$

根据压缩比和比体积比的关系，得到压缩比为

$$\varepsilon'^{\frac{1}{m'}} = \varepsilon^{\frac{1}{m}} \tag{7-52}$$

多变压缩功换算为

$$w'_{\text{pol}} = m_1^2\left(\frac{n'}{n}\right)^2 w_{\text{pol}} \tag{7-53}$$

试验当量转速为

$$n_{\text{eq}} = n' = \frac{n}{m_1}\sqrt{\frac{w'_{\text{pol}}}{w_{\text{pol}}}} = \frac{n}{m_1}\sqrt{\frac{\dfrac{m'}{m'-1}R'T'_{\text{in}}\left[(\varepsilon')^{\frac{m'-1}{m'}} - 1\right]}{\dfrac{m}{m-1}RT_{\text{in}}\left(\varepsilon^{\frac{m-1}{m}} - 1\right)}} \tag{7-54}$$

对真实气体

$$n_{eq} = n' = \frac{n}{m_1} \sqrt{\frac{w'_{pol}}{w_{pol}}} = \frac{n}{m_1} \sqrt{\frac{\dfrac{m'}{m'-1} z'_{in} R' T'_{in} \left[(\varepsilon')^{\frac{m'-1}{m'}} - 1 \right]}{\dfrac{m}{m-1} z_{in} R T_{in} \left(\varepsilon^{\frac{m-1}{m}} - 1 \right)}} \tag{7-55}$$

流量 q_{Vin} 和功率 P 换算为

$$q'_{V_{in}} = m_1^3 \frac{n'}{n} q_{V_{in}} \tag{7-56}$$

$$P' = m_1^3 \left(\frac{n'}{n} \right)^3 \frac{\rho'_{in}}{\rho_{in}} P \tag{7-57}$$

由于压缩机近似相似，可认为效率和能量头系数都相等：$\eta'_{pol} = \eta_{pol}$，$\psi'_{pol} = \psi_{pol}$。

保持进、出口比体积比相等，使得压缩机进出截面的速度三角形相似，但是由于等熵指数 $\kappa \neq \kappa'$，在这两个中间截面的比体积比就不可能相等，这些问题会给计算结果带来误差。因此，上述的近似换算方法是有一定的使用范围和误差的。下面通过一个例题，熟悉近似相似的换算方法。

例 一台离心式制冷压缩机，原来使用的工作介质为制冷剂 R11，叶轮直径 $D_2 = 400\text{mm}$，多变效率 $\eta_{pol} = 72\%$。压缩机进口参数为：进口体积流量 $q_{Vin,R11} = 1.36\text{m}^3/\text{s}$，进口压力 $p_{in,R11} = 50.65\text{kPa}$，进口温度 $T_{in,R11} = 288\text{K}$，进口比体积 $v_{in,R11} = 0.35\text{m}^3/\text{kg}$，压缩机的压缩比 $\varepsilon_{R11} = 1.95$。压缩机转速为 $n_{R11} = 7405\text{r/min}$，轴功率 $P_{R11} = 65.2\text{kW}$。若将 R11 改为 R123，试换算出该压缩机压缩制冷剂 R123 的参数（假设进口状态不变）：ε_{R123}、n_{R123}、$q_{Vin,R123}$ 和 P_{R123}。压缩机进口状态下的两种制冷剂的压缩因子分别为：$z_{in,R11} = 0.9846$，$z_{in,R123} = 0.9829$。制冷剂 R123 的进口比体积 $v_{in,R123} = 0.3038\text{m}^3/\text{kg}$。

解 制冷剂 R11 和 R123 物性参数见表 7-5。

表 7-5 制冷剂 R11 和 R123 物性参数表

制冷剂种类	制冷剂 R11	制冷剂 R123
分子式	$CFCl_3$	$C_2H_2F_3Cl_2$
相对分子质量 M_r	137.37	152.93
等熵指数 κ	1.13	1.11
气体常数 R	60.5	54.39

由于制冷剂 R11 和制冷剂 R123 的相对分子质量和等熵指数 κ 数值接近，物性参数接近。现采用进、出口比体积比相等的近似相似方法，分别进行性能换算。

由于制冷剂蒸气一般为真实气体，气体状态参数的计算比较复杂，请参考有关资料。这里为了解性能换算的过程和步骤，多变指数 m 和等熵指数 κ 采用平均值，而没有考虑温度和压力的影响，实际应用中需要考虑。

由于是对于同一台压缩机进行性能换算，因此几何完全相似，几何比例系数 $m_1 = 1$。因为近似相似，认为多变效率保持不变，即 $\eta_{pol,R123} \approx \eta_{pol,R11}$。由于应用进、出口比体积比相等近似性能换算方法，所以，$K_{v,R123} = K_{v,R11}$。

1) 使用 R11 时，$K_{v,R11}$ 的确定

计算比体积比 K_v

$$K_v = \frac{v_{in}}{v_{out}} = \left(\frac{P_{out}}{P_{in}}\right)^{\frac{1}{m}} = \varepsilon^{\frac{1}{m}}$$

$$\frac{m_{R11}}{m_{R11} - 1} = \frac{\kappa_{R11}}{\kappa_{R11} - 1}\eta_{pol,R11} = 6.26$$

得

$$m_{R11} = 1.19$$

$$K_{v,R11} = \varepsilon^{\frac{1}{m_{R11}}} = 1.95^{\frac{1}{1.19}} = 1.753$$

2) 压缩制冷剂 R123 的近似性能换算

$$\frac{m_{R123}}{m_{R123} - 1} = \frac{\kappa_{R123}}{\kappa_{R123} - 1}\eta_{pol,R123} = 7.27$$

得

$$m_{R123} = 1.16$$

压缩比为

$$\varepsilon_{R123} = \varepsilon_{R11}^{\frac{m_{R123}}{m_{R11}}} = 1.92$$

由真实气体多变压缩功的计算公式 $w_{pol} = \frac{m}{m-1}z_{in}RT_{in}\left(\varepsilon^{\frac{m-1}{m}} - 1\right)$

可以推导出 $w_{pol} = \frac{m}{m-1}z_{in}RT_{in}\left(\frac{\varepsilon}{K_v} - 1\right)$

分别计算出压缩制冷剂 R11 和 R123 时的多变压缩功

$$w_{pol,R11} = \frac{1.19}{1.19 - 1} \times 0.9846 \times 60.5 \times 288 \times \left(\frac{1.95}{1.753} - 1\right) J/kg = 12074.95 J/kg$$

$$w_{pol,R123} = \frac{1.16}{1.16 - 1} \times 0.9829 \times 54.39 \times 288 \times \left(\frac{1.92}{1.753} - 1\right) J/kg = 10633.92 J/kg$$

压缩机转速 n_{R123} 换算为

$$n_{R123} = n_{R11}\sqrt{\frac{w_{pol,R123}}{w_{pol,R11}}} = 7405 \times \sqrt{\frac{10633.92}{12074.95}} r/min \approx 6949 r/min$$

进口流量 $q_{Vin,R123}$ 换算为

$$q_{Vin,R123} = \frac{n_{R123}}{n_{R11}}q_{Vin,R11} = \frac{6949}{7405} \times 1.36 m^3/s = 1.28 m^3/s$$

轴功率 P_{R123} 换算为

$$P_{R123} = P_{R11}\left(\frac{n_{R123}}{n_{R11}}\right)^3\frac{\rho_{in,R123}}{\rho_{in,R11}} = P_{R11}\left(\frac{n_{R123}}{n_{R11}}\right)^3\frac{v_{in,R11}}{v_{in,R123}} = 65.2 \times \left(\frac{6949}{7405}\right)^3 \times \frac{0.35}{0.3038} kW = 62.07 kW$$

计算结果分析：

本例题中，压缩机将压缩介质由制冷剂 R11 变换为制冷剂 R123 时，由于制冷剂 R11 和 R123 物性参数相差不大，因此换算出来的转速、流量、压缩比和轴功率都误差不大。因此，该压缩机工质变换为制冷剂 R123 时，仍然可以保持原压缩机的性能，并满足压缩机临界转速和强度等要求，压缩机可以安全可靠地运行。

离心式制冷压缩机对制冷剂的单位容积制冷量的要求与容积式压缩机不同。离心式制冷压缩机的容积流量的大小直接影响到机器的转速、叶轮相对宽度等参数。为了使离心式制冷压缩机转速、叶轮相对宽度保持在合理范围内，要求压缩机最小制冷量时的容积流量也不应太小。因此，制冷量不同时，应选用不同的单位容积制冷量的制冷剂。例如：在相同工况下，R134a 的单位容积制冷量要比 R123 大 6.42 倍。制冷量在小于 2300kW 时宜用 R123，大于 2300kW 则宜用 R134a。R134a 用于制冷量小的系统时，会使机器尺寸偏小，转速偏高。

7.6 离心式制冷压缩机特性曲线与运行调节

7.6.1 离心式制冷压缩机的特性曲线

离心式制冷压缩机和一般的离心式压缩机性能曲线的形成和形状基本一样，仅是其坐标所表示的参数不同。例如，用冷凝温度 t_k 代替出口压力 p_{out}，用制冷量 Φ_0 代替体积流量 q_V 或质量流量 q_m。原动机输出的有效功率用 P_e 表示，也可用比轴功率 P_e/Φ_0（Φ_0 为任一点制冷量）和每千瓦制冷量的等熵功率 P_s/Φ_0 表示。

图 7-33 表示在蒸发温度 $t_0 = 2℃$、转速为常数时离心式制冷压缩机的性能曲线。在相对制冷量 Φ_0/Φ_{0max} 为 100% 时，冷凝温度 $t_k = 40℃$。等熵效率一般由试验所得，最高等熵效率 η_s 点是在 80%~90% 的相对制冷量处。有效功率 P_e 是随着制冷量的增大而增加。等熵功率与制冷量的比值 P_s/Φ_0 由下式确定：由于 $P_s = q_m w_{ts}$（q_m 单位为 kg/s），$\Phi_0 = q_m q_{0m}$，所以

$$\frac{P_s}{\Phi_0} = \frac{w_{ts}}{q_{0m}} \qquad (7-58)$$

式中　w_{ts}——单位质量等熵功，单位为 kJ/kg；

　　　q_{0m}——单位质量制冷量，单位为 kJ/kg。

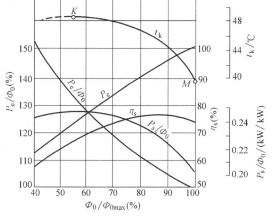

图 7-33　离心式制冷压缩机的性能曲线

在蒸发温度 t_0 不变时，冷凝温度 t_k 的变化，使每千克制冷剂的制冷量 q_{0m} 变化，可近似认为 w_{ts} 与温差 $t_k - t_0$ 成比例，因此图 7-33 中 t_k 曲线与 P_s/Φ_0 曲线的变化趋势基本相似。单位制冷量的比轴功率可用下式表示，即

$$\frac{P_e}{\Phi_0} = \frac{P_s}{\Phi_0 \eta_s \eta_m} \qquad (7-59)$$

由图 7-33 看出，Φ_0/Φ_{0max} 从 100% 减少，P_s/Φ_0 逐渐增大。由于等熵效率 η_s 在相对制冷量减少时，先略增后快降，因此 P_e/Φ_0 增大较快。离心式制冷压缩机的性能曲线很难用理论方法准确获得，只能由性能试验获得。

7.6.2 压缩机与热交换器的联合工作

离心式制冷压缩机的运行是和冷凝器及蒸发器相联系的，只有和它们的性能曲线相配

合，压缩机才能得到运行工况下的性能曲线。机组的制冷量平衡工况就是压缩机性能曲线与冷凝器或蒸发器性能曲线的交点。

现以冷凝器与压缩机联合工作为例进行说明。根据制冷原理，冷凝器的冷凝温度 t_k 与制冷量 Φ_0 有下列关系，即

$$t_k = t_{w1} + \frac{1 + \dfrac{P_e}{\Phi_0}}{(1 - e^{-\alpha_k})w_m}\Phi_0, \qquad \alpha_k = \frac{KA}{w_m} \qquad (7-60)$$

其中
$$w_m = q_{mw}c_w$$

式中　　t_{w1}——冷却水进水温度，单位为℃；

$\quad\quad q_{mw}$——冷却水质量流量，单位为 kg/h；

$\quad\quad c_w$——冷却水比热容，单位为 kJ/(kg·℃)；

$\quad\quad K$——冷凝器的传热系数，单位为 kW/(m²·℃)；

$\quad\quad A$——冷凝器的传热面积，单位为 m²。

按式（7-60）作出 t_k 与 Φ_0 的关系是一条略微向上凸起的曲线，称为冷凝器性能曲线，如图 7-34 所示。曲线与纵坐标的交点为冷却水进水温度 t_{w1}。曲线随冷凝温度的降低，从 t_k 减至 t_k'，再减至 t_k'' 而下移。图中 t_k、t_k'、t_k'' 为压缩机不同出口压力下对应的冷凝温度曲线，即为此冷凝温度下的压缩机性能曲线。图 7-34 中还作出了相应的功率曲线 P_{tot}、P_{tot}' 和 P_{tot}''。

当制冷剂的流量、比热容及冷凝器的传热系数不变时，压缩机与冷凝器在相应的冷凝温度下，两者性能曲线的交点为冷凝器与压缩机组的制冷量的平衡工作点（图 7-34 中的 a、a'、a''），这时压缩机和冷凝器的压力相近，流量相等。若制冷量平衡工作点位于图 7-33 中的 K 点和 M 点之间，运行时即使参数稍有变化，也会恢复到原工况点运行，这称为稳定的平衡工作点。如果相交在 K 点以左的喘振区或 M 点以右的堵塞区，压缩机就不能稳定运行，没有平衡工作点。

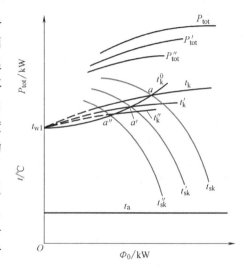

图 7-34　离心式制冷压缩机和
换热器的联合曲线

7.6.3　旋转失速和喘振

评价一台压缩机性能的好坏，除了满足制冷机组所需压缩比（温差）、效率和制冷量的关系之外，还应了解压缩机运行范围的宽窄。在图 7-33 中冷凝温度 t_k 曲线上，点 K 位于压缩机运行的最小流量处，称为"喘振"工况点，而点 M 位于压缩机运行的最大流量处，称为"堵塞"工况点。喘振工况与堵塞工况之间的区域称为压缩机的稳定工况区。压缩机的稳定工况区的大小用最大和最小制冷量的比值 $K_0 = \Phi_{0max}/\Phi_{0min}$ 来表示，或者用设计工况点的 Φ_{0des} 来比较：$K_0' = (\Phi_{0max} - \Phi_{0min})/\Phi_{0des}$。$K_0$ 和 K_0' 值的大小说明压缩机稳定运行工况区的大小。

如果压缩机流量减小（图 7-35a 中为 A 点移至 A_1 点以及图 7-35d 的 c_{z1} 移至 c_{z1}''），则冲

角 i 增大为正冲角，气流便射向叶轮叶片的工作面，而在非工作面上产生分离。同样在曲线形流道中，由于气体的惯性以及压缩比的增大，使流道的扩压度增大，而促使非工作面上的分离扩展。当流量进一步减少到临界值时，即称为喘振流量。这时气体脱离团充满整个叶片流道，使损失增加，压力急剧下降，出现旋转失速现象。"旋转失速"发生后，叶轮在旋转时不会使气体压力提高，但叶轮后的背压仍存在，反而会使气体逆向流动，倒流到叶轮进口处的气体与叶轮进口吸入的气体相混合，又增大了流量，叶轮又可压送气体，但由于蒸发器中气流较小，且固定不变，以致又产生气体分离。如此周而复始，就出现周期性的来回脉动气流，压缩机转子也出现大的振动，这种现象称为"喘振"。在叶片扩压器中也会出现类似于叶轮的失速现象，而诱发喘振。

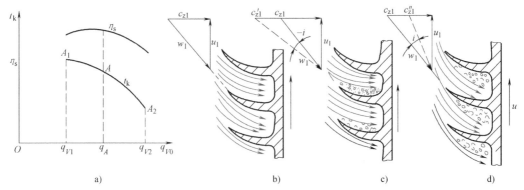

图 7-35 叶轮叶片流道内部气体脱离示意图
a）性能曲线 b）设计工况 $i\approx0$ c）流量增大 $i<0$ d）流量减小 $i>0$

喘振发生时，压缩机周期性地发出间断的吼响声，整个机组出现强烈的振动，引起转子和密封齿的碰刮和轴向位移。冷凝压力、主电动机电流发生大幅度的波动，轴承温度很快升高，严重时甚至破坏整台机组。因此，在压缩机运行中必须采取措施，防止喘振现象的发生。

当流量增大，增大至压缩机流道最小截面处的气体速度达到声速时，压缩机流量就不能再增加，这时称为堵塞流量 $q_{V\max}$（相当于图 7-35a 中 A_2 点以右）。或者气体虽未达到声速，但是叶轮对气体所做的功全部用来克服流动损失，压力并不升高，这时也达到了堵塞工况。堵塞工况在运行中也是不允许的。对于相对分子质量小的制冷剂机组，因为声速小，容易出现堵塞，应该引起注意。

由于季节的变化，冷水机组工况范围变化幅度较大。因此扩大工况范围，特别是减小喘振工况点的流量，是目前改善离心式制冷压缩机性能的关键之一。国内外一些企业在改变负荷运转时都有各自的措施。例如：美国开利公司和重庆通用机器厂生产的离心式制冷压缩机，采用改变进口导叶的开度及无叶扩压器出口宽度的双重调节，可以做到在 10% 负荷下不喘振，但此时的空转功率较大。实际上，一般以 30% 的设计负荷为最小制冷量，过小也不经济。美国约克公司采用变转速调节，其经济性较好，但当转速下降时，冷凝温度也要下降。美国特灵公司采用两级或三级压缩，减少每级的圆周速度 u_2，而且对大制冷量机组每级压缩机进口均采用进口导叶调节来扩大压缩机的运行工况范围。

7.6.4 离心式制冷压缩机的能量调节

离心式制冷机组的能量调节，取决于用户热负荷大小的改变。一般情况下，当制冷量改变时，要求保持从蒸发器流出的制冷剂温度 t_{s2} 为常数（这是由用户给定的），而这时的冷凝温度是变化的。改变压缩机及换热器参数可对机组的能量进行调节，为防止发生喘振，还必须有防喘振措施。

1. 压缩机对机组能量的调节

（1）进气节流调节　进气节流调节就是在蒸发器和压缩机的连接管路上安装一节流阀，通过改变节流阀的开度，使气流通过节流阀时产生压力损失，从而改变压缩机的特性曲线，达到调节制冷量的目的。

（2）采用可调节进口导流叶片进行调节　改变叶轮前进口导叶的开度（即导叶的转角 λ），使气流产生预旋 c_{1u}，是绝大多数空调机组能量调节的方法。当进口导叶开度变化时，可以形成正预旋（$c_{1u}>0$）或者负预旋（$c_{1u}<0$），进而改变压缩机的 h_{th}。离心式制冷压缩机的 h_{th} 改变了，相应的离心式制冷压缩机的压力、流量也随之改变，达到调节的目的。

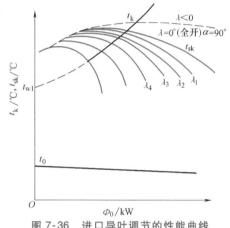

图 7-36　进口导叶调节的性能曲线

图 7-36 所示为进口导叶调节的性能曲线。不同的进口导叶开度，可得不同的性能曲线。当 $c_{1u}=0°$，气流角 $\alpha=90°$ 时，导叶转角 $\lambda=0°$，得到导叶全开时的性能曲线。当导叶由全开逐渐关小，$c_{1u}>0$ 时，则 α 减小，λ 增加，可得到不同的性能曲线 λ_1、λ_2、λ_3、…，直至 $\alpha=0°$，$\lambda=90°$，为全闭状态。在 $c_{1u}<0°$ 时，图 7-36 上的虚线曲线为 $\lambda<0$。

在单级离心式制冷压缩机上采用进口导叶调节具有结构简单、操作方便、调节效果较好的特点。但对多级离心式制冷压缩机，如果仅调节第一级叶轮进口，对整机调节效果收效甚微。若每级均用进口导叶，导致结构复杂，且还需要注意级间的协调问题。进口导叶调节的经济性比进口节流调节好。

（3）改变换热器参数（如改变冷却水量）对制冷量的调节　当压缩机的性能曲线上的 t_{sk} 不变，而冷却水量减少时，冷凝器的性能曲线变陡，平衡工作点左移，比轴功率 P_e/Φ_0 增加，因此这种调节方法是不经济的，如图 7-37 所示。但可在压缩机采用其他调节方法的同时，作为一种辅助性的调节。

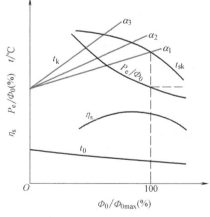

图 7-37　调节进入冷凝器中冷却水量时压缩机的性能曲线

（4）变转速调节（Variable Speed Driver，简称 VSD）　用汽轮机或可变转速的电动机拖动时，可改变压缩机的转速进行调节，这种调节方法最经济。因为制冷量 Φ_0 与转速 n、理论功 W_{th} 与转速 n 分别成一次方和二次方关系。当热负荷减少时，改变转速，就改变了制冷量，使制冷量和热负荷匹配，且使功耗降低。喘振点 K 随转速的降低向制冷量小的方向移动，扩大了压缩机的工况范围。转速的变化引起了压缩机性能曲线的变化。图 7-38 所示为其变转速时压缩机的性能曲线，从曲线上可以看见 P_{tot}/Φ_0 和 P_s/Φ_0 随 Φ_0/Φ_{0max} 的减少而降低。当转速下降 20% 时，轴功率下降 70%，制冷量下降 60%。

对于电动机驱动的离心式制冷压缩机，可以采用变频技术改变电动机转速，进而改变压缩机转速进行调节。VSD 根据冷却水出水温度和压缩机的出口压力来优化电动机的转速和进口导叶的开度，从而使机组始终在最佳状态区运行。VSD 控制的基本参数是冷水出水温度实际值与设定值的温差。图 7-39 所示的是变频变转速调节（VSD）的工作原理图。

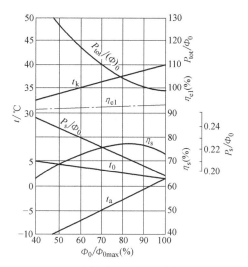

图 7-38　变转速时压缩机的性能曲线

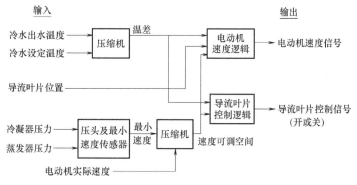

图 7-39　变频变转速调节（VSD）的工作原理图

2. 防喘振调节

前面讨论了喘振现象，其产生原因是由于冷凝压力 p_k 增加，使压缩机的压力增加而处于小流量区运行时发生喘振。为此，当流量减小到接近喘振点时，适当增加压缩机的进口流量，可防止喘振的发生。图 7-40 所示为采用进口节流调节时防喘振的性能曲线。当要求运行的制冷量小到 Φ_{0n} 并小于临界（即发生喘振时）制冷量 Φ_{0cr} 时，压缩机发生喘振。这时可开大进口导叶至 λ'_n 点，压缩机的性能曲线为 d'_n，同时打开旁通阀，使相当于 $\Delta\Phi_0 = \Phi'_{0n} - \Phi_{0n}$ 的气量旁通进入蒸发器或压缩机进口，即压缩机运行在 λ'_n 点，压缩机的进气量在 Φ'_{0n}，而 λ'_n 点在喘振线 $s-s'$ 以右区域不会喘振。旁通的气体可以从冷凝器顶部流入。

目前一些离心式制冷机组，采用两级或三级

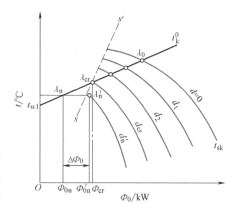

图 7-40　采用进口节流调节
时防喘振的性能曲线

压缩，以减少每级的负荷，或者采用高精度的进口导叶调节，以防止喘振的发生。

7.7　磁悬浮离心式制冷压缩机

　　所谓磁悬浮离心式制冷压缩机就是电动机转子的轴承采用了磁悬浮轴承，并在电动机转子轴上直接连接离心叶轮，如图7-41所示。

　　通常离心式制冷压缩机一般选用油膜滑动轴承，而磁悬浮轴承是完全区别于滑动轴承的另一类新型轴承，它一般由机械、电气和软件三大部分组成，是一种高科技机电一体化产品，磁悬浮轴承也称电磁轴承或磁力轴承。

7.7.1　磁悬浮轴承工作原理简介

　　磁悬浮轴承按照磁力提供方式，可分为有源磁悬浮轴承（由电磁铁提供磁力，也称主动磁轴承）；无源磁悬浮轴承（由永久磁铁提供磁力，也称被动磁悬浮轴承）；混合磁悬浮轴承（由永久磁铁和电磁铁提供磁力）。图7-42所示是一个简单的有源磁悬浮轴承工作原理示意图。它由转子、传感器、控制器和执行器（包括电磁铁和功率放大器）四大部分组成。

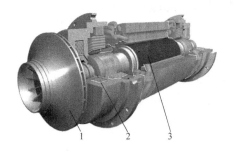

图 7-41　磁悬浮离心式压缩机

1—离心叶轮　2—磁悬浮轴承　3—电动机转子

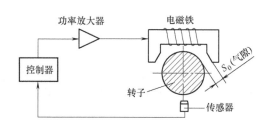

图 7-42　有源磁悬浮轴承工作原理

　　设电磁铁绕组上电流为 I，它对转子产生的吸力 F 和转子的重力 mg（m 为转子质量，g 为重力加速度）相平衡，转子处于悬浮的平衡位置，这个位置也称为参考位置。假设在参考位置上，转子受到一个向下的扰动，就会偏离其参考位置向下运动，此时传感器检测出转子偏离其参考位置的位移，控制器将这一位移信号变换成控制信号，功率放大器又将该控制信号变换成控制电流 I_0+i，由相对于参考位置时的控制电流 I_0 增加到 I_0+i，电磁铁的磁力变大，从而驱动转子返回到原来的平衡位置。转子受其他方向的位置扰动也一样。因此，不论转子受到向上或向下的扰动，转子始终能处于稳定的平衡状态。

7.7.2　磁悬浮轴承的性能特点

　　磁悬浮轴承一般有以下优点：

　　1）回转速度高。磁轴承的转速只受转子铁磁材料离心力限制，最大线速度可达200m/s。此外，转速的提高不受磁轴承尺寸的限制，因而可大大增加主轴的惯性刚度。

　　2）无磨损、功耗低（仅为普通支承的1/20~1/5），可显著延长使用寿命，降低维护费用。功耗低这一优点特别对离心式制冷压缩机等设备来说是提高有效率的重要途径。

3）无需润滑和密封系统，能适应多种工作环境（如真空或腐蚀介质），而且对环境温度不敏感（工作温度为 250~450℃）。

4）刚度高（径向静刚度可达 600MN/m，动刚度 100MN/m；轴向静刚度可达 2000MN/m，动刚度 100MN/m），承载能力可达 100kN 以上。

5）回转轴心偏移精度高（≤0.05μm），而且可通过电控系统对机器的运行状态进行在线诊断和监控。

6）具有自动平衡特性，可使转子绕其自身的惯性轴回转，从而消除了不平衡力，使机身的振动大大降低。

目前在工业上得到广泛应用的基本上都是传统的电磁悬浮轴承（需要位置传感器的磁悬浮轴承），这种轴承需要 5 个或 10 个非接触式位置传感器来检测转子的位移。由于传感器的存在，使磁悬浮轴承系统的轴向尺寸变大、系统的动态性能降低，而且成本高、可靠性低。

由于结构的限制，传感器不能装在磁悬浮轴承的中间，这使得系统的控制方程相互耦合和控制器的设计更为复杂。此外，由于传感器的价格较高，从而导致电磁悬浮轴承的售价高，限制了它在工业上的推广应用。

7.7.3 磁悬浮轴承在离心式制冷压缩机中的应用

2003 年 1 月，麦克维尔空调公司在美国正式向全球发布了世界上第一台采用磁悬浮离心式制冷压缩机 150t 水冷式冷水机 WFC，运行噪声为 67dB，并顺利通过美国制冷空调与供暖协会认证。其后，国内外陆续开发出磁悬浮离心式制冷压缩机。图 7-43 所示的是麦克维尔空调公司两级磁悬浮离心式制冷压缩机。

磁悬浮离心式压缩机由磁悬浮轴承的承载能力确定 1 级或 2 级压缩。新型的磁悬浮压缩机还结合了数字变频控制技术，压缩机转速可以在 15000~48000r/min 之间调节，使压缩机的制冷量最低可以达到 20% 的负荷。无摩擦和离心压缩方式使磁悬浮压缩机获得了 COP（能效比）高达 5.6 的满负荷效率，而变频控制技术则使压缩机获得了 IPLV（综合能效系数）为 0.41kW/t 极其优异的部分负荷效率。

磁悬浮离心式制冷压缩机具有以下三大优势：

1）运行效率高。磁悬浮式压缩机在部分负荷运行时达到最佳效率。据实验数据，磁悬浮式压缩机比传统式压缩机运行效率高 30%。自控系统中的自适应控制逻辑允许一台 450t 的冷水机组提供冷量最低达到 0.33kW/t，冷却时间长达 40~50h。这种超强的自适应控制逻辑可满足全天的制冷需求，不需要专门设置。此外，磁悬浮式压缩机重新定义了软起动，变频控制也使压缩机只要 6A 的微弱电流就可以起动起来，而相同制冷量的其他传统压缩机，至少需要 500~600A 的起动电流。

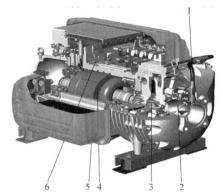

图 7-43 两级磁悬浮离心式制冷压缩机
1—压力、温度传感器 2—进口导叶
3—两级叶轮 4—同步直流电动机
5—轴承控制器 6—变频控制器

2）实现单机冗余功能。冷却系统的冗余功能是非常重要的，但往往由于空间范围及成本的限制，无法在一台机器内安装多台压缩机实现冷却系统冗余功能。磁悬浮式压缩机很好地解决了该问题。例如：一台120冷吨的磁悬浮式压缩机仅重150kg，相当于一些传统机器重量的1/5，超轻的重量及较小的体积使得多个磁悬浮式压缩机可安装在一个共同的机组内，实现冗余功能。如果单台压缩机出现故障，其他压缩机仍然可以正常运行制冷。

3）低运营成本。磁悬浮轴承是一种利用磁场，使转子悬浮起来，从而在旋转时不会产生机械接触，不会产生机械摩擦，不再需要机械轴承以及机械轴承所必需的润滑系统。在制冷压缩机中使用磁悬浮轴承，可以去掉压缩机一些附属装置，如齿轮传动装置、油站供油系统，使设备维护费用大大降低。

4）磁悬浮式压缩机运行时的声音小于70dB，有效减小了压缩机运行的噪声污染。

思考题与习题

7-1 离心式制冷压缩机通流部分中有哪些主要元件？它们的主要作用是什么？

7-2 做出离心式后向叶轮出口气流的实际速度三角形。

7-3 离心式制冷压缩机主要能量损失有哪些？

7-4 离心式制冷压缩机能量调节方法有哪几种？各有何优缺点？

7-5 离心式制冷压缩机流动相似条件有哪些？其动力相似准则数是什么？

7-6 已知某离心式制冷压缩机，压缩介质为R134a。设计工况点参数为：制冷量 $Q_0 = 2268kW$，蒸发压力 $P_0 = 0.362MPa$，冷凝压力 $P_k = 0.937MPa$，多变效率 $\eta_{pol} = 82\%$，试计算压缩机的内功率 N。

7-7 磁悬浮离心式制冷压缩机主要优点是什么？

参 考 文 献

[1] 吴业正，李红旗，张华. 制冷压缩机 [M]. 2版. 北京：机械工业出版社，2001.

[2] 吴业正. 制冷原理及设备 [M]. 西安：西安交通大学出版社，2002.

[3] 董天禄. 离心式/螺杆式制冷机组及应用 [M]. 北京：机械工业出版社，2001.

[4] 张克危. 流体机械原理 [M]. 北京：机械工业出版社，2000.

[5] В Ф 里斯. 离心压缩机械 [M]. 北京：机械工业出版社，1986.

[6] 叶振邦，常鸿寿. 离心式制冷压缩机 [M]. 北京：机械工业出版社，1981.

[7] 闻苏平，宫武旗，曹淑珍. 旋转离心叶轮内部非定常流动实验研究 [J]. 工程热物理学报，2004，25 (s1)：59-62.

[8] Daily J M, Nece R E. Chamber Dimension Effects on Induced Flow and Frictional Resistance of Enclosed Rotating Disks [J]. Journal of Basic Engineering, 1960, 82：217-232.

[9] Micbael R Galvas. Analytical Correlation of Centrifugal Compressor Design Geometry for Maximum Efficiency with Specific Speed [R]. NASA TND-6729, 1972.

[10] 闻苏平，朱报桢，苗永淼. 高压离心压缩机轴向推力计算 [J]. 西安交通大学学报，1998，32 (11)：63-67.

[11] Suping Wen, et al. Optimal Ratio r/b of Bend Channel in Centrifugal Compressor [J]. Frontiers of Energy and Power Engineering in China, 2008, 2 (4)：381-385.

[12] Senoo Y. Application Disclosure Japanese, 119411/78 [P]. 1978.

[13] Masakazu Hoshino, Hiroshi Ohki, Yoichi Yoshinaga. The Effect of Guide Vane Height on the Diffuser Flow

in Centrifugal Compressors [J]. Tran sactions of JSME, 1985, B51 (470): 3366-3369.

[14] 虞烈. 可控磁悬浮转子系统 [M]. 北京: 科学出版社, 2003.

[15] 汤士明, 梅磊, 欧阳慧. 磁悬浮轴承技术在风机与泵类设备中的应用现状 [J], 未特电机, 2013, 41 (8): 68-73.

[16] 成勇, 倪昀炜. 磁悬浮制冷与传统压缩制冷技术比较 [J]. 通讯电源技术, 2012, 29 (专刊): 77-87.